U0845104

先进储能科学技术与工业应用丛书

Advanced Energy Storage Science Technology and Industrial Applications Series

电化学储能电站 设计·建设·运维

刘笑驰 刘 姿 王 倩 等编著

化学工业出版社

·北 京·

前言

在“双碳”目标下，储能作为构建新型电力系统的重要技术和基础装备，迎来了迅速发展，储能电站的设计与建设也迎来了高峰。根据中关村储能产业技术联盟的不完全统计，截至 2024 年底，全球新型储能累计装机规模达 165.4GW，同比增长 81.1%，其中中国新型储能累计装机规模达到 78.3GW，占全球市场的 47%。近年来，国家及地方也发布了系列相关政策，如国家能源局、国家发展改革委出台《关于加快推动新型储能发展的指导意见》《“十四五”新型储能发展实施方案》《新型储能项目管理规范（暂行）》，大大推动了新型储能的发展和建设管理。

在新型储能中，电化学储能由于其选址灵活、响应速度快等特点在新增装机容量中占主导地位。电化学储能电站工程建设具有涉及工程界面多、技术复杂、工期紧、涉及环节及单位众多等特点，目前，尚没有一本书能够系统完善地介绍电化学储能电站的规划设计、工程建设、运维管理等，为储能电站的规范化建设和高效运维提供指导。正是在这样的行业背景和现实需求下，《电化学储能电站：设计・建设・运维》应运而生。

本书由中国长江三峡集团有限公司科学技术研究院、中国三峡新能源（集团）股份有限公司、上海勘测设计研究院有限公司等相关单位的研究人员基于电化学储能电站设计、建设以及运维方面的工作经验及成果展开总结，并分 9 章撰写。

第 1 章主要对储能市场进行了概述，详细分析了当前储能市场的规模、结构以及发展趋势，让读者对储能市场的整体状况有一个清晰的认识。同时，深入介绍了电化学储能技术，包括其技术原理、特点以及不同类型电化学储能技术的比较。此外，重点阐述了电化学储能电站的建设意义，以及它在提高电力系统的稳定性、促进可再生能源的消纳、推动能源结构的转型等方面发挥的重要作用。最后，对电化学储能电站的发展趋势进行了展望，为行业的发展提供了参考方向。

第 2 章主要阐述了电化学储能电站的分类、组成及系统集成方案。在分类方面，从不同的角度对电化学储能电站进行了详细的划分，使读者能够了解不同类型电站的特点和适用场景。对于储能电站的组成，详细介绍了各个组成部分的功能和作用，以及它们之间的相互关系。此外，基于储能功率变换系统的拓扑形式，深入分析了几种储能电站系统集成方案的典型方式，以实现电站的高效、可靠运行。

第 3 章主要围绕储能市场需求及前期开发工作流程展开，通过对市场需求的深入分析，了解储能电站应用场景和发展模式，为储能电站的开发提供依据。详细介绍了从项目的规划、可行性研究、立项到审批等各个环节的工作内容和要求，为项目开发提供参考。

第 4 章主要介绍了电化学储能电站设计的相关标准以及电站系统设计、工程设计等内容。相关标准的介绍可使读者在设计过程中能够遵循规范，确保电站的设计符合要求。在电站系统设计部分，从系统的整体架构、功能设计、性能指标等方面进行了详细的阐述。在工程设计方面，主要涉及电站的电气设计、设备选型等具体内容，为电站的建设提供了详细的技术指导。

第 5 章从典型事故统计出发，系统梳理了电化学储能电站在运行中面临的核心风险，包括热失控、火灾爆炸、化学泄漏、电气故障等，并深入解析了锂离子电池在滥用工况下的失效机理与热演化路径。针对事故诱因与风险特征，介绍了从电芯选型、系统设计、BMS（电池管理系统）管理、热控策略到运行维护等全流程的风险控制与防范措施，尤其强调了 SOC（荷电状态）估算精度与事故预警机制的重要性。

第 6 章重点从施工组织设计、施工过程、安装及调试等方面介绍储能电站的场内建设。施工组织设计是确保施工顺利进行的关键，本章详细介绍了施工组织设计的内容和方法。施工过程部分，对各个施工环节的技术要求、施工工艺、质量控制等进行了详细的说明。安装及调试环节，介绍了设备的安装要求、调试流程和方法，以确保设备的正常运行。

第 7 章主要对储能电站的运行维护进行了分析与介绍。运行维护是保证电站长期稳定运行的重要环节，本章从运行管理、维护策略、故障诊断与处理等方面进行了详细的阐述。介绍了如何通过科学的运行管理提高电站的运行效率，如何制定合理的维护策略延长设备的使用寿命，以及如何及时诊断和处理故障确保电站的正常运行。

第 8 章主要围绕电化学储能电站的并网调度、有功功率控制、无功电压控制、有功 / 无功功率安全稳定控制等进行分析讨论。并网调度是电站接入电力系统的关键环节，本章介绍了并网调度的原则和要求，以及电站在并网过程中如何与电力系统进行协调配合。有功功率控制和无功电压控制部分，详细阐述了如何通过控制策略实现对电站有功功率和无功电压的精确调节，以满足电力系统的要求。有功 / 无功功率安全稳定控制则重点分析了在电力系统出现异常情况时，如何通过控制策略保证电站的安全稳定运行。

第 9 章重点分析了典型的电池储能电站设计建设及运维调度方面的案例。通过实际案例的分析，将前面各章的理论知识与实际应用相结合，使读者能够更好地理解和掌握电化学储能电站的设计、建设和运维管理方法。案例中详细介绍了项目的背景、设计方案、建设过程、运维管理经验以及遇到的问题和解决方法，可为读者提供参考经验。

本书由刘笑驰、刘姿统筹，由王倩制定总体架构及目录，并负责全书统稿修改。第 1 章由王倩撰写；第 2 章由陈志超、王倩撰写；第 3 章由汪聿为、谭振龙撰写；第 4 章由沈洋、邹家勇、刘愉、潘智轩撰写；第 5 章由张祺、郭帅楠撰写；第 6 章由王阳、曹冬梅、邓项舒、张小龙撰写；第 7、8 章由严国斌、卢昌盛撰写；第 9 章由王倩、郭帅楠、王彪撰写。

此外，非常感谢中国长江三峡集团有限公司科技创新部首席专业师孙长平、中国科学院物理研究所研究员李泓、湖南大学电气与信息工程学院教授李培强对于图书提纲目录的宝贵建议与帮助，也非常感谢唐博进、朱小毅、尹立坤、石明、李婉在图书编著过程中给予的帮助。

本书的编著以电化学储能电站开发、设计、建设、运维的实际工作经验为基础，同时参考了大量国内外相关的教材和文献以及储能电站设计、建设的实践资料。在成书之际，对所有引用的原文献、教材的作者以及工作在一线的储能工作者表示最衷心的感谢。此外，本书的出版还得到了中国长江三峡集团有限公司的资助（项目编号为 WWKY-2020-0541），在此一并表示感谢。

由于编著者水平有限，尽管在编写过程中进行了认真的思考和总结，但在内容的选取、编辑和总结归类上难免存在不足，可能会有疏漏及不当之处。同时，受能力所限，书中的文字表述也可能存在一些问题。我们殷切希望广大读者及各方面专家能够提出批评意见和建议，以使我们在今后的工作中不断改进和完善。

编著者

目录

第1章 绪论

2020年9月22日，国家主席习近平在第七十五届联合国大会上宣布，中国将提高国家自主贡献力度，采取更加有力的政策和措施，二氧化碳排放力争于2030年前达到峰值，努力争取2060年前实现碳中和。2021年3月，习近平总书记强调，“十四五”是碳达峰的关键期、窗口期，要构建以新能源为主体的新型电力系统。然而，由于新能源发电具有天然的波动性和间歇性，高比例新能源电力系统在安全性、稳定性方面将面临前所未有的挑战，如何提高电力系统的灵活性，保障高比例新能源的消纳和电力系统的安全稳定，是“十四五”期间亟须解决的问题。储能作为一种优质的灵活性资源，可以在高比例新能源电力系统中起到灵活的调节作用，支撑供需双侧维持动态平衡，促进新能源有效利用，提高电力系统的安全性，对于促进我国能源转型具有重要意义。

1.1 储能市场概况

根据中国能源研究会储能专委会和中关村储能产业技术联盟（CNESA）全球储能项目库的不完全统计，截至2022年底，全球已投运电力储能项目累计装机规模237.2GW，年增长率15%。抽水蓄能累计装机规模占比首次低于80%，与2021年同期相比下降了6.8%。新型储能累计装机规模达45.7GW，是2021年同期的近2倍，年增长率80%。锂离子电池仍占据绝对主导地位，年增长率超过85%，其在新型储能中的累计装机占比与2021年同期相比上升了3.5%。虽然抽水蓄能仍占全球储能累计装机规模的80%以上，但是近年来全球储能市场新增装机量主要来自以电化学储能、压缩空气储能为代表的新型储能。近年来，国家能源局、国家发改委出台《关于加快推动新型储能发展的指导意见》《“十四五”新型储能发展实施方案》《新型储能项目管理规范（暂行）》《关于进一步推动新型储能参与电力市场和调度运用的通知》等一系列政策，开发建立了全国新型储能大数据平台，初步建立了全国新型锂离子电池是使带电离子在两个电极间定向移动的装置，电荷定向移动产生电流，从而供应电器工作。充电时，锂离子从正极活性物质中脱出，在外电压的驱使下经电解液向负极迁移，嵌入负极活性物质中，同时电子经外电路由正极流向负极，电池处于负极富锂、正极贫锂的高能状态，实现电能向化学能的转换；放电时，锂离子从负极脱嵌，迁移至正极后嵌入活性物质的晶格中，外电路电子由负极流向正极形成电流，实现化学能向电能的转换。由于在充电和放电的工作过程中，锂离子会在正负极两端不停地进行锂嵌入和脱嵌的物化反应，故生动形象地将锂离子电池称为“摇椅电池”。

锂离子电池的摇椅式充放电模式，很好地解决了电池循环性的问题，也拥有电池高容量、高电压等优点，成为了未来理想的轻型电源。当然，在实际应用中，锂离子电池还存在能量密度不够高、倍率性能欠佳以及一致性较差等问题，未来锂离子电池将向着进一步提升能量密度和安全性的方向发展。

1.2.5 其他新型电池储能技术

近年来，随着科技的发展和进步，面对智能电网对高安全性、低成本、长寿命先进储能技术的需求，钠离子电池、固态锂离子电池、液态金属电池、水系电池等也得到了广泛关注，其中钠离子电池、固态锂离子电池近年来陆续开展了应用示范。

1.2.5.1 钠离子电池

早在20世纪80年代，钠离子电池（sodium ion batteries, SIBs）和锂离子电池几乎同时得到研究。然而，随着锂离子电池的成功商业化，钠离子电池的研究却逐渐放缓。近十几年来，锂离子电池的应用领域不断拓宽，需求量不断增加，然而地壳中锂元素丰度低（0.002%），使得锂资源价格急剧攀升。钠离子电池同时兼顾资源丰富、价格低廉等社会经济效益指标，使其再次得到科学家们的重视。

钠离子电池可以按照锂离子电池的分类方法进行分类，即按正极材料分，钠离子电池可分为层状氧化物、隧道型氧化物、普鲁士蓝类化合物和聚阴离子型化合物这四个体系。钠与锂属于同一主族，具有相似的理化性质，钠离子电池与锂离子电池的充放电原理基本一致。充电时，钠离子从正极材料中脱出，经过电解液嵌入负极材料，同时电子通过外电路，从正极迁移到负极，放电时则刚好相反。理想情况下，钠离子的脱嵌不会改变电极材料的基本晶体结构。因此，可以将钠离子电池的电化学反应看作一种理想的可逆离子脱嵌反应。

钠离子电池是一种很有发展前景且有可能替代锂离子电池的新型电池。由于其廉价、无毒、资源丰富且均匀分布在世界各地，因此能在各地开发利用。钠离子电池的正负极材料及电解液的研究和开发逐渐成为了国际能源研究的热点课题，近年来取得了巨大的进步。2021年，北京中科海纳科技有限责任公司联合华阳新材料科技集团有限公司在山西太原综改区联合推出了全球首套1MW·h的钠离子电池储能系统。

1.2.5.2 固态锂离子电池

近年来，在新型储能电站装机容量增长中，锂离子电池仍然占据绝对主导地位，然而传统锂离子电池储能系统存在燃烧爆炸的安全隐患，亟须进一步提高其安全性能。固态锂离子电池部分或全部采用固态电解质代替有机液态电解质，可以大幅度提升电池系统的安全性，同时，提升其能量密度，具有高安全性、长寿命等优点。

近年来，国家发改委、国家能源局、工信部、科技部等相关部门均发布相关政策，推进固态锂离子储能电池的研发与示范应用。中国长江三峡集团有限公司联合北京卫蓝新能源科技股份有限公司提前布局本质安全长寿命固态锂离子储能电池，共同开展技术攻关，并于2022年实现全球首套1MW/2MW·h固态锂离子电池储能系统的应用示范。此外，固态钠电池（SSSB）兼具固态电池、钠离子电池双重性能，是下一代理想的储能电池。与锂离子电池相比，固态钠电池具有成本低、安全性能高等优势；与液态电池相比，固态钠电池具有热稳定性好、电池能量密度高、安全性高等优势。凭借其优异性能，近年来，固态钠电池受到全球多个国家的高度关注，但作为新型电池，固态钠电池开发应用尚面临技术、材料等方面的挑战。

1.3 储能电站建设的意义与作用

1.3.1 储能电站建设意义

我国持续增长的用电需求和日趋紧张的环境保护压力，使得优化能源结构、实现清洁低碳发展成为我国能源革命的本质要求，同时也是我国经济社会转型发展的迫切需要。国家发展改革委、国家能源局印发的《“十四五”现代能源体系规划》中，明确提出了“推动电力系统向适应大规模高比例新能源方向演进”的重要战略目标。

在清洁能源高速发展的同时，波动性、随机性、间歇式能源大规模并网给电网从调控运行到安全控制等诸多方面带来了不利影响，极大地限制了清洁能源的有效利用。作为解决新能源发电并网问题的有效途径之一，储能电站与大规模集中式或分散式新能源发电联合应用，将随着新能源发电规模的日益增大以及各类储能技术的不断发展，成为我国清洁能源发展战略的重大关键技术。因此，在“双碳”目标下，探索并提出储能电站规划配置、系统集成及运行控制等理论方法与应用技术具有重要的理论和现实意义。

“十三五”之前，受限于技术发展及实际需求，我国的储能电站容量小、类型单一，尚未形成规模化的规划思路。“十三五”末及“十四五”初的储能电站规划，主要集中在电源侧，侧重于新能源场站的储能配比。目前，全国已有多个省（自治区、直辖市）相继出台新能源场站强制配置储能的技术文件（表1-1），要求新建新能源场站配置储能占新能源装机比例为5%～20%。仅仅将储能电站的建设运营下放至新能源场站是远远不够的，无法满足新型电力系统发展的内在要求。“十四五”期间，各地提出将重点放在电网侧与电源侧储能的统筹规划上，部分地区已经开始试点，以青海电网为例，已经提出储能电站“四统一”的规划建设及运行管理思路。

表1-1　我国部分省（自治区、直辖市）可再生能源配置储能政策汇总

时间	地区	政策及文件	储能配置比例	储能配置时间/h
2022 年 1 月 10 日	上海	《金山海上风电场一期项目竞争配置工作方案》	20%	4
2022 年 3 月 29 日	福建	《关于组织开展 2022 年集中式光伏电站试点申报工作的通知》	试点项目 10%，其他项目 15%	2～4
2022 年 4 月 11 日	海南澄迈	《关于进一步规范集中式光伏发电项目建设管理的通知》	25%	2
2022 年 5 月 13 日	辽宁	《辽宁省 2022 年光伏发电示范项目建设方案》	15%	3
2022 年 6 月 29 日	宁夏	《关于报送整县（市、区）屋顶分布式光伏开发试点方案的通知》	10%	2

1.3.2　储能电站建设作用

储能电站系统是指使用电化学电池进行电能存储并可实现与市政电网并网运行的系统。传统电力系统具有“即发即用”的特征，这就要求电力系统始终处于动态平衡状态，瞬间的不平衡就可能会影响电网的安全稳定运行。电力系统中引入电力储能系统后，可以提高电网系统的稳定性。同时，还可以作为调整频率、功率补偿、提高电能质量、补偿负荷波动、削峰填谷的一种新手段，提升电力需求侧管理能力，扩展电力设备利用方式，降低供电成本，促进可再生能源应用等。

可再生能源和新能源已渗透进现代电力系统，覆盖了电力生产、传输、消费的全过程，对发电侧、电网侧、用户侧均产生了巨大影响，储能电站在三侧均具有典型的应用场景和特殊的技术经济条件。图 1-1 是归纳出的储能典型应用场景分类情况。

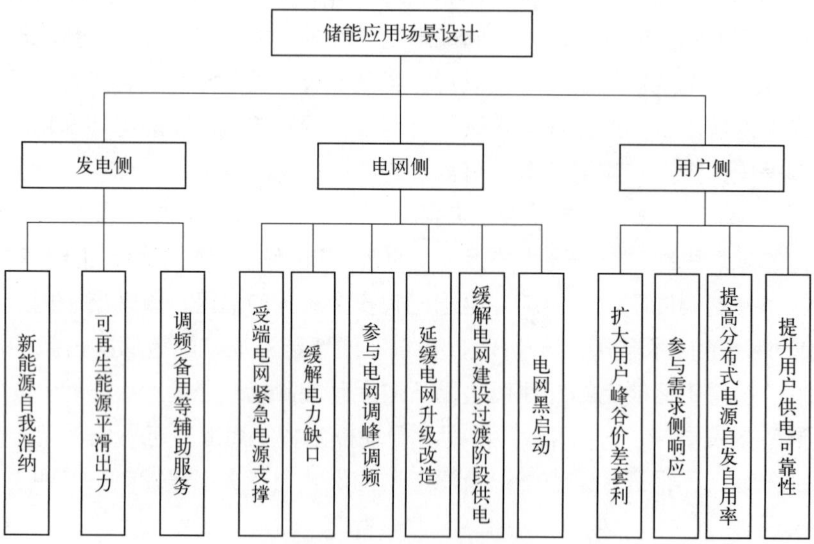

图 1-1　储能典型应用场景

大规模电池储能电站在发电侧，可作为独立电站参与电网调频 / 调压、提供备用、削峰填谷，同时也可与可再生能源发电配合，提高可再生能源上网电量；在输电侧可作为输电网投资升级替代方案，延缓电网升级，并为电网提供二次调频服务；在配电侧可延缓配电网的升级改造，提高配电网运行的安全性与经济性，并提升接纳分布式电源的能力；在用户侧可通过峰谷价差进行价格套利，参与需求侧响应获取收益。

其中，电网调峰是储能电站的主要作用之一，在电网不同工况下可以作为电源输出功率或是作为负荷吸收功率。与可再生能源自我消纳类似，电网可以利用储能装置在负荷高峰时期放电，在负荷低谷时期充电，从而达到改善负荷特性、参与系统调峰的目的。可通过在负荷峰谷差较大的区域电网中，选择在合适地点的变电站高压母线上，建立相对独立的储能电站，以满足该地区调峰需求。储能电站直接受省级（或地区级）电网调度控制，省调（或地调）根据该母线发电出力、负荷曲线以及实时母线电压、频率等情况，控制储能电站的充电和放电，从而达到调峰的目的。这样不仅避免了为满足峰值负荷而建设发电机组，同时充分利用了系统负荷低谷时的机组发电，节约运行成本。

2018年，国内最大的电网侧电池储能电站在江苏镇江投运，可为电网运行提供调峰、调频、备用、黑启动、需求响应等多种服务，充分发挥电网调峰的作用，促进镇江地区电网削峰填谷，有效缓减夏季镇江东部电网供电压力。

国家风光储输示范工程以“电网友好型”新能源发电为目标，是目前世界上规模最大的集风力发电、光伏发电、储能系统、智能输电于一体的新能源示范电站工程。利用大规模储能电站监控系统，实现了对多种储能设备的协调控制和能量管理，具备平抑可再生电源出力波动、辅助可再生电源按计划曲线出力及调峰填谷等各项功能。

目前，世界各国都投入了大量的人力、物力进行大规模电池储能技术的研究。近年来，国内外连续建成大量规模化的电池储能电站。以美国为代表的西方国家近年来对于大规模电池储能电站建设的投入巨大，美国在加利福尼亚州、宾夕法尼亚州等地建立了大量不同储能形式的储能电站，其应用涵盖发电、辅助服务、输配电、用户端、分布式发电与微电子工业网、大规模可再生能源并网等领域，且对不同储能电站的功能和作用进行了分类和界定，为全世界大规模储能电站的发展指明了方向。国内基于大规模电池储能技术也开展了大量研究工作，在大规模可再生能源发电基地、输配电及用户侧以及分布式发电与微电网等领域，已建成了多项示范工程，并开展了储能系统容量配置、控制策略等多项研究工作，取得了许多研究成果。

面向新型电力系统的构建与发展，建设电化学储能电站，研究电化学储能电站的选址定容、集成拓扑、控制架构及运行控制等理论方法，提升规模化储能电站规划设计与集成配置水平，增强其多目标控制与智能协同能力，对有效提升电网对新能源发电的接纳能力，提升新型电力系统安全稳定运行水平，具有重要意义。

1.4 电化学储能电站的发展现状与趋势

随着全球各主要国家陆续宣布实现碳中和目标时间节点，太阳能、风能等可再生清洁能源实现全面发展。但这类可再生能源受地理环境影响较大，在时空上具有间歇性和分布不均的特点，如果将其直接并网运行，将会对电网产生较大冲击。而储能系统作为能量存储和转化设备，成为了能源革命的关键支撑技术。储能技术可分为物理储能技术、化学储能技术等大类。其中，物理储能主要包括抽水储能、压缩空气储能、飞轮储能以及储冷储热等，化学储能则主要包含电池储能等。化学储能技术相较于物理储能技术来说，受地理环境影响较小，电能存储和释放更加直接，对电力调度调控更具灵活性，因此受到新兴市场和科研领域的广泛关注。

1.4.1 国外发展现状与趋势

随着电力系统灵活性需求增强，分布式能源逐渐增多，电化学储能技术日益得到重视，世界各主要国家纷纷出台举措以推进储能技术研发，不断改进锂离子电池性能，并探索开发新型储能电池。

（1）美国

美国是全球储能产业发展较早的国家，也是目前拥有储能项目最多的国家，其拥有全球近一半的示范项目。2023 年 3 月，伍德麦肯兹（Wood Mackenzie）和美国清洁能源协会（ACP）发布的《美国储能监测》报告显示，2022 年美国新增储能装机规模达 4.8GW/12.2GW · h，同比增长 34%/12%；预计 2023 ～ 2027 年美国新增储能装机规模将达 74.2GW/241GW · h。从细分市场来看，美国储能新增装机主要来源于大储市场，如图 1-2 所示。2023 年 1 月 1 日，美国《消减通胀法案》为储能项目提供的激励措施已正式生效，其中包括为储能项目提供投资税收抵免（ITC），并将其范围扩大到包括独立部署的储能系统。这意味着美国储能项目都可获得 30% 以上的投资税收抵免，大幅提升了储能项目的经济性，促进了储能行业进一步发展。

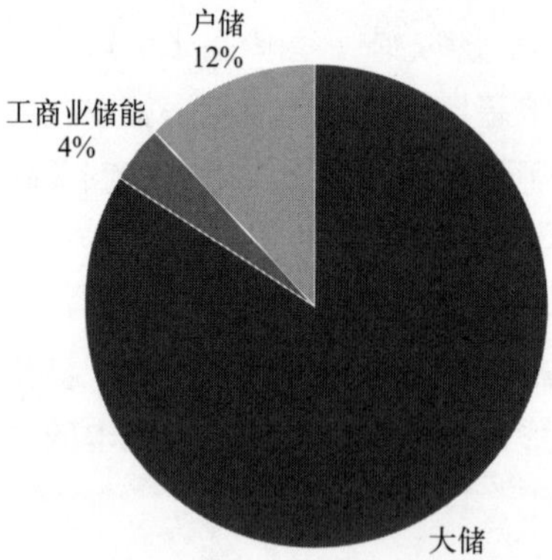

图 1-2　2022 年美国不同类型新增储能装机占比

美国极为重视对储能技术的开发，较早出台了储能技术的研发规划和战略部署路线。2012 年专门成立了新一代电池的研发组织“储能联合研究中心”（JCESR）。2016 年 7 月，美国政府宣布发起了“电池 500”计划，用五年时间，打造高能量密度和高循环寿命的高性能电池。2020 年 1 月，美国能源部（DOE）宣布投入 1.58 亿美元启动“储能大挑战”计划，并在 2020 年 12 月正式发布了美国首个综合性储能战略《储能大挑战路线图》，提出将在“技术开发、制造和供应链、技术转化、政策与评估、劳动力培养”五大重点领域开展行动。DOE 在“储能计划”下开展了多个项目，涉及铅酸电池、锂离子电池、钠离子电池、全钒液流电池、飞轮储能、等温压缩空气储能、储能数据库构建等技术，计划实现到 2030 年美国国内的储能技术及设备的开发制造能力能够满足美国市场所有需求，无须依靠国外来源。2021 年 6 月发布的《国家锂电蓝图 2021—2030》，设定了到 2030 年的行动目标，以构建美国本土的锂电池制造价值链。

（2）欧盟

欧盟极为重视对电池储能技术的研发，将其视为实现工业、交通、建筑等行业电气化，促进向“碳中和”社会发展的重要因素，希望通过开发高性能电池抢占未来电气化社会的竞争制高点，争夺全球电池研发和生产的主导权。

2022 年 3 月，欧洲电池联盟（EBA）提出制定完善欧洲电池产业链的加速行动计划，要求到 2025 年和 2030 年分别通过本地制造满足当地电池需求的 69% 和 89%。2023 年 2 月，欧盟委员会发布《绿色协议产业计划》，拨款 2500 亿欧元资金，用于提高净零技术的竞争力。在该计划之下，欧盟还推出了“创新基金”《净零工业法案》《欧洲关键原材料法案》等。其中，“创新基金”将在未来十年提供 400 亿欧元资金，支持电池、风能、太阳能、电解槽、燃料电池和热泵等关键部件的制造，加强净零技术供应链；《净零工业法案》提出到 2030 年欧盟的电池制造能力能够满足联盟内至少 85% 的电池年度需求；《欧洲关键原材料法案》旨在保障稀土和锂等关键原材料供应，目标包括：到 2030 年，每年在内部生产至少 10% 的关键原材料，加工至少 40% 的关键原材料，回收 15% 的关键原材料，在任何加工阶段，来自单一第三方国家的战略原材料年消费量不应超过欧盟的 65%。

2017 年 11 月，欧盟发布了“战略能源技术规划”（SET-Plan）电池实施计划，提出电池研究创新的重点领域：电池材料 / 化学 / 设计和回收、制造技术、电池应用和集成。2017 ~ 2019 年，陆续建立了欧洲电池产业联盟（EBA250）、欧洲技术与创新平台“电池欧洲”（Batteries Europe）和“电池 2030+”联合研究计划，推进不同技术成熟度的研究和开发工作。

欧盟委员会预测，到 2025 年欧洲电池市场规模将达到 2500 亿欧元，此外，欧盟委员会于 2019 年 12 月和 2021 年 1 月分别发布了两项与电池相关的“欧洲共同利益重要项目”（IPCEI）。2019 年宣布由比利时、芬兰、法国、德国、意大利、波兰和瑞典七国到 2031 年前共同投入 32 亿欧元公共资金，并将撬动 50 亿欧元的私人投资，用于开发高度创新和可持续的锂离子电池技术（液态电解质和固态电池），以实现整个电池价值链的创新。2021 年 1 月，欧盟委员会宣布除最初欧盟电池 IPCEI 项目的 7 个欧盟成员国之外，奥地利、克罗地亚、希腊、斯洛伐克和西班牙也一起参与一项近 120 亿欧元的新项目。将在电池制造的四个核心阶段（原材料开采、电池芯设计、电池组系统和回收供应链）投资创建新的解决方案，整个项目将持续到 2028 年。此外，欧洲计划设立 22 个大型电池工厂，到 2025 年，欧洲电

项目管理、规划引领、市场设计、价格机制等角度，为储能行业发展营造了良好环境。2021年7月15日，国家发展改革委、国家能源局联合发布了《关于加快推动新型储能发展的指导意见》，这是解决新型储能发展新阶段突出矛盾的客观需要和重要应对举措，也是加快“十四五”新型储能发展、构建新型电力系统、实现“双碳”目标的重要部署。

虽然近年来我国电化学储能在技术水平、装机容量规模和技术成本等方面取得了显著成效，但是也存在以下三个方面的问题。

（1）新型储能技术标准尚需完善

近年来，我国储能行业加速发展，但是储能标准发展相对滞后。一是行业标准之间存在差异。目前储能产品各制造商对于行业标准的解读与储能项目的实际需求之间仍然存在差距。在不同生产商之间，在相关技术的运用能力和生产标准的设定等方面也存在差异，这些差异体现在电芯的容量分布、电池封装技术、BMS（电池管理系统）保护逻辑等多个方面。二是部分行业标准发展滞后，以储能锂离子电池为例，由于近几年发展较快，该技术虽然已经大量应用于储能项目中，但是其相关标准还处于普及推广以及接受市场检验的阶段。

此外，在电站规划、设备选型、运行维护等方面也缺乏统一的规范与技术标准要求，导致储能电站建成后出现设备质量问题，造成运行故障、设计之初系统内未设置充放电计数功能、储能后台报表功能不完备等问题。标准的不同与滞后也为储能项目建设与验收带来困难，为储能安全埋下风险隐患，亟须通过确定相关标准来杜绝有关问题。

（2）新型储能电站运维压力大

电化学电芯数量庞大，储能项目电池单体颗数的规模已经达到万级甚至几十万级，维护难度极大；储能电站充电操作多在夜间，值班人员夜间工作量大，储能电站运维涉及电气、化学、控制等多专业，运检维修人员专业性有待提升。

（3）液态锂离子电池储能电站存在安全隐患

锂离子电池储能效率更高、配置更灵活、响应更快速，现已广泛应用于多种储能场景。但是电池组是一种含高能物质的部件，本身具有危险性。如何保证储能项目在建设、调试和运行过程中保持安全稳定，是亟须解决的重要问题。

参考文献

[1] 温兆银, 俞国勤, 顾中华, 等.中国钠硫电池技术的发展与现状概述[J].供用电,2010,27(06):25-28.

[2] 宋子琛, 张宝锋, 童博,等. 液流电池商业化进展及其在电力系统的应用前景[J].热力发电, 2022, 51(03):9-20

[3] 张华民. 液流电池技术[M].北京: 化学工业出版社,2015.

[4] 张思宇, 马恩, 张承龙,等. 高能球磨在锂离子电池负极储锂材料改性中的应用进展[J].上海第二工业大学学报, 2021, 38(04):280-288.

[5] 黄小红, 程鹏志, 白兆海,等. 光储电站中的锂离子电池充放电策略研究[J].新材料产业, 2016(07):51-55.

[6] 索鎏敏, 李泓. 锂离子电池过往与未来[J].物理, 2020,49(01):17-23.

[7] 张平,康利斌,王明菊,等.钠离子电池储能技术及经济性分析[J].储能科学与技术,2022,11(06):1892-1901.

[8] 刘鲁静, 贾志军, 郭强,等. 全固态锂离子电池技术进展及现状[J].过程工程学报, 2019, 19(05):900-909.

[9] 李相俊, 赵珊珊, 惠东.面向新型电力系统的大型储能电站关键技术发展趋势分析与展望[J].供用电, 2022, 39(07):2-8, 24.

[10] 李建林, 徐少华, 靳文涛. 我国电网侧典型兆瓦级大型储能电站概况综述[J].电器与能效管理技术, 2017(13):1-7.

[11] 李建林, 孟高军, 葛乐,等. 全球能源互联网中的储能技术及应用[J].电器与能效管理技术, 2020(01):1-8.

[12] 何姣.我国电池储能电站发展的现状、问题及建议[J].新能源科技,2021(06):30-33.

第2章 电化学储能电站的分类与组成

储能电站是一种用来储存电能，并在需要时释放电能的设施，可解决可再生能源电力在生产和消费上的时空差异问题。在以新能源为主体的新型电力系统建设过程中，为了提高电力系统的灵活性，储能是不可或缺的组成部分。电化学储能由于具有能量密度和转换效率较高、占地面积较小、受地理条件限制较少等优点，成为近几年发展较快的储能电站。目前，我国电化学储能电站的装机规模仅次于抽水蓄能电站，位居第二，电站装机规模已经从百千瓦级向百兆瓦级发展，储能形式也呈现多元化发展的趋势。本章主要针对电化学储能电站的分类与组成进行阐述，使读者对当前主流电化学储能电站的构成有清晰的认识。

2.1 电化学储能电站的分类

电化学储能电站可以根据建设规模、储能电池类型、储能系统布置方式、使用主体等进行分类。

2.1.1 根据建设规模分类

电化学储能电站根据建设规模可以划分为小型电化学储能电站、中型电化学储能电站和大型电化学储能电站三类，具体定义参考《电化学储能电站设计规范》(GB 51048—2014)。此外，2022 年发布的《电化学储能电站设计标准（征求意见稿）》，对此定义作了修改，如表 2-1 所示。

通过对比可以发现，储能电站在 2022 年征求意见稿中的规模定义远超 2014 年发布的标准，这主要是因为近几年电化学储能电站的发展越来越快，规模越来越大。放宽功率标准，能够进一步适应当前储能电站的建设需求。

表2-1　电化学储能电站规模分类

序号	建设规模	电站功率	
		《电化学储能电站设计规范》（GB 51048—2014）	《电化学储能电站设计标准（征求意见稿）》（2022年）
1	小型电化学储能电站	功率 / 容量＜ 1MW/1MW · h	500kW ≤功率＜ 5MW
2	中型电化学储能电站	1MW/1MW · h ≤功率 / 容量＜ 30MW/30MW · h	5MW ≤功率＜ 100MW
3	大型电化学储能电站	功率 / 容量≥ 30MW/30MW · h	功率≥ 100MW

根据中国电力企业联合会发布的《2024 年度电化学储能电站行业统计数据》，截至 2024 年底，我国电化学储能装机总量已达 6213 × 10^4kW，累计投运电站 1473 座，我国电化学储能电站的规模已经由数十兆瓦级发展到百兆瓦级。江苏、河南、湖南、青海、山东等地已经陆续建成多个百兆瓦级电化学储能电站，验证了大规模储能电站在促进新能源消纳、调频、调峰、应急支撑等方面的作用。随着可再生能源发电渗透率的不断提高，大规模电化学储能电站成为了推动电力系统清洁能源转型的关键之一，规模化电化学储能电站的建设已经迫在眉睫。

2.1.2　根据储能电池类型分类

从储能电池技术路线来看，可分为锂离子电池、铅酸电池、钠硫电池、钠离子电池、液流电池等储能电站。与车用电池不同，储能电站对储能密度的要求不高，其成本与安全更为重要。由于储能电站的资本回收期较长，因此要求搭载的电池具有足够长的使用寿命。

锂离子电池具有能量密度高、放电速率快、使用寿命长、转换效率高等优点，同时伴随着近几年成本的持续快速下降，成为了主要的电力储能装置。据相关机构统计，2022 年全球储能市场中，锂离子电池约占 94.4% 的市场份额，其余依次为铅酸电池、钠硫电池、液流电池等。此外，与三元锂电池相比，磷酸铁锂电池由于成本低、安全性高、循环寿命长等特点，成为我国最常用的储能锂离子电池。

2.1.3　根据储能系统布置方式分类

从储能电站电池的布置方式来看，有预制舱式和站房式两种，分别对应户外和户内储能电站。

（1）预制舱式储能电站

预制舱式储能电站将储能系统的所有设备全部采用集装箱布置于户外，一般采用单层方式。预制舱式储能电站的主要优点是可以实现模块化、通用化、标准化的设计和施工，并且预制舱内的设备可以最大限度地在出厂前完成安装、调试，大大缩短了储能电站的建设周期。由于预制舱式储能电站具有适应性强、灵活性高、安装和维修方便等特点，目前国内电化学储能电站普遍采用预制舱式。

（2）站房式储能电站

站房式储能电站将储能电站的相关设备布置在厂房内，可以设计成单层或者多层。站房式储能电站的特点是占地面积小、能耗低、方便后期维修。目前国内的站房式储能电站项目较少，主要有深圳宝清储能电站、格尔木储能电站、福建晋江储能电站等。福建晋江 100 MW·h 级储能电站是目前国内最大的电网侧站房式锂电池储能电站，建设地址是福建省电力负荷中心晋江市安海镇，占地 16.3 亩（1 亩 =666.67m^2），储能规模为 30 MW/108.8 MW · h。建成后可以为电网提供调峰、调频、备用、黑启动、需求响应支撑等多种辅助服务。

2.1.4 根据使用主体分类

根据储能电站的使用主体，电化学储能电站可以分为发电侧、电网侧、用户侧三类储能电站。

（1）发电侧储能电站

发电侧储能电站的使用主体为新能源电站或传统能源电站。对于风电、光伏等新能源场站而言，配建储能电站的作用主要是平抑波动、跟踪计划出力曲线以及促进新能源消纳等。火电站配置储能的作用主要是提升火电机组的调频能力，参与辅助服务市场交易。

（2）电网侧储能电站

电网侧储能电站的使用主体为电网公司，主要包含独立储能电站和替代型储能电站。独立储能电站一般是指以独立主体身份直接与电力调度机构签订并网调度协议的电站，作用是提供调峰、调频、系统备用、黑启动等辅助服务，促进新能源消纳。独立储能电站的盈利模式包括共享租赁、现货套利、辅助服务、容量电价。替代型储能电站的目的是减少或替代电网输变电设备投资，降低电网基础设施建设成本，通常建设在用电负荷增速较快和输变电项目建设难度较大的地区。2022 年，《关于进一步推动新型储能参与电力市场和调度运用的通知》中明确：研究建立电网侧独立储能电站容量电价机制，逐步推动电站参与电力市场；探索将电网替代型储能设施成本收益纳入输配电价回收。

（3）用户侧储能电站

用户侧储能可分为户用储能和工商业储能。户用储能主要是指安装在个人住宅内的储能系统，作用是节省家庭用电开支或作为备用电源。工商业储能电站建设在大型工业或一般工商业用户的场地内，包括工厂、产业园等。工商业储能电站的作用有：合理利用峰谷套利等降低用户的用电成本；通过配置光伏或风电，最大化实现新能源自发自用；参与辅助服务获得收益。

2.2 储能电站的组成

图 2-1 显示了典型的电化学储能电站结构，包括电池系统、电池管理系统（BMS）、能

量管理系统（EMS）、功率转换系统（PCS）及消防系统等必要的配套设备。

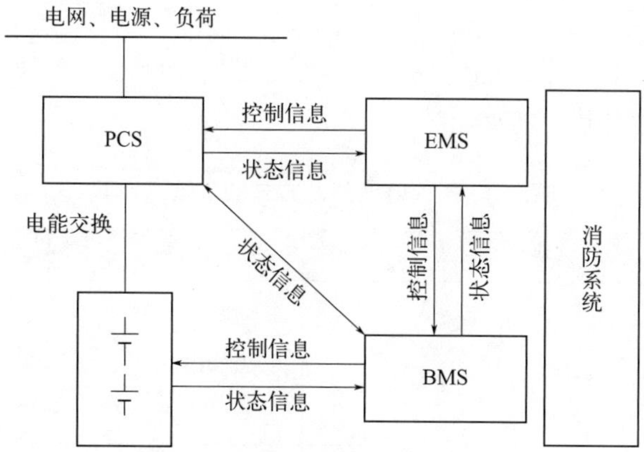

图 2-1 电化学储能电站典型结构

2.2.1 电池系统

电池系统（battery system）是电化学储能电站的关键部分，其性能直接决定了储能电站的功率、容量、变负荷能力等。2023 年 3 月，国家能源局发布的《防止电力生产事故的二十五项重点要求（2023 版）》中明确指出：中大型储能电站应选用技术成熟、安全性能高的电池，审慎选用梯次利用动力电池。目前，我国电化学储能电站的电池 90% 以上是锂离子电池，其次为铅酸电池、液流电池等。以下简单介绍了储能电站中的锂离子电池和液流电池结构，铅酸电池的结构可以类比锂离子电池系统。

2.2.1.1 锂离子电池系统

根据《电力储能用锂离子电池》（GB/T 36276—2023），锂离子电池系统可以分为电池单体、电池模块、电池簇三个层次，如图 2-2 所示。

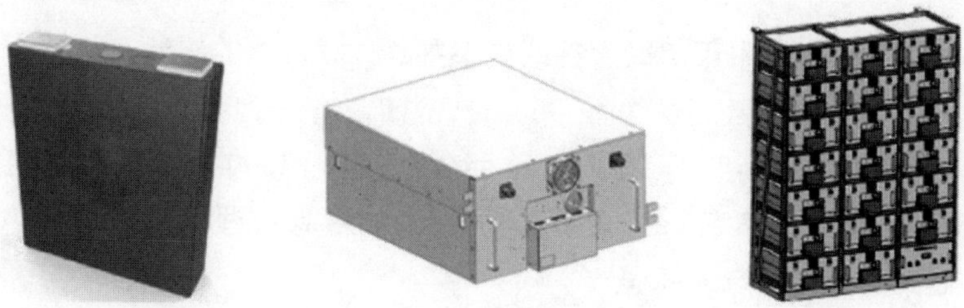

(a) 电池单体　(b) 电池模块　(c) 电池簇

图 2-2 锂离子电池系统组成

（1）电池单体

电池单体也称为电芯，是储能电站电池系统的最小单元，一般由正负极、隔膜、电解质、壳体和端子等组成。电芯的性能参数主要有标称电压、额定容量、循环寿命等。常见的电芯主要有圆柱形、方形、软包三种，主要区别在于电池的大小、几何形状、容量和功率等电池参数。

表 2-2 列出了三种封装方式的优缺点，方形电池由于电池容量大、成组效率高等特点，是电化学储能电站的常用电芯种类。

表2-2　各种电池封装方式的优缺点比较

优缺点	圆柱形	方形	软包
优点	① 体积小 ② 硬质壳体 ③ 一致性和安全性高 ④ 工艺成熟度高，成本较低	① 硬质壳体 ② 电池容量大 ③ 成组效率高	① 能量密度高 ② 安全性高 ③ 质量轻
缺点	电池容量较小	电池体积较大	① 强度低 ② 制造工艺难度大

（2）电池模块

电池模块由多个单体电池串并联组合而成，以获得更高的电压或容量，是包含一对正负极输出端子的电池组合体。表 2-3 列举了几种常见的储能电池模块配置和参数。此外，电池模块还包括外壳、固定框架、温度传感器、电压检测线路等部件。

表2-3　常见电池模块配置和参数

串并联方式	1P8S	1P24S	1P52S
额定电压/V	25.6	76.8	166.4
额定容量/(A·h)	280	280	280
额定能量/(kW·h)	7.168	21.504	46.592

（3）电池簇

电池簇是指由电池模块采用串联、并联或串并联方式形成的电池组合体。电池簇的工作电压一般为 500 ~ 1000 V，电流为 0 ~ 400 A。例如，当一个电池簇由 224 节电池单体串联而成时，一个电池单体的额定电压是 3.2 V，那么这个电池簇的额定电压值就是 716.8V。

储能锂离子电池规格命名方式可以根据《电力储能用锂离子电池》(GB/T 36276—2023) 中的规定，采用以下方式编码：

$$\mathrm{EES-LIB-A1/A2-A3-A4-Level\_}U_{\mathrm{nom}}-P_{\mathrm{rc}}-P_{\mathrm{rd}}-E_{\mathrm{rc}}-E_{\mathrm{rd}}-\mathrm{A5-A6}$$

EES 表示电力储能用。

LIB 表示锂离子电池。

A1 表示电极正极材料，包含：LFP—磷酸铁锂、LMO—锰酸锂类、NCM—镍钴锰酸锂、NCA—镍钴铝酸锂、LFMP—磷酸锰铁锂、LVP—磷酸钒锂、LVO—锂钒氧化物类、Li—金属锂、X—其他。

A2 表示电极负极材料，包含：C—石墨及炭类、LTO—钛酸锂、S—硫类、Si—硅类、Air—空气、Li—金属锂、X—其他。

A3 表示电解质类型，包含：L—液态、S—固态、SL—固液混合。

A4 表示壳体类型，仅适用于单体电池，包含：HS—硬壳方形、HC—硬壳圆柱、SP—软包、X—其他。

Level 表示电池层级，包含：Cell—电池单体、Module—电池模块、Cluster—电池簇。

U_{nom} 表示标称电压，由数值和单位组成。

P_{rc} 表示额定充电功率，由数值和单位组成。

P_{rd} 表示额定放电功率，由数值和单位组成。

E_{rc} 表示额定充电能量，由数值和单位组成。

E_{rd} 表示额定放电能量，由数值和单位组成。

A5 表示电池冷却方式，仅适用于电池模块或电池簇，包含：AC—风冷、LC—液冷、ALC—风液组合、X—其他。

A6 表示电池型号，由 4 ~ 15 位字母、数字或符号组成。

示例 1：

EES-LIB-LFP/C-L-HS-Cell_3.2V-80W-160W-320W · h-300W · h-A1B2C3 表示电力储能用锂离子电池，以磷酸铁锂为正极材料，石墨为负极材料，液态电解质的硬壳方形电池单体，标称电压 3.2 V，额定充电功率 80 W，额定放电功率 160 W，额定充电能量 320 W · h，额定放电能量 300 W · h，型号为 A1B2C3。

示例 2：

EES-LIB-LFP/C-S-Module_48V-1.5kW-3kW-6kW · h-5.8kW · h-AC-D1E2F3 表示电力储能用锂离子电池，以磷酸铁锂为正极材料，石墨为负极材料，固态电解质的硬壳圆柱形电池单体组成的风冷电池模块，标称电压 48 V，额定充电功率 1.5 kW，额定放电功率 3 kW，额定充电能量 6 kW · h，额定放电能量 5.8 kW · h，型号为 D1E2F3。

示例 3：

EES-LIB-LFP/LTO-SL-Cluster_650V-250kW-500kW-1000kW · h-950kW · h-LC-G1H2I3 表示电力储能用锂离子电池，以磷酸铁锂为正极材料，钛酸锂为负极材料，固液混合电解质的软包电池单体组成的液冷电池簇，标称电压 650 V，额定充电功率 250 kW，额定放电功率 500 kW，额定充电能量 1000 kW · h，额定放电能量 950 kW · h，型号为 G1H2I3。

2.2.1.2 液流电池系统

液流电池储能电站与锂离子电池储能电站整体结构有着较大差别，相比于锂离子电池，液流电池的市场规模仍然较小，此处仅对液流电池的结构做简单介绍。图 2-3 展示了氧化还原液流电池的基本概念，反应器由两个由离子交换膜分隔的隔间组成，每个隔间通过电解液循环回路连接到一个储液罐和一台泵上。在实际应用中，这样一个单元电池可以被复制并形成包含双极电极的由多个电池堆叠形成的电堆。可以通过增大电极的尺寸、在每个堆叠中增加更多电极，或者通过将堆叠以并联或串联配置连接来实现规模化，从而提高电池的功率。

此外，电解液的体积和浓度决定了系统的储能容量。液流电池的单电池是组成电堆的基本单元，主要由电极、离子传导膜、双极板、集流体、密封件和紧固件等组成。

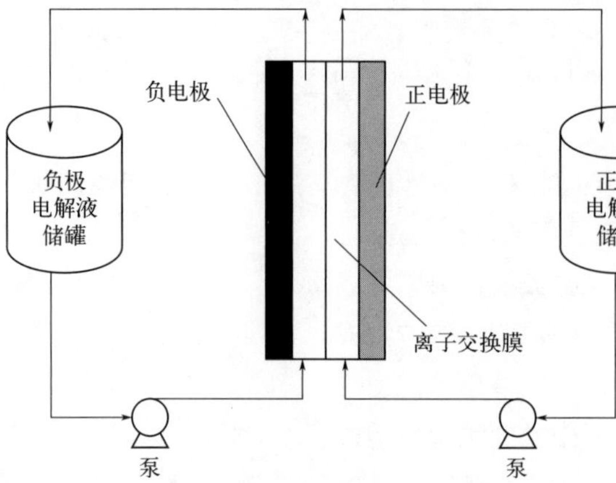

图 2-3　液流电池储能系统结构示意图

全钒液流电池作为一种成熟的液流电池技术，因其循环寿命长、安全性高、可扩展性好等特点，在大规模储能领域中得到了广泛的关注和应用。根据《储能产业研究白皮书 2025》统计，截至 2024 年，中国已经投运的全钒液流电池储能项目累计装机规模达到了 0.5GW。这一数据显示出了全钒液流电池在中国储能市场中的发展势头和潜力。2022 年，由大连融科储能技术发展有限公司建设的首个国家级大型化学储能示范项目——大连恒流储能电站，一期 100MW/400MW · h 正式并网发电，该项目的成功并网标志着中国在液流电池储能领域迈出了重要的一步。

2.2.2　电池管理系统

储能电站的电池系统通常由成千上万个单体电池构成。为了更有效地管理这些电池，需要使用电池管理系统（BMS）。储能系统 BMS 一般具有以下核心功能。

① 数据采集。采集电池电压、电流、温度等数据，这些数据对于计算电池的荷电状态和健康状态等至关重要。

② 电池保护。对电池进行均衡，提供电池的过压保护、欠压保护、过流保护、短路保护、过温保护、漏电保护等功能，并能发出告警信号或跳闸指令，实施就地故障隔离。

③ 通信功能。使用控制器局域网（CAN）总线、RS485 等通信方式与 PCS 和 EMS 进行交互，上传数据和执行指令。

④ 诊断功能。对电池的内阻、荷电状态和健康状态等进行评估，提供电池状态的详细信息，判断电池是否正常或者故障。

⑤ 电池热管理。通过温控系统，保持电池在最佳温度区间内运行，从而提高能效和稳定性。

图 2-4 展示的是一种典型的锂电池储能系统的 BMS 结构，采用三层架构对电池模块、电池簇和电池阵列进行分类管理。用电池管理单元（BMU）来监测并采集电池单体或模块

的电压、温度等关键数据，具备电池均衡和热管理的能力，并提供通信接口，以完成信息的上传。电池簇管理单元（BCMU）通过 CAN 总线与各个 BMU 相连，负责管理电池簇内所有的 BMU，并采集电池簇的电流和总电压数据。当电池簇出现故障时，BCMU 能够切断直流接触器，使电池簇从系统中脱离，从而确保电池的安全运行。电池阵列管理系统（BAMS）对 BCMU 上传的数据进行计算、分析和存储，并与储能变流器（PCS）和能量管理系统（EMS）进行信息交互。BAMS 通常配备有显示屏，用于实现数据显示、报警保护和参数设置等关键功能。

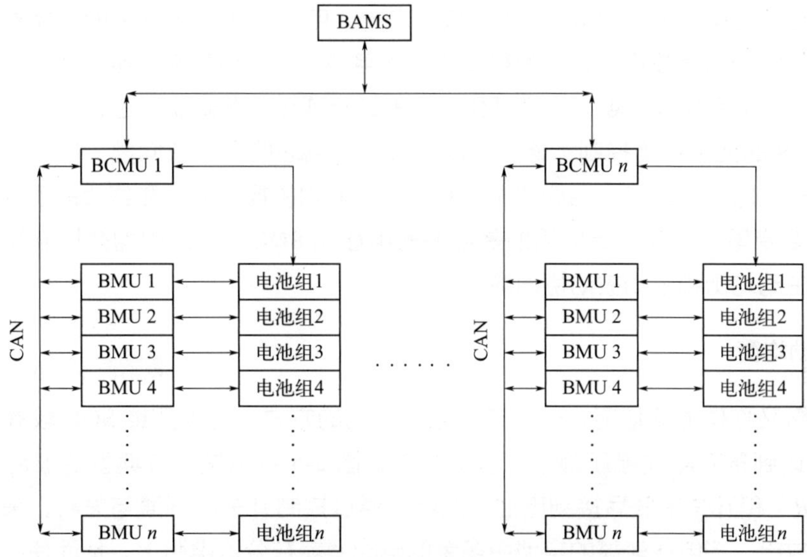

图 2-4　锂离子电池储能系统 BMS 结构

这种分层管理架构的设计，使得锂离子电池储能电站的 BMS 能够更加高效和精确地监控和管理电池状态，确保电池系统的安全、稳定和高效运行。通过实时数据采集和智能分析，BMS 能够及时地发现和处理潜在的问题，延长电池的使用寿命，并提高整个储能系统的综合性能。

2.2.2.1　荷电状态估计

荷电状态（SOC）的估计对于判断电池的运行状态和控制电池充放电至关重要。SOC 定义为在一定放电倍率下，剩余电量与相同条件下额定容量的比值，是反映电池剩余电量的参数。电池的过充和过放都会影响电池的寿命，甚至发生燃烧或爆炸，因此对电池的荷电状态进行严格监控是 BMS 的一项重要任务。SOC 的计算公式如下：

$$SOC=\frac{Q_t}{Q_n}\times 100\% \quad (2\text{-}1)$$

式中　Q_n——电池的额定容量，A·h；

Q_t——在 t 时刻电池的剩余电量，A · h。

对于液流电池，以全钒液流电池为例，SOC 还可以用电解液中各价态离子浓度之间的比值来表示。

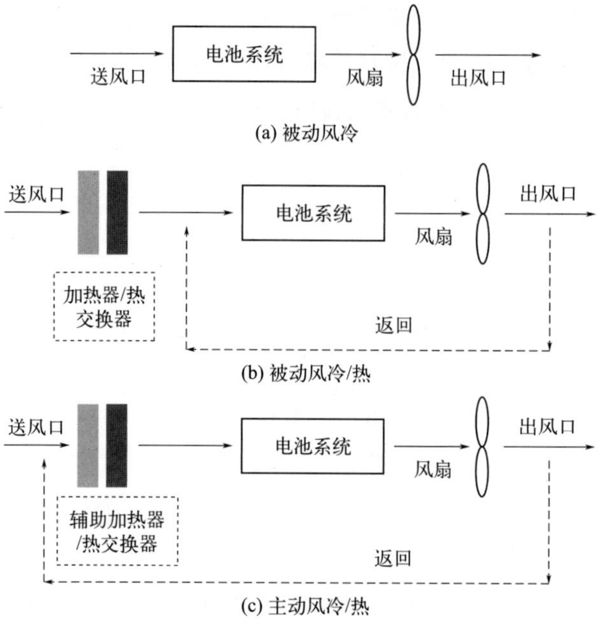

图 2-7　风冷示意图

对于储能电池系统而言，空气冷却比液体冷却更受青睐。虽然液体冷却系统能够提供更好的冷却性能，但它们通常更昂贵、更复杂，并且更容易出现故障。

（2）液冷

相关研究表明，对大规模电池系统来说，风冷并不能使得电池的散热问题得到显著缓解。图 2-8 显示的是使用液体的热管理技术。液冷利用液体，具有较高的热容量和换热系数，可通过低温液体与高温电池的热量交换达到降温的目的，传热介质可以是水、乙二醇、油、丙酮，甚至是制冷剂。液体冷却系统的冷却板可以设置在电池组的侧面、相邻电池组之间以及电池单元的内部。在电动汽车中，液冷是较受欢迎的电池热管理方法，目前在许多商业化电动汽车中得到了应用。

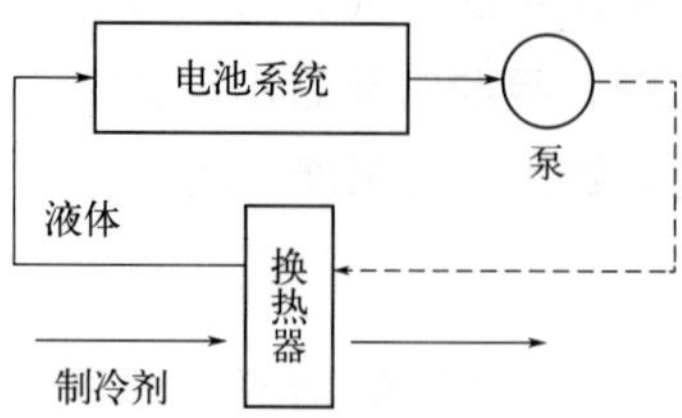

图 2-8　液冷示意图

然而，尽管液冷的性能高，却也存在一些缺点，比如系统复杂性较高、维护成本较高以及存在潜在的泄漏风险等。这些因素可能会限制液体冷却技术在固定式电池系统中的应用，因为固定式电池系统通常需要长期稳定地运行，维护成本和系统可靠性是设计时需考虑的重要因素。此外，固定式电池系统可能不需要电动汽车中常见的快速充放电，因此对冷却系统的需求与电动汽车不同。

（3）相变材料冷却

相变材料冷却是利用相变材料本身的相态转换来达到电池散热的目的。相变材料具有较高的潜热容量，这使得基于相变材料的电池热管理系统能够在不使用风扇或泵的情况下，维持在一个恒定的温度范围内，吸收大量热量。因此，基于相变材料的热管理系统比基于空气和液体的热管理系统更加高效，因为它们不需要从电池组中消耗额外的电力。通常有有机和无机两种类型的相变材料，每种都具有其独特的化学和热特性。

（4）混合冷却

混合冷却是将以上多种热管理技术混合使用，取长补短，克服单一热管理技术的缺点，从而达到更好的热管理效果。

2.2.3 功率变换系统

储能变流器（PCS）是电池与外界进行电能交换的关键设备。PCS 既可以在整流模式下工作，又可以在逆变模式下工作，实现直流和交流的双向能量转换。当储能电池放电时，PCS 将直流电变为交流电输送给电网或用电设备；储能电池充电时，PCS 将外界的交流电变为直流电。可以看出，PCS 是储能电池和外界之间电能传输的通道，不仅要满足电网或用电设备对输入电能质量的要求，还要满足储能电池侧充电的要求。

根据拓扑结构，PCS 可以分为单极型和双极型两种。如图 2-9 所示，单极型 PCS 由一个 DC/AC（直流 / 交流）变换器构成，采用脉宽调制（PWM）技术驱动，可以在整流和逆变两种模式下工作，实现电能的双向流动。单极型 PCS 的优点是结构及控制简单、损耗低、能量转换效率高，缺点是直流侧电池电压变化范围较窄。相比于单极型，双极型 PCS 增加了 DC/DC 直流变换器电路，构成了 DC/DC + DC/AC 的结构。它首先通过 DC/DC 转换器对电池的直流电压进行调节，然后再通过 DC/AC 转换器将其转换为交流电，适用于直流侧电池电压变化较宽的场合，缺点是增加了 DC/DC 电路，导致系统损耗增加，效率较低。目前储能电站电池单体串并联形成的电池系统电压一般不超过 1500 V，为了满足接入 10 kV、35 kV 电网的要求，PCS 交流输出侧需进一步借助一级升压变压器（升压变）。随着全球储能市场的崛起，对 PCS 的需求不断扩大。近年来，我国在 PCS 装置方面做了大量研究，取得了一定的成果。

储能 PCS 存在并网模式与离网模式，不同的工作模式对 PCS 的性能要求也不同。当 PCS 在并网模式下工作时，PCS 的并网点电压由电网决定，此时 PCS 相当于一个可控电流源，主要功能是对电池进行充放电，因此对 PCS 而言重点关注的是其并网电流的质量。离网模式又称为孤网运行，PCS 相当于一个可控电压源，给本地的负荷提供满足电网电能质量要求的交流电能，此时的关注重点是其所能为负载提供的电压质量，而 PCS 的输出电流此时由负载决定。

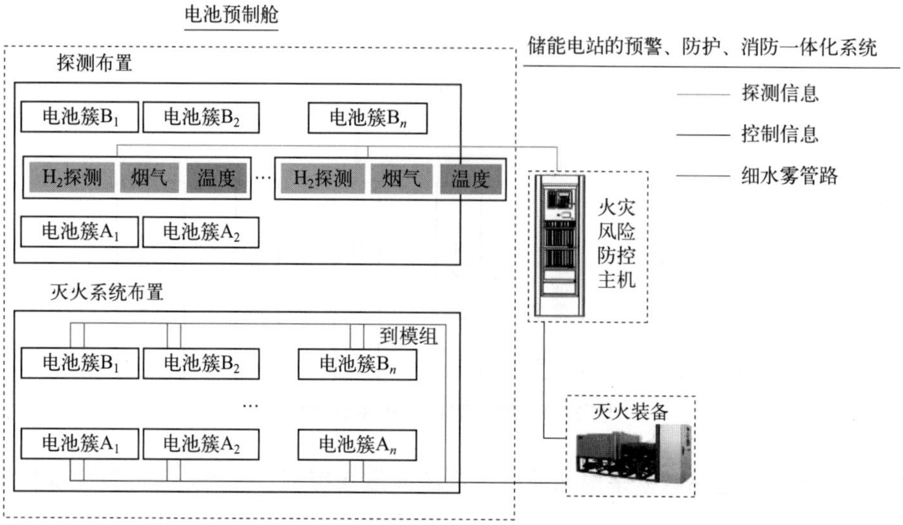

图 2-11　锂离子电池储能电站消防一体化系统架构图

热失控是引起电化学储能电站火灾的重要原因之一，是指单体电池内部放热反应引起的不可控温升现象。电池热失控是一种不可阻断的故障，一旦热失控发生，即使切断电流仍然会继续进行，导致冒烟、燃烧甚至爆炸事故。电池本体安全是影响热失控的主要因素，例如电池生产过程中的瑕疵和电池老化等。外部刺激和环境因素也是导致电池热失控的原因。

抑制电池热失控有 4 种基本方法：隔离法、窒息法、冷却法和化学抑制法。普通消防设施常用的灭火剂主要有气体、水基、干粉和气溶胶灭火剂。电化学储能电站的火灾与普通电气火灾有较大区别。以常用的锂离子电池为例，它是一种含能物质，燃烧时，反应剧烈，并且会释放出大量的热和有毒气体，此外，扑灭之后仍存在复燃的风险，单一的灭火介质难以产生良好的灭火效果。目前，国内外研究团队针对不同电池开展了各种灭火剂的适用性研究。根据文献调研，针对不同种类灭火剂的灭火机理及优缺点做了比较，如表 2-4 所示。

表2-4　不同种类灭火剂的灭火机理及优缺点

灭火剂种类	常用灭火剂名称	灭火机理	优缺点
气体灭火剂	卤代烷 1301、哈龙 1211	化学抑制	降温效果有限，无法抑制锂离子电池的复燃；会破坏臭氧层，已在我国全面禁止使用
	CO_2、IG-541、IG-100	窒息	灭火效果较差，易出现复燃，对金属设备具有冷激效应，同时对火灾场景密封环境要求高，不环保
	六氟丙烷、七氟丙烷、全氟己酮	窒息、化学抑制	无冷刺激效应，不会造成被保护设备的二次破坏；燃烧初期有大量氟化氢等毒性气体产生，需要考虑灭火剂浓度设置
水基灭火剂	水，AF-31、AF-32、A-B-D 灭火剂，水成膜泡沫灭火剂	冷却、窒息	降温灭火效果明显，成本低廉且环境友好，但耗水量大，扑救时间长；3% 水成膜泡沫灭火剂无法解决电池复燃问题
干粉灭火剂	超细干粉（磷酸铵盐、氯化钠、硫酸铵）	隔离、化学抑制	微颗粒，严重残留物，湿度大，对设备具有腐蚀性，干粉灭火器对锂离子电池几乎没有效果

续表

灭火剂种类	常用灭火剂名称	灭火机理	优缺点
气溶胶灭火剂	固体或液体小质点分散并悬浮在气体介质中形成的胶体分散体系（混合金属盐、二氧化碳、氮气）	窒息	亚纳米微颗粒（霾），金属盐，具有残留物，对设备具有腐蚀性且会产生高热性损坏，伴有大量烟气，污染周围环境，与水基灭火剂结合使用可有效提高锂离子电池火灾扑救效率，减少耗水量

气体灭火剂的主要作用是窒息、隔离、化学抑制，包括二氧化碳、卤代烷等。七氟丙烷是一种以化学灭火为主兼有物理灭火作用的洁净气体灭火剂，无色、无味、不导电、无污染，具有良好的清洁性、绝缘性和经济性，广泛应用在机房、精密仪器室、变配电室中。

水基灭火剂主要包括水、水成膜泡沫和 F500 等。水基灭火剂的优点是降温效果明显，成本低廉且环境友好，但耗水量大，扑救时间长。实验表明 F500 灭火剂对于锂离子电池具有较好的灭火效果。

干粉灭火剂的主要成分是磷酸铵盐、碳酸氢钠、氯化钠和硫酸铵等，灭火效果较差。

气溶胶灭火剂对设备具有腐蚀性，且会产生高热性损坏，伴有大量烟气，污染周围环境，与水基灭火剂结合使用可有效提高锂离子电池火灾扑救效率，减少耗水量。

2.2.6 电池预制舱

电池预制舱是电化学储能电站中用于装载电化学储能电池系统的箱体，具有标准化、模块化的特点，可分为步入式和非步入式两种，其中步入式预制舱内留有行走通道，一般为端面开门；非步入式预制舱内无行走通道，一般为侧面开门。储能电站的步入式预制舱内部结构大致如图 2-12 所示，主要包含电池系统、热管理系统、电池管理系统、消防系统、汇流柜等，所有设备均可在工厂完成布线调试。

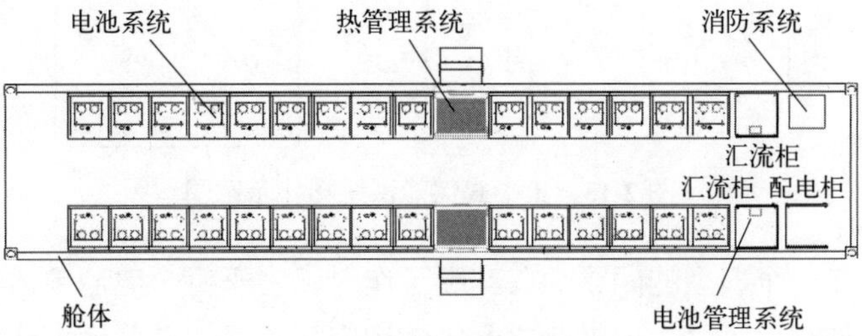

图 2-12　步入式预制舱内部结构示意图

储能预制舱采用不锈钢材料，并使用涂层以降低腐蚀。箱体的对角有两个风窗，一个是进风口，一个是出风口，工作时，箱体能形成空气对流。储能预制舱对防尘、防震、防水等具有一定要求，舱体防护等级要求不低于 IP54。

2.3 系统集成方案

储能系统的集成方案包括将电池系统、PCS 以及其他辅助系统（如冷却系统、监控系统等）有效地组合在一起，形成一个完整的储能解决方案。一个好的集成方案可以提高系统的可靠性和可维护性，降低运行和维护成本，同时也有助于提高系统的安全性。在储能电站的各组成部分中，PCS 的拓扑结构不仅决定了电池系统的建设方案，同时也在很大程度上决定了电池储能系统的集成方案。目前，电化学集成方案主要包括集中式、分布式、高压级联式、智能组串式等技术路线。

2.3.1 集中式储能系统

集中式技术方案采用直流侧电池多簇并联的方式，如图 2-13 所示。电池簇直流电汇流后与 PCS 相连转换成交流电，以便输入电网或供负荷使用。集中式储能系统单元的容量可以通过增加直流侧并联电池簇数量或增加交流侧 PCS 数量的方式来提高。一般来说，这类储能系统的容量在 1MW・h 以上。为避免过多的电池单体或电池簇并联而影响电池容量的利用率，通常使用大容量的电池单体。由于结构简单、成本低，且具有功率大（兆瓦级到百兆瓦级）、持续放电时间长（分钟级至小时级）等特点，集中式储能是目前国内在源网端采用的主流技术，可以提供调峰、调频、备用等服务，有助于提升电力系统的稳定性和可靠性。近年来，1500 V 储能系统成为集中式储能的发展趋势，不仅可以实现更高的能量密度，还有利于提高储能系统与光伏的适配度。根据中国光伏行业协会（CPIA）统计，2021 年国内光伏系统中直流电压等级为 1500V 的市场占比约 49.4%。

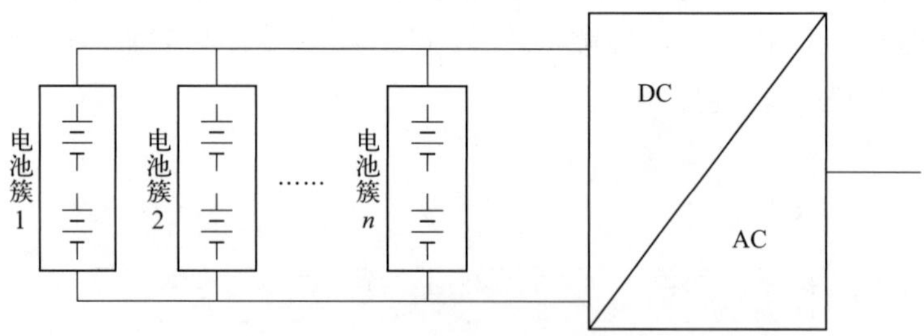

图 2-13　集中式储能系统拓扑示意图

集中式方案存在一个典型的问题。在实际工作时，由于每个电池单体的参数差异以及每个电池簇的实际工作温度不同，电池簇之间的输出电压不同，并联会形成电池簇间的循环电流，这个循环电流从几安培到几十安培不等。循环电流的产生不仅会导致能量损失，还可能会对电池簇造成损害，甚至会导致电池簇超过其额定工作条件而工作，这可能会缩短电池的使用寿命，并增加安全风险。

2.3.2 分布式储能系统

为了解决集中式储能系统的簇间环流问题，人们开发出了分布式储能系统。分布式储能集成方案的核心优势在于它的模块化设计，能够利用 PCS 实现每个电池簇的隔离，从而避免了电池簇之间的循环电流问题。分布式储能系统将大电池簇分解成更小的模块，与相应的 PCS 结合，允许每个模块根据其自身的状态和需求进行充电和放电，而不是像集中式储能系统那样统一管理，从而减少由于电池单元之间不匹配而引起的性能降低和寿命缩短问题。分布式储能系统的接入位置灵活，侧重于用户侧的应用，如峰谷价差套利、提升电能质量、提升供电可靠性等，在中低压配电网中也有应用。系统功率从几千瓦至几兆瓦不等，容量规模也相对较小，一般小于 10 MW · h。

根据储能系统的拓扑结构，分布式储能系统可以分为单极式 PCS 拓扑和双极式 PCS 拓扑。

（1）单极式 PCS 拓扑

图 2-14 展示了一个带有单极 DC/AC PCS 的分布式储能系统示意图，每个电池簇都对应独立的 PCS，可以实现对单个电池簇的精细管理。通过放弃多个电池簇在直流侧的并联连接，从根本上消除了不同电池簇之间循环电流产生的可能性。每个电池簇的充放电可以独立控制，从而最小化电池簇之间的差异造成的影响，因此提高了电池系统的容量利用率，并有效延长了其整体使用寿命。

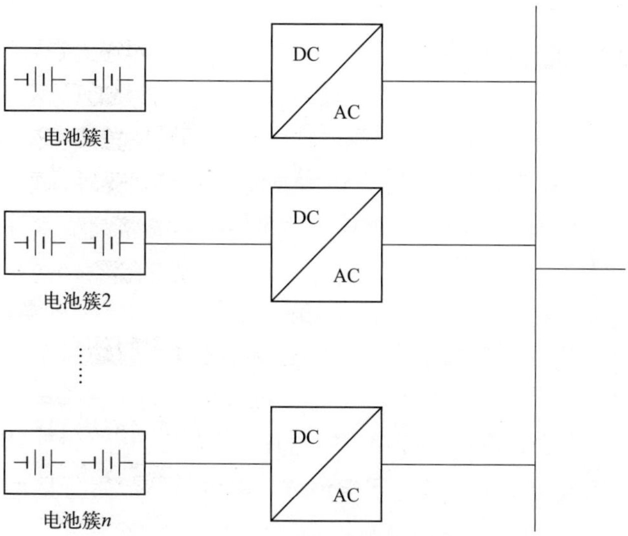

图 2-14　单极分布式储能系统拓扑示意图

由于单个 PCS 模块的功率水平较低，处理相同功率时需要比集中式 PCS 高出几倍，因此在交流侧并行运行多个 DC/AC PCS 模块是一个较大的技术挑战。

（2）双极式 PCS 拓扑

为了解决多个 DC/AC 并联的问题，人们提出了使用双极式 PCS 组建分布式储能系统的方案。如图 2-15 所示，在这种结构中，多个 DC/DC 直流变换器并联，不仅能够抑制电池簇之间的簇间环流，还可以使 DC/AC 变换器直流侧的电压更加稳定。相比于单极式 PCS，双极式 PCS 能让储能容量的配置更加灵活。这一方案的缺点是增加了 DC/DC 变换电路，成本较高，且能量损耗较大。

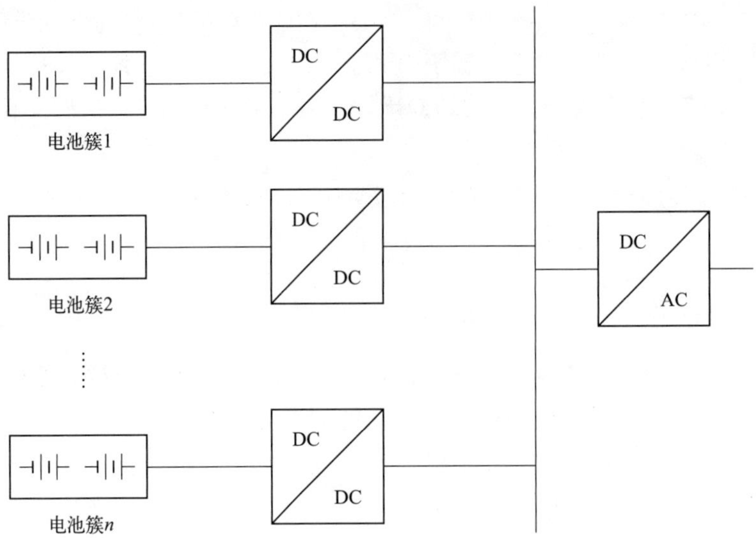

图 2-15 双极分布式储能系统拓扑示意图

2.3.3 高压级联式储能系统

随着储能集成系统容量增加，传统串联升压方案会面临一些挑战。比如，大容量下所需电芯数量众多，安全风险较大；随着电芯循环次数增加，电芯本体差异化逐步体现，系统一致性变差。受上述两因素制约，系统单机容量通常有限，随着并联设备的增加，二次通信、协调控制变得更加复杂。

在这些挑战下，大容量下高压级联方案具备一定优势。高压级联型（又称高压直挂）储能技术是指将多个电池组或电芯按照一定的方式串联起来，形成高压输出的储能系统，采用“能量裂解”技术，将大容量电池堆和大功率 PCS 裂解为小容量电池堆和小功率 AC/DC 功率单元，采用去并联组合，每个储能单元输出几十伏特到几百伏特的电压，将电池堆离散化，既大幅度降低了电池堆电量，减少了电池堆内电池单体数量，又大幅提高了系统容量，提升了系统安全性。

高压级联储能系统的结构如图 2-16 所示，通过电池组或电芯串联的方式，可以直接将储能设备升压至 6kV、10kV 及 35kV，无须经过变压器，不仅减少了系统损耗，提高了效率，还减小了储能系统的占地面积，降低了土地和建设施工成本，提高了单位建设面积的能量密度。高压级联储能系统单台容量可达 5MW/10MW · h。此外，在这种拓扑结构下，储能系统能够最大限度地减少或消除电池簇的并联情况，使得各个电池簇之间相互独立，减少或消除电池单体和电池簇的环流现象，削弱了储能系统中由电池一致性导致的问题，从而提高电池系统的循环寿命，降低生产运行的安全风险。

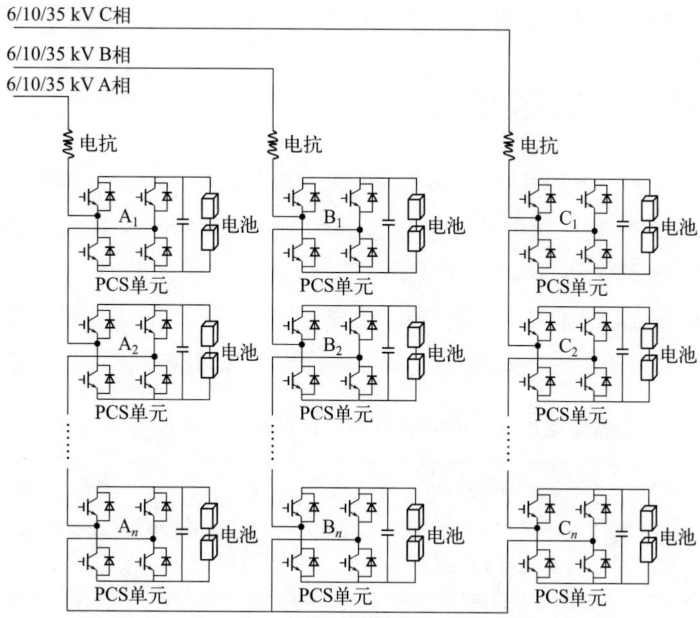

图 2-16　高压级联储能电站拓扑结构示意图

高压级联储能系统每三相为一组控制单元，储能系统不需要根据并联储能单元性能的差异进行协调后再响应指令，缩短了储能系统的响应时间。高压级联的拓扑结构在低压直流侧可以减少开关损耗，进一步提高系统效率，而且低压侧的电子元件所需电流及高压侧的电力元件所需耐压等级均明显降低，有利于提高系统的稳定性。低压并联和高压级联储能系统性能对比见表 2-5。

表2-5　低压并联和高压级联储能系统性能对比

序号	比较内容	低压并联储能系统	高压级联储能系统
1	拓扑结构	简单	较复杂
2	PCS 出口电压	低压（0.4 kV）	高压（6kV 或 10 kV）
3	系统损耗	大（有升压变压器损耗）	小（无升压变压器损耗）
4	占地面积	大	小
5	单位建设面积储能能量密度	低	高（约为低压方案的 1.3 倍）
6	电芯一致性	差	较好
7	电池寿命	短	长
8	指令响应时间	长	短
9	系统稳定性	低	高

2022 年 6 月，南京南瑞继保电气有限公司研制的 35kV 高压直挂储能系统在绍兴市红墟储能电站顺利并网运行，成为浙江省“十四五”新型储能示范项目中首个投运的项目，也是世界首套 35kV 高压直挂储能系统。项目的投运增强了区域电网灵活调节能力，为实现“双碳”目标做出了示范性贡献。2023 年 7 月，由三峡集团牵头的百兆瓦级高压级联直挂式储能

系统获批国家能源局能源领域首台（套）重大技术装备。

2.3.4 智能组串式储能系统

针对集中式方案大量电池并联存在的一致性、容量失配等问题，组串式技术将每个电池模块连接到组串式 PCS 中，使得能量管理精细到电池模块级别，实现电池的簇级管理，从而提高电池系统的放电容量和寿命。电池系统能够进行模块化设计，可单独切离故障模块，不影响簇内其他模块正常工作。国内代表企业有上能电气股份有限公司、华为技术有限公司等，表 2-6 对比了华为智能组串式解决方案与传统集中式储能解决方案的差异。

表2-6 华为智能组串式储能解决方案与传统集中式储能解决方案差异对比

维度	智能组串式储能解决方案	传统集中式储能解决方案
更高放电	具备更高放电能力，采用电池模块级能量优化器，避免因失配导致容量损失，生命周期内放电量可提升 6% 以上；采用智能单簇电池簇控制器，避免环流导致容量损失，生命周期内放电量可提升 7% 以上	无电池模块均衡设计，簇内电池模块间无优化，不能满充满放，模块更换需人工均衡调节；电池簇直接并联，无簇级电压调节能力，簇间差异会降低可用容量
更优投资	采用高密预制化安装，现场交付成本可降低 0.01 ~ 0.03 元 /（W・h）；采用单簇管理，初始电池配置可减少 5% 以上；采用补电模式，相比传统集中式方案，初始电池配置可降低 30% 以上，实现更低初始成本	初始投资及总投资较高，无法补电，需初期超配 60% ~ 70%
智能温控	具有智能温控功能，集装箱内部温升 < 5℃（1*C* 下），可保障 15 年使用寿命	集装箱内通过 1 ~ 2 个空调集中散热，温升差异可达 10℃，影响电池组寿命
新旧电池混用	支持新旧电池混用，避免“木桶效应”，储能系统最大化充放电，可实现分期补电模式	不支持新旧电池直接混用，储能系统无法最大化充放电；新旧电池内阻差异造成环流，带来发热，加速新电池老化
极简运维	新电池自动化充放，无须手动调节备用电池，站上运维人员直接更换电池模块，可降低相关运维成本 90% 以上	需专家人工上站调整备件电池 SOC，并更换
AI 内短路检测	突发型内短路，可通过剧烈短路识别算法检测衍生型内短路，可通过 AI 离群算法检测，极致安全	难以识别内短路故障，存在火灾风险
模块化系统设计	电池系统及 PCS 均采用模块化设计，系统可用度可达 99.9% 以上	无模块化设计，PCS 故障会影响整个集装箱，系统可用度仅为 97% ~ 98%

示范项目方面，华能济南黄台发电有限公司 100MW/200MW・h 项目，是国内首个采用组串式 PCS 架构的大型储能电站；此外由江苏林洋能源股份有限公司建设的山东德州 3MW/6MW・h 项目和国家电力投资集团有限公司建设的大庆 200MW 光储实验平台也采用该系统架构。

参考文献

[1] Kim M Y, Kim C H, Kim J H, et al. A chain structure of switched capacitor for improved cell balancing speed of lithium-ion batteries[J].IEEE Transactions on Industrial Electronics, 2014, 61(8):3989-3999.

[2] 赵光金, 唐国鹏. 主被动均衡技术及其在电池梯次利用中的应用[J].电源技术, 2018, 42(07):983-986,1075.

[3] 杨军亮, 奚玲玲, 王力. 集中式储能能量管理系统[J].上海电气技术, 2023, 16(02):47-51.

[4] 李建林, 王哲, 曾伟, 等.百兆瓦级电化学储能电站能量管理研究综述[J].高电压技术, 2023, 49(01):72-84.

[5] 朱信龙, 王均毅, 潘加爽, 等. 集装箱储能系统热管理系统的现状及发展[J].储能科学与技术, 2022, 11(01):107-118.

[6] 徐亮. 锂电池储能电站防消一体化系统设计及控制策略[J].太阳能学报, 2022, 43(05):478-483.

[7] 李首顶, 李艳, 田杰, 等.锂离子电池电力储能系统消防安全现状分析[J].储能科学与技术, 2020, 9(05):1505-1516.

[8] 张鹏杰, 罗军, 杨文辉, 等.兆瓦级锂离子电池储能系统设计及应用[J].河南科技, 2021, 40(13):28-31.

[9] 黄思林, 肖华宾, 黄常抒, 等. 高压级联式储能系统在火储联合调频中的应用及实践[J].储能科学与技术, 2022, 11(11):3583-3593.

[10] Rao Z, Wang S, A review of power battery thermal energy management[J]. Renewable and Sustainable Energy Reviews, 2011, 15(9):4554-4571.

[11] Hwang F S, Confrey T, Reidy C, et al. Review of battery thermal management systems in electric vehicles[J]. Renewable and Sustainable Energy Reviews, 2024, 192:114171.

[12] Ponce De L C, Frías-Ferrer A, González-García J, et al. Redox flow cells for energy conversion[J]. Journal of Power Sources, 2006, 160(1):716-732.

[13] Henke M, Hailu G. Thermal management of stationary battery systems:A literature review[J]. Energies, 2020, 13(16):13164194.

第3章 储能电站前期开发

发展并建设大规模储能电站能有效缓解迅速增长的新能源并网规模对电网安全稳定性的冲击，提升新能源平滑出力能力。随着各地储能市场需求的增长，储能项目前期开发正逐步探索并快速推进。储能虽然与风力发电、光伏等新能源项目的前期开发类似，但也有其独特的特点，尤其是在项目选址与规划、指标申报与获取、可行性与盈利模式等方面，均与新能源项目开发存在差异。本章主要介绍储能市场需求及前期开发工作流程，为电化学储能电站开发提供参考。

3.1 市场需求分析

3.1.1 应用场景

“十三五”以来，我国新型储能实现由研发示范向商业化初期过渡，实现了实质性进步。电化学储能等技术创新取得了长足进步，“新能源 + 储能”、常规火电配置储能、智能微电网等应用场景不断涌现，商业模式逐步拓展，国家和地方层面政策机制不断完善，对能源转型的支撑作用初步显现。“十四五”时期是我国实现碳达峰目标的关键期和窗口期，也是新型储能发展的重要战略机遇期。

随着电力系统对调节能力需求的提升，新能源开发消纳规模不断加大，电化学储能建设周期短、选址简单灵活、调节能力强，与新能源开发消纳的匹配性更好，优势逐渐凸显。我国在锂离子电池等技术方面已达到世界领先水平，面向世界能源科技竞争，支撑绿色低碳科技创新，加快电化学储能技术创新体系建设势在必行。在“双碳”目标提出后，新能源装机规模呈现出迅速增大的趋势，在风电建设和运行方面，2021 年，全国非化石能源发电装机首次超过煤电，装机容量达到 11.2×10^8kW，水电、风电、光伏装机均超过 3×10^8kW。根据国家电网测算，到2035年，风、光装机规模将分别达到7×10^8kW、6.5×10^8kW，全国风电、光伏日最大波动率预计分别达1.56×10^8kW、4.16×10^8kW，大大超出了电源调节能力，迫切需要引入清洁的调节资源，以具备应对新能源日功率波动5×10^8kW左右的调节能力，大规模储能电站建设可有效缓解新能源消纳并网难题、平滑新能源出力波动。

电化学储能发展应用场景主要涉及电源侧、电网侧及用户侧：在电源侧建设电站配套储能设施，在电网侧关键节点建立独立储能设施，在用户侧积极推广分布式储能。

（1）新能源电站自建储能

自2020年开始，各省份加大了对新能源电站配置储能的支持力度，多个省份从最初鼓励新能源电站配置储能发展到明确要求新能源电站配置储能。新能源电站配置储能的模式具有如下特点。

① 配置储能是新能源履行系统责任的重要技术路径，构建新型电力系统，需要新能源承担作为主力电源的系统责任。2019年发布的强制性国家标准《电力系统安全稳定导则》（GB 38755—2019）中提出，新能源场站应提高调节能力，必要时应配置燃气电站、抽水蓄能电站、储能电站等灵活调节资源。部分省份已要求新能源机组具备一次调频等常规机组所具备的能力。配置储能后，新能源可以履行系统责任，机组不用预留发电容量。

② 配置储能可降低新能源发电的系统成本，减少辅助服务费用分摊。有研究显示，在电力系统中，新能源发电量占总发电量比例超过15%后，系统成本会进入快速增长阶段。随着风电、光伏发电上网电价不再享受财政补贴，通过配置储能提升新能源发电的可调度性，降低系统成本，减少辅助服务费用，可以有效提高上网电价竞争力。

③ 配置储能可提升新能源参与现货市场的盈利水平。由于新能源发电具有随机性，其难以实时跟随现货市场价格波动调整发电出力，实现利益最大化。配置储能后，新能源电站可灵活参与市场并提升履约能力，在现货价格较低或者未能出清情况下，由新能源机组给配置的储能电站充电；在现货价格较高时，由储能放电获得收益。

结合上述特点，我们可以推断，从长远来看，即使储能成本没有大范围下降，新能源电站自发配置储能也可能会成为主要趋势之一。

当前，新能源电站自建储能模式配置的多为锂离子电池储能，压缩空气、飞轮储能也有小部分的示范应用。据中关村储能产业技术联盟的统计数据，2023年上半年储能项目数量（含规划、建设中和运行项目）为850个，是2022年同期的2倍多。新增投运规模8.0GW/16.7GW·h，超过2022年新增规模水平（7.3GW/15.9GW·h）。而在这些项目中，由新能源带动的储能项目装机规模占比超过50%。

“新能源+储能”配置模式是当前新能源指标竞配中常见的要求，当前状况下，其配置的储能往往不具有明确的盈利能力。对于新能源开发企业而言，该模式的主要目的是获取新能源开发资源，增加了开发成本，从未来发展及行业技术储备来看，该模式在很大程度上推动了储能行业的迅速发展。考虑到《关于进一步推动新型储能参与电力市场和调度运用的通知》中提出的“鼓励配建新型储能与所属电源联合参与电力市场”，同时该文件指出“加快推动独立储能参与电力市场配合电网调峰”，在政策的支持下，配建储能未来的盈利能力会有较大的上升空间。另外，考虑到新能源发电规模的进一步扩大以及储能成本的逐步下降，“新能源 + 储能”的配套模式依旧会是储能建设的重要模式。

（2）独立储能电站

新能源电站自建储能是当前储能发展的重要组成部分之一，但在实际应用中，由于新能源初始投资增加、储能设备质量不高等，实际运行效果往往不及预期。面对新能源发电占总发电比例越来越高的状况，促进储能的高效利用是重点方向，非发电企业通过建立大规模独立储能电站，充分发挥储能对电力系统安全和新能源消纳的作用，是一个发展的新方向。独立储能电站是具备独立计量、控制等技术条件，可被电网监控和调度，具有法人资格，可作为独立主体参与电力市场的新型储能项目。独立储能作为新兴市场主体，接受调度机构统一调管，具备有功、无功、四象限连续可调以及百毫秒级快速响应调节的优点，可以提供深度调峰、快速调频、旋转备用、有偿无功调节和黑启动等辅助服务，以满足电力系统不同时间尺度的调节需求。

《关于进一步推动新型储能参与电力市场和调度运用的通知》中提出，加快推动独立储能参与电力市场配合电网调峰，加快推动独立储能参与中长期市场和现货市场，鼓励独立储能签订顶峰时段和低谷时段市场合约，充分发挥独立储能技术优势提供辅助服务，辅助服务费用应根据《电力辅助服务管理办法》有关规定，按照“谁提供、谁获利，谁受益、谁承担”的原则，由相关发电侧并网主体、电力用户合理分摊。这为独立储能平稳步入市场提供了基础。

与发电侧各自配置自有储能电站模式相比，独立储能电站拥有以下三方面的优势。

① 电网调度更方便。由于独立型储能电站可由电网直接调度，可与区域内多个风光电站协调运行。从原理上看，类似于小型抽水蓄能电站，可为电网稳定安全运行提供多种服务，例如调峰、调频、备用、跟踪计划发电、平滑风电出力等。

② 储能计量及价值核算相对简单。由于储能电站独立运营，调节电量容易统计。另外，在为电网提供辅助服务时，计量也相对容易，因此会在一定程度上简化储能电站的运营难度，并促进储能电站逐步摸索，形成一定的商业模式。

③ 经济效益较好。独立储能基本运行策略是在电力处于“谷”电时段蓄电，在电力处于“峰”电时段放电。根据 2022 年全国地区电网代购电价，有 15 个地区的一般工商业 10kV 单一制电价最大峰谷价差超过 0.7 元 /（kW·h），价差最大的地区是广东省珠三角五市，为 1.36 元 /（kW · h），上述数据表明价差盈利模式具有可行性，这种充放电模式为电网提供了辅助作用，有利于电网的整体稳定性。

《关于进一步推动新型储能参与电力市场和调度运用的通知》中提出，独立储能电站向电网送电的，其相应充电电量不承担输配电价和政府性基金及附加。该措施的执行，将直接降低以充放电价差获利的独立储能电站成本，增加收益。

（3）共享储能模式

无论是“新能源 + 储能”自建模式，还是独立储能模式，对于开发企业都具有较高的投资建设压力，同时，考虑到储能商业模式的缺乏，储能资源的利用存在严重的闲置现象。将共享经济理念与储能技术相结合，所形成的共享储能模式将有潜力成为实现储能商业化的突破口。

共享储能包括云储能、储能聚合等形式，核心是通过数据分析、通信和预测等工作聚拢能源和用户，实现规模效益。共享储能体现在三个方面：一是共享设备，包括储能租赁使用的设备等；二是共享资源利用，利用电力系统及其他储能单元的调节作用，将电网的安全性、可靠性和经济性进一步提高；三是共享服务，满足能源管理、电网售电、定制用电的需求等其他各项服务。2019 年 4 月，国网青海电力新能源建设重点项目“鲁能海西州多能互补集成优化示范工程储能电站”，进行了共享储能交易试运营。国网青海电力建设了共享储能市场化交易平台，构建了基于区块链的调峰辅助服务系统、调度控制系统及交易系统三大核心系统。截至 2021 年 11 月，青海省共享储能电站已累计实现增发新能源电量超过 1400×10^4kW · h，减少二氧化碳排放 13958t。

目前，共享储能的商业模式已在微电网就地消纳、社区储能服务、平滑新能源出力以及新能源调峰等应用场景中进行了研究与实践，其可行性与经济性得到了验证与认可。从已开展或正在开展的共享储能项目来看，共享储能电站有望逐步成为我国储能应用的主要形式，未来结合退役火电机组现有站址、变电站空闲土地、新能源汇集站、电站关键节点等建设的共享储能电站，将对电力系统安全稳定运行发挥重要作用。

3.1.2 政策调研

（1）国家层面

从当前储能技术发展及市场状况来看，储能行业仍是一个政策导向型行业，政策对行业的影响至关重要，从长期来看，储能市场的政策红利正在持续增加。

近年来国家公布了多个重要文件，对储能行业的发展提出了建议，表 3-1 给出了部分国家发布的相关行业文件。

表3-1　国家层面储能行业相关行业文件

发布时间	文件	内容摘要
2021 年 3 月	《中华人民共和国国民经济和社会发展第十四个五年规划和 2035 年远景目标纲要》	加快电网基础设施智能化改造和智能微电网建设，提高电力系统互补互济和智能调节能力，加强源网荷储衔接，提升清洁能源消纳和存储能力，提升向边远地区输配电能力，推进煤电灵活性改造，加快抽水蓄能电站建设和新型储能技术规模化应用
2021 年 5 月	《关于“十四五”时期深化价格机制改革行动方案的通知》	建立新型储能价格机制
2021 年 7 月	《关于加快推动新型储能发展的指导意见》	将发展新型储能作为提升能源电力系统调节能力、综合效率和安全保障能力，支撑新型电力系统建设的重要举措。强化规划引导，鼓励储能多元发展；推动技术进步，壮大储能产业体系；完善政策机制，营造健康市场环境；规范行业管理，提升建设运行水平；加强组织领导，强化监督保障工作

续表

发布时间	文件	内容摘要
2021 年 7 月	《关于进一步完善分时电价机制的通知》	合理确定峰谷电价价差，建立尖峰电价机制，健全季节性电价机制
2021 年 9 月	《新型储能项目管理规范（暂行）》	促进新型储能有序、安全、健康发展，支撑构建以新能源为主体的新型电力系统
2021 年 9 月	《抽水蓄能中长期发展规划（2021—2035 年）》	到 2025 年，抽水蓄能投产总规模 6200 万千瓦以上；到 2030 年，投产总规模 1.2 亿千瓦左右
2021 年 10 月	《2030 年前碳达峰行动方案》	到 2025 年，新型储能装机容量达到 3000 万千瓦以上
2022 年 1 月	《"十四五"新型储能发展实施方案》	到 2025 年，新型储能由商业化初期步入规模化发展阶段，具备大规模商业化应用条件。新型储能技术创新能力显著提高，核心技术装备自主可控水平大幅提升，标准体系基本完善，产业体系日趋完备，市场环境和商业模式基本成熟。到 2030 年，新型储能全面市场化发展。新型储能核心技术装备自主可控，技术创新和产业水平稳居全球前列，市场机制、商业模式、标准体系成熟健全，与电力系统各环节深度融合发展，基本满足构建新型电力系统需求
2022 年 2 月	《关于完善能源绿色低碳转型体制机制和政策措施的意见》	建立全国统一电力市场体系，加快电力辅助服务市场建设，推动重点区域电力现货市场试点运行。支持微电网、分布式电源、储能和负荷聚合商等新兴市场主体独立参与电力交易。完善支持储能应用的电价政策。完善抽水蓄能、新型储能参与电力市场的机制，更好发挥相关设施调节作用
2022 年 3 月	《2022 年政府工作报告》	有序推进碳达峰碳中和工作。落实碳达峰行动方案。推进大型风光电基地及其配套调节性电源规划建设，加强抽水蓄能电站建设，提升电网对可再生能源发电的消纳能力
2022 年 3 月	《氢能产业发展中长期规划（2021—2035 年）》	到 2035 年，形成氢能产业体系，构建涵盖交通、储能、工业等领域的多元氢能应用生态。可再生能源制氢在终端能源消费中的比重明显提升，对能源绿色转型发展起到重要支撑作用
2022 年 4 月	《电力可靠性管理办法（暂行）》	积极稳妥推动发电侧、电网侧和用户侧储能建设，合理确定建设规模，加强安全管理，推进源网荷储一体化和多能互补。建立新型储能建设需求发布机制，充分考虑系统各类灵活性调节资源的性能，允许各类储能设施参与系统运行，增强电力系统的综合调节能力
2022 年 4 月	《完善储能成本补偿机制　助力构建以新能源为主体的新型电力系统》	完善储能政策顶层设计，研究各类储能技术在新型电力系统中的应用场景，建立符合我国国情和电力市场化发展阶段的储能成本补偿机制
2022 年 5 月	《关于进一步推动新型储能参与电力市场和调度运用的通知》	建立完善适应储能参与的市场机制，鼓励新型储能自主选择参与电力市场，坚持以市场化方式形成价格，持续完善调度运行机制，发挥储能技术优势，提升储能总体利用水平，保障储能合理收益，促进行业健康发展
2022 年 6 月	《"十四五"可再生能源发展规划》	加快推进抽水蓄能电站建设。推进黄河上游梯级电站大型储能试点项目建设。推动其他新型储能规模化应用。研发储备钠离子电池、液态金属电池、固态锂离子电池、金属空气电池、锂硫电池等高能量密度储能技术

国家对储能产业的发展有着长远的规划。从建设规模来看，新型储能装机容量到2025年计划达到3000×10^4kW以上。从技术路线来看，储能行业技术发展路线多种多样，包含抽水蓄能、钠离子电池、新型锂离子电池、铅炭电池、液流电池、压缩空气储能、氢（氨）储能、热（冷）储能、超导储能、超级电容器储能等多种类型。从市场机制来看，在充分发挥储能系统深度调峰、快速调频、旋转备用、有偿无功调节和黑启动等辅助服务以及电力系统不同时间尺度的调节需求的同时，国家对储能价格机制展开了探索，逐步建立了符合我国国情和电力市场化发展阶段的储能成本补偿机制，朝着构建成熟的储能行业市场机制、商业模式以及标准体系，实现与电力系统各环节深度融合的方向发展，满足构建新型电力系统需求。考虑当前新型储能技术成熟度和发展态势，“十四五”时期我国新型储能必会从商业化步入规模化发展时期。

（2）地方层面

当前能源绿色低碳转型进入全面加速期，在“双碳”目标要求及能源高质量发展要求下，各省份对现代能源体系中储能发展面临的新形势、新要求进行了深入思考。多个省份结合当地资源条件与能源状况，发布了与储能行业相关的指导文件。在进行“十四五”储能规划的同时，多个省份也在不断促进电池储能发挥调峰调频作用。在“新能源+储能”方面，新能源配套储能政策已经成为了电源侧储能的最大助推力量。据不完全统计，截至2022年底，全国已有23个省（自治区、直辖市）发布新能源配储政策，配置比例最高达到30%，一般配置比例为10%。

国家层面和地方层面的各类政策引导表明，储能行业发展的重点在于加大技术创新，降低系统成本，积极稳妥推动发电侧、电网侧和用户侧储能建设，合理确定建设规模，加强安全管理，推进源网荷储一体化和多能互补，建立符合我国国情和电力市场化发展阶段的储能成本补偿机制以及价格机制。

3.2 项目策划

3.2.1 项目规划

综合考虑地区社会经济、自然环境、开发条件及市场前景等因素，规划选定储能电站场址，并对选定的各规划站址进行统筹考虑，初步拟定开发顺序。

储能电站工程规划主要研究内容包括：规划装机容量、接入系统初步规划、环境影响初步评价、开发顺序以及下一步工作安排等。经过上述几个阶段后，可以组织专家对项目公司提交的规划报告进行评审，评审合格后进行整体开发规划。

（1）规划装机容量

规划装机容量是根据储能应用场景、系统接入条件并结合站址条件等确定电站储能装机规模。

（2）接入系统初步规划

接入系统初步规划根据站址与变电站的距离，来确定当前是否需要改变电网结构、容量等相关规划建设方案。

（3）环境影响初步评价

环境影响初步评价是确定储能电站对外部环境的影响程度，判断是否会对土地、植被、居民等产生较大影响。

（4）开发顺序以及下一步工作安排

开发顺序以及下一步工作安排需要项目经理或负责人决定储能电站是否需分期开发或先行开发哪一片区域。

3.2.2 电站选址

电化学储能电站选址时要结合以下因素对候选站址进行综合评估：相关气候条件、地形和交通运输条件、土地征用与土地利用规划、工程地质、接入系统、环境保护以及影响电站建设的其他因素。

在建设条件方面，储能电站选址阶段应尽可能全面地对开发建设限制性边界条件进行筛查落实，减少项目开发风险。

在电网接入系统条件方面，应关注电网现状、电网发展规划和储能电站概况，储能电站规划选址应兼顾电网现状和电网发展规划，以合理确定储能电站的选址定容和接入方案。

除建设条件和电网接入条件外，储能电站建设还应结合储能技术发展水平、发展规划、环境条件、土地、消防救援和建筑条件等因素，并满足安全可靠、经济适用、生态环保、便于安装和维护的要求。

3.2.3 指标申报与获取

签订的开发协议应明确签约的项目规模、具体的地理位置或场址坐标以及配套政策等内容。

开发协议签订后，应与地方能源主管部门沟通，积极跟踪了解管辖范围内风电和太阳能项目的竞争优选计划、方案和进展，根据项目优选方案对规划场址进行踏勘，充分了解项目土地、接入等边界条件信息，及时编制技术方案，做好竞争性配置及相关材料的准备工作。

3.2.4 预可行性研究

在工程规划基础上，根据相关规定编写预可行性研究报告，开展工程地质勘察、工程规模与布置、工程投资估算和初步经济评价等工作，初步研究储能电站建设的可行性，并初步确定储能电站的建设方案。预可行性研究（预可研）阶段就是对项目做一个概括性了解，如对资料进行初步分析处理、对电站接入电力系统和建设条件进行初步规划等。

3.3 项目备案

核准制适用的投资项目种类和范围，由国务院颁布的《政府核准的投资项目目录（2016年本）》确定。在该目录中，对实行项目核准制的项目做出了明确分类，共规定了 12 类项目需经过政府核准后方可由企业投资建设。根据《新型储能项目管理规范（暂行）》，地方能源主管部门依据投资有关法律、法规及配套制度，对本地区新型储能项目实行备案管理。备案制项目没有审批审核事项，投资主体按照要求提供资料直接备案。

3.3.1 备案内容

储能项目备案内容应包括：项目单位基本情况，项目名称、建设地点、建设规模、建设内容（含技术路线、应用场景、主要功能、技术标准、环保安全等），项目总投资额，项目符合产业政策声明等。

3.3.2 备案流程

备案工作流程主要包括申报、受理、评审、修改、报备、备案、登记，具体以当地主管部门规定为准。储能项目应在不晚于项目本体开工建设前完成备案。

3.4 项目立项

项目实施单位应组织对项目立项进行内部审核，满足立项条件后，开展项目立项。

3.4.1 立项条件

电化学储能项目立项建议具备以下条件：

① 项目已获得政府同意开展项目前期工作的许可，或具有同等效力的资源开发协议、中标通知、项目备案等政府其他相关文件；

② 对项目开发限制性边界条件进行核查，完成场址涉及相关事项的立项前初步排查工作；

③ 初步达成土地使用方式和费用意向；

④ 项目的财务收益率指标应满足项目投资收益要求。

3.4.2 立项流程

项目立项应明确前期工作费用预算，编制项目建议书和相关专题调查或研究报告，或委托有相关资质的第三方专业机构开展相关工作。

前期工作管理部门对项目立项请示进行审查，提出立项审核意见，经审定后报决策机构审议和批准。对于批准立项的项目，前期工作管理部门负责办理项目立项批复文件。对于未通过立项的项目，前期工作管理部门应通知项目实施单位并做出解释。

3.5 项目公司设立

项目建议书得到批准之后，就可以成立项目公司，进行项目的公司化运作，开始下一步的项目融资、工程建设、维护运行以及项目管理工作。项目公司的经营范围一般限于所投资建设的储能项目本身和与储能有关的业务。

3.5.1 材料准备

设立项目公司通常需要提交以下相关材料：

①《公司登记（备案）申请书》；

②《指定代表或者共同委托代理人授权委托书》及指定代表或委托代理人的身份证件复印件；

③ 全体股东签署的公司章程；

④ 股东的主体资格证明或者自然人身份证件复印件；

⑤ 董事、监事和经理的任职文件及身份证件复印件；

⑥ 法定代表人任职文件及身份证件复印件；

⑦ 住所使用证明；

⑧《企业名称预先核准通知书》；

⑨ 相关部门要求的其他材料。

3.5.2 办理流程

项目公司设立前通常需要开展以下相关工作：

① 名称预先核准；

② 提交申请材料；

③ 取得营业执照；

④ 刻制公司用章；

⑤ 开立公司账户；

⑥ 其他相关必要程序。

3.6 可行性研究

可行性研究是在批准项目建议书的基础上进一步调查、落实和论证电站工程建设的必要性和可能性。可行性研究报告获得批准后即可进入工程实施阶段。可行性研究工作程序包括资料收集、资料处理、地质勘察、设备选型、接入电力系统及电场主接线设计、土建工程设计、工程管理、施工组织设计、环境评价、设计概算及经济评价等，以此研究电站建设的可行性。

电化学储能电站可行性研究报告通常包括以下内容。

（1）项目概述

介绍储能项目的提出背景，包括能源政策、市场需求、技术发展等方面的因素，明确项目的具体名称、建设地点和储能容量等规模指标，介绍项目建设单位的基本情况，包括企业性质、经营范围、资金实力等。

（2）市场分析

分析当前和未来储能市场的需求情况，包括电力系统调峰、可再生能源并网、分布式能源系统等领域的需求。分析储能市场的竞争格局，包括主要竞争对手、市场份额、产品特点等。对储能市场的未来发展趋势进行预测，为项目的投资决策提供参考。

（3）技术方案

根据项目的需求和特点，选择合适的储能技术路线，并开展系统方案设计，包括接入系统方式、储能系统的组成、工作原理、技术参数等，选择合适的储能设备。制定项目的消防方案，包括消防设施的配置、消防通道的设置等。

（4）工程建设方案

分析项目建设地点的自然条件、交通条件、水电供应等建设条件，确定项目的工程布局和建设内容，包括储能电站的建设、设备安装、配套设施建设等，并制定项目的施工组织方案。

（5）项目组织与管理

建立项目的组织架构，明确各部门的职责和分工，选择合适的项目管理模式，制定项目建设和运营过程中的人员培训计划，提高员工的技术水平和管理能力。

（6）环境影响评价

分析项目建设地点的大气环境、水环境、声环境等环境现状，分析项目建设和运营过程中对环境产生的影响，包括施工期的扬尘、噪声、废水等污染，以及运营期的电磁辐射、噪声等污染。根据环境影响分析情况，提出项目建设和运营过程中的环境保护措施，包括污染防治措施、生态保护措施等。

（7）节能分析

分析项目建设和运营过程中的能源消耗情况，包括电力、水、燃料等。提出项目建设和运营过程中的节能措施，包括采用节能设备、优化工艺流程、加强能源管理等。

（8）劳动安全与工业卫生

分析项目建设和运营过程中的劳动安全卫生风险，提出相应的防范措施。

3.7.3 水土保持方案

（1）适用于审批情形的水土保持方案报告书审批流程

① 方案编制完成后由建设单位将资料上报水务主管部门，水务主管部门再将方案传给第三方技术审查单位，对不符合要求的方案提出预审意见，并反馈给建设单位修改。

② 预审合格后，由审批部门组织开展技术评审，一般采取专家会议审查方式。评审后报告需要修改完善的，应将修改后的方案报告书提交专家组组长审核并签字确认后报批。

③ 收到报批材料、部门及专家签署的意见后，审批部门进行审核、做出行政许可决定、拟文、签批并印发批文。

（2）适用于备案情形的水土保持方案报告表审批流程

① 自行送审。水土保持方案报告表实行承诺制管理，由生产建设单位从省级水行政主管部门水土保持方案评审专家库中自行选取一名专家签署是否同意意见，审批部门不再组织技术评审。

② 受理及批复。建设单位将资料上报水务主管部门，提交审批申请和相关材料，包括生产建设项目水土保持方案报告表及专家意见等。审批部门进行审核、做出行政许可决定、拟文、签批并印发批文。

3.7.4 矿产压覆

（1）矿产压覆查询

建设项目选址前，建设单位向省级国土资源行政主管部门查询拟建项目所在地区的矿产资源规划、矿产资源分布和矿业权设置情况。不压覆重要矿产资源的，由省级国土资源行政主管部门出具未压覆重要矿产资源的证明。

（2）编制压覆重要矿产资源评估报告

需压覆重要矿产资源的项目，应编制压覆重要矿产资源评估报告。根据《关于进一步做好建设项目压覆重要矿产资源审批管理工作的通知》(国土资发〔2010〕137号)文件，确需压覆重要矿产资源的，建设单位应根据有关工程建设规范确定建设项目压覆重要矿产资源的范围，委托具有相应地质勘查资质的单位编制建设项目压覆重要矿产资源评估报告。陆上风电和光伏发电项目建设如需压覆重要矿产资源，则需委托具有相应地质勘查资质的单位编制建设项目压覆重要矿产资源评估报告。

（3）建设单位与矿业权人协商并签订压覆补偿协议

双方在友好协商的基础上，就压覆区块范围、占用资源探明储量、矿业权人先期投入成本等主要内容达成一致意见，并以书面形式签署《压覆矿产资源补偿协议》。

（4）办理压覆矿产资源审批手续

建设项目压覆重要矿产资源审批的依据是自然资源部发布的《建设项目压覆重要矿床（矿产资源）审批服务指南》。

建设单位应在收到同意压覆重要矿产资源的批复文件后45个工作日内，到项目所在地省级国土资源行政主管部门办理压覆重要矿产资源储量登记手续。45个工作日内不申请办理压覆重要矿产资源储量登记手续的，审批文件自动失效。

3.7.5 地质灾害危险性评估

地质灾害危险性评估应该由项目建设单位委托具备相应资质条件的单位进行地质灾害危险性评估工作。取得甲级地质灾害危险性评估资质的单位，可以承担一、二、三级地质灾害危险性评估项目，乙级可以承担二、三级地质灾害危险性评估项目，丙级可以承担三级地质灾害危险性评估项目。

全国地质灾害多达几十种，需进行地质灾害危险性评估的灾害主要包括崩塌、滑坡、泥石流、地面塌陷、地面裂缝和地面沉降等。评估结论是评估报告的高度浓缩，内容上力求全面、精练，突出重点，主要是提醒建设方使用评估成果时应注意的一些限制条件，明确提出针对重点灾害或问题需要进一步延伸的查证工作以及调整、改变工程布局的建议等，决策者不看评估报告也能明确防治地质灾害的必要性，把握地质灾害防治工作中需要注意的重点地段、重点环节和可选用的重要措施。

3.7.6 职业病危害预评价

对于储能电站项目，一般是建设单位委托专业的职业卫生技术服务机构实施建设项目职业病危害预评价与检测工作，委托具有相关设计资质的单位承担职业病防护设施设计。根据建设项目的不同，选择具有甲级或者乙级资质的职业卫生技术服务机构。根据《职业卫生技术服务机构管理办法》相关规定，取得甲级资质的职业卫生技术服务机构，可以根据认可的业务范围在全国从事职业卫生技术服务活动；取得乙级资质的职业卫生技术服务机构，可以根据认可的业务范围在其所在的省、自治区、直辖市从事职业卫生技术服务活动；生产经营的装置（设施）跨省、自治区、直辖市的用人单位，必须由取得甲级资质的职业卫生技术服务机构承担。

（1）编制职业病危害预评价报告

按照《建设项目职业病防护设施“三同时”监督管理办法》的要求，对可能产生职业病危害的建设项目，建设单位应当在建设项目可行性论证阶段进行职业病危害预评价，编制预评价报告。根据其第十条的规定，建设项目职业病危害预评价报告应当符合职业病防治有关法律、法规、规章和标准的要求，并包括下列主要内容：

① 建设项目概况，主要包括项目名称、建设地点、建设内容、工作制度、岗位设置及人员数量等；

② 建设项目可能产生的职业病危害因素及其对工作场所、劳动者健康影响与危害程度

的分析与评价；

③ 对建设项目拟采取的职业病防护设施和防护措施进行分析、评价，并提出对策与建议；

④ 评价结论，明确建设项目的职业病危害风险类别及拟采取的职业病防护设施和防护措施是否符合职业病防治有关法律、法规、规章和标准的要求。

建设单位应当按照评审意见对职业病危害预评价报告进行修改完善，并对最终的职业病危害预评价报告的真实性、客观性和合规性负责。职业病危害预评价工作过程应当形成书面报告备查。

（2）职业病防护设施设计

存在职业病危害的建设项目，建设单位应当在施工前按照职业病防治有关法律、法规、规章和标准的要求，进行职业病防护设施设计。

建设项目职业病防护设施设计应当包括下列内容：

① 设计依据；

② 建设项目概况及工程分析；

③ 职业病危害因素分析及危害程度预测；

④ 拟采取的职业病防护设施和应急救援设施的名称、规格、型号、数量、分布，并对防控性能进行分析；

⑤ 辅助用室及卫生设施的设置情况；

⑥ 对预评价报告中拟采取的职业病防护设施、防护措施及对策措施采纳情况的说明；

⑦ 职业病防护设施和应急救援设施投资预算明细表；

⑧ 职业病防护设施和应急救援设施可以达到的预期效果及评价。

建设单位应当按照评审意见对职业病防护设施设计进行修改完善，并对最终的职业病防护设施设计的真实性、客观性和合规性负责。职业病防护设施设计工作过程中应当形成书面报告备查。

3.7.7 文物保护和考古许可

（1）向文物主管部门申请查询

建设单位首先向当地文物主管部门提交拟占用区域查询是否涉及文物的申请，文物部门查阅资料，现场核查。如果拟占用区域不涉及文物，由文物主管部门出具调查意见；如在文物保护范围和建设控制地带内，采取加固措施，报文物主管部门验收，取得文物主管部门同意建设的意见，并向行政审批部门进行报批。

（2）向行政审批部门提交申请材料

如果是在文物保护单位范围内进行建设或爆破、钻探、挖掘等作业，需要根据建设项目所在地行政审批部门的要求，向当地行政审批部门提交相应的材料和申请，主要包括以下申请材料：

① 建设单位或施工单位申请书；

② 建设单位或施工单位组织机构代码；

③ 建设工程规划设计方案；

④ 文物保护单位所有权人身份证明；

⑤ 文物所在地乡（镇）文化（文物）部门组织相关人员提出的意见；

⑥ 建设工程规划设计总平面图（标出建设项目与文物保护单位的关系），建筑平面、立面图、剖面图。

3.7.8 军事设施保护意见

根据《国务院关于印发清理规范投资项目报建审批事项实施方案的通知》（国发〔2016〕29号）文件的内容，军事设施保护意见改为部门间征求意见。

建设单位提交建设范围图、坐标点、高程及《关于征求军事意见的函》至建设项目当地武装部，由武装部进行情况调查，如无影响，出具无影响的复函。如涉及军事问题，需根据涉及方面与武装部及上级军区协商。未获取军事批复擅自开工导致影响军事设施的，将依法追究相关人员责任。

3.7.9 安全生产条件和设施综合分析报告

储能电站项目的安全生产条件和设施综合分析报告、安全设施设计报告一般委托具有相应资质的单位进行编制、设计。

建设单位在建设项目可行性研究阶段，应对建设项目的安全生产条件和设施进行综合分析，形成书面报告备查。在初步设计阶段，应当委托具有相应资质的设计单位对建设项目安全设施同时进行设计，编制安全设施设计报告。

根据《建设项目安全设施“三同时”监督管理办法》，建设项目安全设施设计应当包括下列内容：

① 设计依据；

② 建设项目概述；

③ 建设项目潜在的危险、有害因素和危险、有害程度及周边环境安全分析；

④ 建筑及场地布置；

⑤ 重大危险源分析及检测监控；

⑥ 安全设施设计采取的防范措施；

⑦ 安全生产管理机构设置或者安全生产管理人员配备要求；

⑧ 从业人员安全生产教育和培训要求；

⑨ 工艺、技术和设备、设施的先进性和可靠性分析；

⑩ 安全设施专项投资概算；

⑪ 安全预评价报告中的安全对策及建议采纳情况；

⑫ 预期效果以及存在的问题与建议；

⑬ 可能出现的事故预防及应急救援措施；

⑭ 法律、法规、规章、标准规定需要说明的其他事项。

3.7.10 电网接入系统设计审查

（1）电网接入系统设计审查的申请材料

发电项目可研阶段接入系统设计及审查工作在可研报告通过审查后，筹建单位申请开展接入系统设计，应准备以下材料：

① 经办人身份证原件及复印件和法人委托书原件（或法定代表人身份证原件及复印件）；

② 企业法人营业执照、土地证等项目合法性支持文件；

③ 电源项目地理位置图（标明方向、邻近道路、河流等）及场地租用相关协议；

④ 接入用户内部电网项目，需提交用电人盖章确认的书面同意意见，以及项目单位与用电人签订的电能消纳方式相关协议；

⑤ 电源项目可行性研究报告；

⑥ 政府投资主管部门同意项目开展前期工作的批复（需核准项目）；

⑦ 其他项目前期工作相关资料。

（2）电网接入系统设计审查的工作流程

① 项目完成可行性研究报告，取得可行性研究报告批复。

② 根据电网公司管辖情况报送国家电网公司、区域电网公司或省级电力公司后取得相应级别电网公司的并网意见批复和国家发改委开展前期工作的意见，提出接入系统设计申请。国家电网公司系统按以下分类情况分别负责管理电站接入系统设计审查工作：a. 公司总部负责管理跨区送电项目、接入西北 750kV 电网和接入特高压电网的电站项目接入系统设计审查工作；b. 区域电网公司负责管理其他可能以 330kV、500kV 电压等级接入电网的电站项目接入系统设计审查工作，根据情况可委托省级电力公司组织进行；c. 省级电力公司负责管理规划接入 220kV 及以下电网的电站项目接入系统设计审查工作。

及时委托有资质的设计单位开展电站接入系统设计工作，签订委托设计合同，由电力设计院承担电站接入系统方案设计。发电企业接入系统设计包括接入系统一次和二次部分，根据具体情况，同时或分步进行。对已完成输电规划设计和评审的发电项目，发电企业接入系统设计一次部分可适当简化。电站接入系统设计具体审查工作应委托具有资质的咨询机构承担，也可采用电网公司组织、咨询机构参与的工作方式。

③ 电力接入系统设计方案制作完成后，由省级电力公司呈报接入系统方案评审计划至国家电网公司（机组上网容量超过 10MW，省级要报国家电网复核备案）。

④ 评审计划由国家电网公司批准后，省级电力公司组织专家对设计方案进行综合评审。审查意见由组织审查的电网公司负责印发。

电站接入系统设计（一次部分）审查意见应明确电站在系统中的地位和作用，电力电量消纳方向，电站布局对电网结构的影响，电站接入系统的电压等级、出线方向、出线回路数等；同时根据电网安全稳定运行的需要，对电站电气主接线、发电机组及主要电气技术参数选择等提出要求；对电站的本期建设规模和进度提出建议。电站接入系统设计（二次部分）审查意见应在已明确的接入系统一次方案的基础上，对电站接入系统后的继电保护、安全稳定控制、调度自动化、电力市场支持系统、电能计费、通信等与电网及电站安全稳定运行密切相关的二次系统提出要求，并提出上述系统电站端的设备配置意见。

⑤ 电力接入系统设计方案经专家评审通过后，由省级电力公司下发回复函 / 意见书，同意此设计方案。批复文件下发到市级电力公司与申报方。

⑥ 省发改委项目核准完成后（一般是接入系统方案评审完成）到国家能源局备案。

电站接入系统设计审查意见是开展电站后续设计和接入系统工程可行性研究的基础。电站接入系统设计审查后，送出线路两侧间隔安排纳入电站和变电所总体规划。电站接入系统设计审查后，各级电网公司应加强与发电公司的沟通，跟踪电站前期工作进度，结合电网滚动规划，对 2 年内尚未获得核准的电站的接入系统设计方案进行复核，必要时由发电公司及时对电站接入系统设计方案进行复核调整。

3.8 投资决策

3.8.1 投资论证条件

项目在满足以下条件后，具备投资决策条件：

① 取得备案；

② 取得项目建设指标或同等效力许可文件；

③ 可行性研究报告通过专业机构评审；

④ 确认无影响项目开工的颠覆性因素。

3.8.2 投资决策流程

根据项目前期工作的开展情况，项目实施单位应适时申请开展项目投资决策，支撑材料应包含项目资金需求、项目技术经济情况、限制性因素核查情况、法律手续清单、土地专项说明、法律意见书、风险评估报告等。相关管理部门依据审定版可行性研究报告，结合项目的前期工作进展情况，提出项目投资决策研究意见。对于具备投资论证条件的项目，在投资论证机构审议并通过后，根据相关制度规定，报请相应决策机构进行决策；如不具备，则返回项目实施单位完善相关前期工作后，补充资料或重新报请。

参考文献

[1] GB 51048—2014.电化学储能电站设计规范[S].

[2] 潘晔华, 刘继瀛, 陈世香, 等.陆上风电、光伏发电项目开发建设法律手续管理原理与实务[M].武汉: 武汉大学出版社, 2022.

第4章 电化学储能电站的设计

电化学储能电站虽然具有设备集成度高、安装方便等特点，但是从整体工程建设出发，设计依然是其建设流程中的首要环节。在我国，电化学储能电站的设计依然遵循了传统电力系统内变电站的设计理念，遵循可行性研究、初步设计研究及施工图设计三个阶段，设计内容包括系统设计及工程设计两部分。在已建电化学储能电站中，设计依然作为龙头专业，决定着整个工程的质量与安全，因此本章重点对电化学储能电站的设计过程进行论述。

4.1 电化学储能电站设计相关标准解读

随着电化学储能电站工程建设项目数量的快速增加，标准化工程设计内容及技术要求的工作开始逐渐被重视起来，从第一个电化学储能示范站建成投运以来，参建的主要系统研究单位、设计单位及设备供应商就开始策划电化学储能电站相关标准规范的编制工作，已逐步形成了一系列关于储能电池、变流设备、工程设计及系统接入等各个方面的系列标准及规范。但从整体来看，相对于传统电网系统变电站或发电厂设计标准，目前电化学储能行业尚未形成完整的标准体系，无论是国标、行标还是企标，都存在标准不完整、内容不够深入等问题，尚不能做到完整地指导工程设计和系统设计，从目前已经建成的储能电站运行稳定性及可靠性情况来看，还存在不少问题，但我们同样需要理解，这是新技术或新工程发展的必经阶段。

4.1.1 设计标准

从对电化学储能电站标准调研的情况来看，由于储能电站工程建设经验相对较少，标准体系尚需随着工程的建设和发展逐步完善。现有标准还存在整体体系不够完备、标准质量有待改进等问题。但需要理解的是，这是新兴工程发展的必经阶段，也是对应标准体系从建立走向成熟的必经过程。

从电化学储能电站的设计标准内容上来看，可以概括成四大类：第一类是储能电站的规划及接入，包括储能电站的整体规划、接入电网或配电网的要求；第二类是设备标准，包括储能电池及电池管理系统、变流器、能量管理系统等；第三类是工程设计标准，包括电化学储能电站整体设计、消防设计等；第四类是调试及运行标准，主要是储能电站投运前的功能调试及投运后的运行维护要求等。从标准等级上来看，又可以分为国家标准、行业标准、地方标准及企业标准等。下面从上述几个大类出发，对储能电站相关设计标准进行总结和解读。

4.1.2 规划及接入标准

我国储能电站工程的建设依然参考传统变电站工程的建设模式，都存在系统规划与设计过程，且这个过程一般都由电网企业主导。基于此原因，在储能电站的建设过程中，逐渐形成了一些与储能电站规划及接入电网相关的标准及规范。这类标准主要是从促进储能电站在电力系统内的合理配置、提升储能电站对电力系统正面作用及降低对电网稳定性及运行可靠性的负面影响而做出的相关规定。电化学储能电站接入电网系统主要标准如表 4-1 所示。

表4-1 电化学储能电站接入电网系统主要标准

序号	标准名称及编号	标准等级
1	《电力系统配置电化学储能电站规划导则》（GB/T 44134—2024）	国家标准
2	《电化学储能规划技术导则》（Q/GDW 11994—2019）	企业标准
3	《城市配电网电池储能系统配置技术规范》（T/CES 014—2018）	团体标准
4	《电化学储能电站接入电网技术规定》（GB/T 36547—2024）	国家标准
5	《电化学储能电站接入电网测试规程》（GB/T 36548—2024）	国家标准
6	《电化学储能电站接入电网设计规范》（DL/T 5810—2020）	行业标准
7	《分布式电化学储能系统接入配电网设计规范》（DL/T 5816—2020）	行业标准
8	《电化学储能系统接入配电网技术规定》（NB/T 33015—2014）	行业标准
9	《电化学储能系统接入配电网测试规程》（NB/T 33016—2014）	行业标准
10	《电化学储能电站接入系统设计内容深度规定》（Q/GDW 11995—2019）	企业标准
11	《储能系统接入配电网技术规定》（Q/GDW 1564—2014）	企业标准
12	《储能系统接入配电网设计规范》（Q/GDW 11376—2015）	企业标准
13	《电力系统配置储能分析计算导则》（Q/GDW 12194—2021）	企业标准
14	《浙江电化学储能电站并网技术规范（征求意见稿）》（T/HZESA 001—2021）	团体标准

另外，国外基于电网运营的特殊性，并未从电网的角度提出对于储能电站的规划要求，也未专门针对储能电站接入电网提出特别规定，但是要求储能电站满足传统电源接入系统规范。近年来，随着我国越来越多的专家学者参与到国外标准的编制工作中，目前正在逐步推动由我国主导编制的储能电站标准纳入 IEC、IEEE 等具有国际影响力的标准体系。

从上述关于电化学储能电站的规划和接入系统要求标准，并结合储能电站近年来的建设及发展历程来看，早期当储能电站项目较少时，标准的编制工作主要集中在企业或学术团体组织，但是随着国家各项大力推进电化学储能站建设的政策出台，电力行业及国家标准化管理委员会充分考虑储能电站未来作为电力系统的一部分，其必须经过统一的规划，以避免重复或不合理建设而导致效能低下，同时考虑到储能电站建设容量不断增加，为避免其对电网稳定运行构成影响，应规范其对电网的适应性，因此制定了此类规范。

以国标《电力系统配置电化学储能电站规划导则》为例，其于 2021 年开始编制，主要是根据《国家标准化管理委员会关于下达 2021 年第二批推荐性国家标准计划及相关标准外文版计划的通知》（国标委发〔2021〕23 号）的要求，由全国电力储能标准化技术委员会组织国网经济技术研究院有限公司等单位编制。其主要考虑到数年来国内前后在建或已建了数十个接入电网系统的大型电化学储能电站，且近年来有爆发增长的趋势。但迄今为止，国内仍缺乏对于电力系统配置电化学储能电站的统筹规划标准。而国家发展改革委、国家能源局发布的《关于加快推动新型储能发展的指导意见》和《“十四五”新型储能发展实施方案》文件中要求，要统筹开展储能专项规划，积极推动电网侧储能合理化布局，积极建立健全新型储能全产业链标准体系，加强储能标准体系与现行能源电力系统相关标准的有效衔接。基于此，有必要通过制定标准，明确电化学储能电站在新型电力系统建设中的应用场景和功能定位，规范电化学储能电站的配置原则与要求，促进电化学储能与能源电力规划协调发展。在电源侧保障新能源高效消纳利用，推动系统友好型新能源电站建设；电网侧提高电网安全稳定运行水平和系统应急保障能力，延缓和替代输变电设施投资；用户侧支撑分布式供能系统建设，提供定制化用能服务，提升用户灵活调节能力。

《电力系统配置电化学储能电站规划导则》编制的主要思路依然参考了电力系统规划设计原则，其主要内容包括：总则，需求预测，新能源发电侧、用户侧及电网侧配置储能的基本原则等。重点强调了电化学储能电站的规划协调性、统一性、安全性及经济性的原则。要求电化学储能电站规划应与国民经济、国家政策、能源发展相协调。同时应统一考虑电源侧、电网侧及用户侧储能的配置场景，充分做到各场景均衡系统、平衡发展。强调电化学储能电站的规划应以需求预测结论为基础，遵循技术可行、安全可靠、经济合理、绿色环保的原则，合理确定建设规模、项目布局。

《电力系统配置电化学储能电站规划导则》是国内第一部关于电化学储能电站规划的国标，其首次指出了电化学储能电站规划建设的基本原则，提出了电化学储能电站需求预测的一般方法，并规定了各种应用场景下评估电化学储能电站建设必要性时需要考虑的主要因素。其对后续避免因政策及投资导向而导致的过量及不协调建设起到了有效的约束作用。

4.1.3 设备标准

电化学储能电站的设备标准在各类标准中最早受到关注，且至今相关标准依然在快速更新迭代。造成这一现象的主要原因是，电化学储能电站的核心设备电池及电池管理系统、变流器及能量管理系统等相对于传统电网系统中的设备而言属于新兴设备一类，常年从事电网工程项目设计和建设的工程师对其知之甚少。在电化学储能电站建设初期，电网工程师甚至无法对设备提出完整的技术要求，而只能通过与设备厂家及科研单位一起合作来制定设备技术规范。由此催生了建立储能设备标准的必要性及迫切性。而随着储能电站工程建设数量的增加，大量的工程师通过工程设计及运维经验积累逐步开始熟悉、了解储能设备，开始从工程设计、建设、调试及运行维护等多个方面，对储能电站设备提出新的技术性能要求，这进一步促进了设计标准的快速更新迭代。这是新兴设备的良性发展进程，也是快速提高电化学储能行业整体设备制造水平的有益过程。

目前针对储能设备的规范大致可以分为储能电池、电池管理系统（BMS）、储能变流器（PCS）、能量管理系统等几个类别。其他常规用于升压及保护的设备如变压器、断路器、隔离开关等则由于在以往电力系统中已经大规模使用，且应用于储能电站中并无大的差别，并未制定专门的规范进行约束。针对上述电化学储能电站设备的主要标准如表 4-2 所示。

表4-2 电化学储能电站设备主要标准

序号	标准名称及编号	标准等级
1	《电力储能用锂离子电池》（GB/T 36276—2023）	国家标准
2	《电力系统电化学储能系统通用技术条件》（GB/T 36558—2023）	国家标准
3	《电力储能用电池管理系统》（GB/T 34131—2023）	国家标准
4	《电力储能用铅炭电池》（GB/T 36280—2023）	国家标准
5	《电化学储能系统储能变流器技术要求》（GB/T 34120—2023）	国家标准
6	《储能变流器检测技术规程》（GB/T 34133—2023）	国家标准
7	《微电网能量管理系统技术规范》（GB/T 36274—2018）	国家标准
8	《电力储能用梯次利用锂离子电池系统技术导则》（DL/T 2315—2021）	行业标准
9	《电力储能用锂离子梯次利用动力电池再退役技术条件》（DL/T 2316—2021）	行业标准
10	《电化学储能电站监控系统与电池管理系统通信协议》（DL/T 1989—2019）	行业标准
11	《电力储能用锂离子电池状态评价导则》（NB/T 42091—2024）	行业标准
12	《电化学储能电站功率变换系统技术规范》（NB/T 42089—2016）	行业标准
13	《高压电化学储能变流器技术规范》（T/CEC 465—2021）	团体标准

续表

序号	标准名称及编号	标准等级
14	《电化学储能电站监控系统技术规范》（NB/T 42090—2016）	行业标准
15	《大型电化学储能电站电池监控数据管理规范》（T/CEC 176—2018）	团体标准
16	《电化学储能系统用电池管理系统技术规范》（T/CNESA 1002—2019）	团体标准
17	《电力储能系统用电池连接电缆》（T/CNESA 1003—2020）	团体标准
18	《储能电池组及管理系统技术规范》（Q/GDW 1884—2013）	企业标准
19	《电池储能系统储能变流器技术条件》（Q/GDW 1885—2013）	企业标准
20	《电网配置储能系统监控及通信技术规范》（Q/GDW 1887—2013）	企业标准

由表 4-2 可以看出对于设备类技术要求，国家标准已经对储能电站的主要设备进行了较为完整的规定，包括储能用电池、电池管理系统及变流器等。而行业标准和其他企业及团体标准则对国标进行了适当补充，如对梯级利用的锂离子电池提出了要求。

以国家标准为例，其主要对储能用电池、电池管理系统及变流器进行了规定，其中对于储能用锂离子电池，重点针对锂离子电池的使用效率、使用寿命及安全性能三大技术指标进行了详细的技术及试验办法的规定。而对电池管理系统则主要从功能、性能及使用环境要求三方面做出了规定。对于变流器则从运行模式、接入电网性能要求及产品可靠性等几个方面做出了详细规定。另外，由于储能变流器本身属于半导体变流设备，相对于传统电力设备而言，具有控制精度高、控制系统复杂等特点，这使得其性能测试试验与常规电力设备有较大不同。基于此，为规范测试条件及测试标准，中国电力企业联合会又针对储能变流器做出了储能变流器检测技术规定，对储能变流器产品检测方法、检测流程、检测设备等做出了详细的规定，进一步保证了储能变流器产品质量，提高了其在接入电网使用时的可靠性。

目前，无论是储能电池标准，还是变流器标准，均存在一个共同的问题：由于储能电池技术更新迭代较快以及电网调度及运行部门对储能电站的要求越来越高，目前的设备标准不一定能够满足最新的实际工程要求。以储能变流器标准为例，2017 版本的标准提出适用范围为直流侧电压最高值不超过 1000V 的低压三相储能变流器，但实际上，近年来我们的大型储能电站储能电池簇直流侧输出电压均上升到了 1500V，变流器也采用了 1500V 直流输入的变流器，国内主要储能变流器生产厂家，也推出了相应的大功率高压直流变流器产品，并已经将其大量投入工程使用。但目前国标尚未来得及进行相应的修订。这导致了在进行储能电站设计时，除了以国标作为设计依据文件以外，还需要结合建设单位、运行单位及地方政策制定部门提出的新要求进行产品设计，给设计工作带来了一定的难度。

4.1.4 工程设计标准

电化学储能电站的工程设计标准，主要以服务于储能电站工程建设为目的而编制，其以电站为整体进行规范并提出性能要求，包括储能电站的站址选择与站区总布置规划、储能系统整体（一般指由储能电池舱及储能变流舱构成的整个储能系统）外特性要求、储能电站的电气接线、储能系统的电气布置、系统连接导体的选型、远动与通信、保护与监控、土建与消防、工程建设中的环境保护与劳动卫生等要求。其更加偏向于针对电站整体提出要求，目的在于确保电站整体的安全实施与可靠运行。由于储能电站的主要设备集成度较高，且一般电压等级较低，使得储能电站的工程设计相对于传统发电或电网电站工程而言，工程设计工作相对简单。因此，目前关于储能电站工程设计的标准数量不多，主要如表 4-3 所示。

表4-3 电化学储能电站工程设计主要标准

序号	标准名称及编号	标准等级
1	《电化学储能电站设计规范》（GB 51048—2014）	国家标准
2	《电池储能电站设计技术规程》（Q/GDW 11265—2014）	企业标准
3	《电池储能电站技术导则》（Q/GDW/Z 1769—2012 ）	指导性技术文件
4	《预制舱式磷酸铁锂电池储能电站消防技术规范》（T/CEC 373—2020）	团体标准
5	《电化学储能系统方舱设计规范》（T/CEC 175—2018）	团体标准
6	《预制舱式锂离子电池储能系统灭火系统技术要求》（T/CEC 464—2021）	团体标准
7	《预制舱式磷酸铁锂电池储能电站消防技术规范》（T/CEC 373—2020）	团体标准
8	《电化学储能电站可行性研究报告内容深度规定》（T/CEC 5025—2020）	团体标准
9	《电化学储能电站初步设计内容深度规定》（T/CEC 5026—2020）	团体标准
10	《电化学储能电站施工图设计内容深度规定》（T/CEC 5024—2020）	团体标准

对于储能电站工程设计标准，目前工程建设主要以《电化学储能电站设计规范》（GB 51048—2014）为主要设计依据。但储能电站的消防安全非常重要，而在 GB 51048—2014 中，存在对储能电站消防要求及消防措施规定不清晰和不严格的问题，因此电力行业及相关协会专门针对消防问题补充提出了一些要求。据了解，在最新的 GB 51048 报批稿中，已经充分意识到了这个问题，充分吸收了电力行业及协会标准中关于消防安全方面的内

容，增加了储能电站舱消防距离要求，并对消防设施提出了新的规定，相信在新标准发布实施后，消防问题会得到妥善解决。

4.1.5 调试及运行标准

近年来，储能电站建设及成功投运的数量增加，工程建设经验表明，解决储能电站投运前的调试问题在整个工程建设工期中占据了相当大的一部分时间。调试暴露出来的问题，若未得到妥善解决，则会遗留到运行阶段，造成运行的可靠性和便利性大幅度下降。另外，越来越多的运行经验表明，电化学储能电站的设计尚不能完全满足运行要求，很多储能电站业主单位在运行过程中对储能设计提出了新的要求，也催生了大量的调试及运行相关标准，并成为了设计单位提高设计质量时不得不考虑的重要指导文件。已发布的电化学储能电站调试及运行主要标准如表 4-4 所示。

表4-4 电化学储能电站调试及运行主要标准

序号	标准名称及编号	标准等级
1	《电化学储能电站调试规程》（GB/T 42737—2023）	国家标准
2	《电化学储能电站运行指标及评价》（GB/T 36549—2018）	国家标准
3	《储能电站运行维护规程》（GB/T 40090—2021）	国家标准
4	《电化学储能电站并网运行与控制技术规范》（DL/T 2246—2021）	行业标准
5	《电化学储能电站调度运行管理》（DL/T 2247—2021）	行业标准
6	《电厂侧储能系统调度运行管理规范》（DL/T 2314—2021）	行业标准
7	《寒温带地区电化学储能电站安装与验收技术规范》（T/CEC 5042—2021）	团体标准

从表 4-4 可以看出，目前储能电站调试及运行方面的标准尚不完备，特别是在调试方面，国标尚未发布。从已建工程储能电站调试过程来看，造成调试时间过长的主要原因是缺乏调试标准指导，集成商对于调试内容及流程掌握不够，同时对下游供应商设备缺乏了解，供应商设备调试均由不同的供应商主导，集成商缺乏有效的组织管理，导致各供应商之间工作配合不畅，严重降低了调试效率。基于此，通过制定标准的方式规范调试内容及流程，能够极大地提高后续电化学储能电站的调试效率，缩短工程建设工期。

而在运行维护方面，目前已有在实施的储能电站运维规程作为指导，使得储能电站流程化运维有了可靠依据。但随着储能电池及变流器技术的发展，运维要求也同样会面临快速迭代和更新，需要储能电站设计及运维人员随时保持对新技术的跟踪和关注。

4.2 储能电站系统设计

基于我国多年以来电力系统场站的设计方法，在进行电化学储能电站设计时，广大建设管理及设计人员很自然地依照多年设计惯例将储能电站的设计分为系统设计和工程设计两部分。系统设计作为前端与上游设计部分，主要解决电化学储能电站的容量及功率配置、接入系统要求及性能指标要求，其内容依然与传统电力系统中发电厂及变电站系统设计内容类似，总体上仍然是确定电站的系统接入点、建设规模、系统保护、通信、远动等电网要求。电化学储能电站因其不同于常规电力系统场站的建设功能要求，具有性能指标、经济指标以及能量载体的特殊性，使得其系统设计内容、方法及要求与常规电站仍然有些许差异。基于此，本节主要对电化学储能电站的系统设计内容进行论述。

4.2.1 容量及功率配置

电化学储能电站容量及功率配置需求设计，本质上是一个规划问题，其容量及功率配置应以需求为导向，结合应用场景，遵循技术可行、安全可靠、经济合理、绿色环保的原则，从全生命周期经济效益角度考虑。同时还需兼顾发展规模、设施布局、建设时序等客观条件，来确定最终储能容量及功率配置。

现阶段，电化学储能电站按使用需求及应用场景来划分，可以分为电网侧储能、电源侧储能及用户侧储能三类。不同应用场景功能不同，导致其容量配置方案亦有差异，以下分别对其进行说明。

4.2.1.1 电网侧储能

电网侧储能的主要功能及容量确定原则如下。

① 用于电网的日调峰和日顶峰调控。用于电网日调峰需求的容量配置应根据全年负荷特性，选取峰谷差率较大的典型日。对于新能源接入规模较大或区外来电占比较高的地区，应结合新能源出力和区外来电特性，针对净负荷分析选取典型日进行调峰需求计算。在计算时，还应结合实际合理地选择火电、新能源、区外来电等调峰系数，并统筹规划期内的抽水蓄能、调峰机组、需求响应资源等情况，确定储能容量及功率需求。而对于日顶峰调控需求，应在典型日电力平衡缺口的基础上，统筹利用需求响应等手段进行分析，并考虑日内“多充多放”等运行模式，确定电化学储能容量及功率需求。

② 用于电力系统严重事故下的电网频率支撑。故障后电网侧电化学储能频率支撑需求应充分考虑可能的运行工况，结合不触发电网第三道防线设防、事故后电网最低允许频率等电网安全稳定需求，通过频率仿真计算确定。计算时还需扣除电网侧已有的频率响应资源，如电源调频、直流调制、抽蓄切泵、可中断负荷等。

③ 电网侧电化学储能亦可同时具备调峰、调频能力，其规划容量建议采用调峰需求和

调频需求的最大值。

④ 在必要时，电网侧电化学储能可能会用于电能质量改善、黑启动、无功电压支撑等其他需求，此时应结合特殊功能需求对容量及功率需求进行充分的技术及经济性论证。

4.2.1.2 电源侧储能

电源侧储能的主要功能及容量确定原则如下。

（1）配置于新能源发电侧的电化学储能

配置于新能源发电侧的电化学储能电站的主要功能是实现新能源的平滑出力，提高风、光等资源的利用率。一般来说，风电场、光伏发电站配置的电化学储能电站的额定功率和额定能量应在分析风电、光伏出力特性的基础上，结合平滑输出功率波动、跟踪计划出力曲线、削峰填谷、辅助频率调节、提供电网调峰、无功电压支撑等应用场景来确定。另外，当新能源场站有弃电情况时，则需根据弃电量计算需要配置的储能容量。具体要求如下：

① 针对平滑输出功率波动场景，风电场宜根据国标规定的风电场接入系统的有功功率变化最大限值要求，光伏发电站宜根据国标规定的光伏发电站接入电力系统技术规定的有功功率变化速率限值要求，确定电化学储能电站的额定功率和额定能量；

② 针对跟踪计划出力曲线场景，宜根据发电计划偏差考核限值要求，确定电化学储能电站的额定功率和额定能量；

③ 针对削峰填谷场景，宜根据风电场、光伏发电站最大出力超出备案容量或送出线路输送能力的功率大小和时长，以及降低场站出力峰谷差的需求，确定电化学储能电站的额定功率和额定能量；

④ 针对辅助频率调节场景，宜根据国标中关于并网电源一次调频技术规定及试验导则对一次调频限幅、调差率和动态性能的要求，确定电化学储能电站的额定功率和额定能量；

⑤ 针对提供电网调峰场景，宜根据电网调度运行对场站调峰能力的要求，确定电化学储能电站的额定功率和额定能量；

⑥ 针对无功电压支撑场景，风电场宜根据 GB/T 19963 对无功容量、电压控制能力的要求，光伏发电站宜根据 GB/T 19964 对无功容量、电压控制能力的要求，确定电化学储能电站的额定功率和额定能量。

一般风电场、光伏发电站配置电化学储能电站为获得最大收益，往往需要同时具备在多个应用场景应用的能力，因此其额定功率与额定能量应根据储能的多应用场景利用能力和综合经济效益，经技术经济比较而确定。另外，当不同区域风电场、光伏发电站配置共享型电化学储能电站时，电化学储能电站的额定功率和额定能量应在分析各场站出力叠加后的综合出力特性基础上确定，并网点应根据电化学储能电站建设位置及周边电网接入条件综合确定。

（2）配置于常规电源侧的电化学储能

配置于常规电源侧的电化学储能电站的主要作用是提升常规电源机组的调节性能和运行灵活性，其容量及功率配置可从满足机组最小技术出力和机组调节速度的角度来考虑。另外，若配置于电源侧同时参与电力辅助服务市场，则其配置容量和功率可根据电源侧电化学储能的历史数据和实际需求，结合国家和所在地区的电力辅助服务市场政策和运营规则等综合因素，进行容量及功率的调整。

4.2.1.3　用户侧储能

配置于用户侧的电化学储能电站的主要作用是提高用户负荷调控能力和供电可靠性。其获得经济收益的主要方式如下：一是削峰填谷，利用峰谷价差套利，降低电量电费；二是需量管理，通过削减用电尖峰，降低基本电费；三是参与需求响应，通过响应电网调度指令，实现用电负荷改变或推移，从而获取收益。

其容量及功率配置可在分析用户负荷特性的基础上，结合削峰填谷、分布式电源就地消纳、应急供电保障、提升电能质量等应用场景来确定。具体要求如下：

① 针对削峰填谷场景，宜根据用户的用电特性、变配电设施容量、负荷峰谷差率等，确定电化学储能电站的额定功率，根据典型日的负荷削峰填谷电量需求，确定电化学储能电站的额定能量；

② 针对分布式电源就地消纳场景，宜根据典型年、典型月、典型日的分布式电源上网功率和电量，确定电化学储能电站的额定功率和额定能量；

③ 针对应急供电保障场景，宜根据重要负荷供电可靠性要求、电网转供能力和已有应急电源情况，确定电化学储能电站的额定功率和额定能量；

④ 针对提升电能质量场景，宜根据用户并网点及内部供电系统的电能质量治理需求，确定电化学储能电站的额定功率和额定能量。

4.2.2　接入系统要求

接入系统方案设计是指当电化学储能电站接入电力系统时，需要在可行性研究设计阶段进行的必要设计内容，是电化学储能电站工程可行性研究的重要依据。其主要内容包括：接入系统条件、一次系统设计、二次系统设计。其中接入系统条件设计内容主要包括对电化学储能电站建设区域电网现状、电网发展规划及电化学储能电站概况进行说明。而一次系统设计内容则包括电站接入系统后的电力电量平衡计算、电站建设必要性，以及接入电压等级、接入电网方案、电气参数设计和接口要求等条件的确定。二次系统设计主要是指以接入点电网现状及接入要求为依据，进行电化学储能电站继电保护和安全自动装置、调度自动化、电能计量、通信系统和电能质量在线监测内容设计。

4.2.2.1　接入系统条件

在电化学储能电站接入电网前，应对接入系统条件进行论证，接入系统条件论证应包括电网现状、电网发展规划和电化学储能电站概况。

（1）电网现状

对于电网现状的分析应包括电化学储能电站拟接入电网的负荷、电源、储能电站及网架分析。其中负荷现状是指电网最大供电负荷、供电量及负荷特性等。电源现状是指接入电网的电源结构、装机规模、发电量、年利用时间、调峰调频能力及波动特性等。储能电站现状是指拟建电化学储能电站周边已投运储能电站的储能类型、装机规模、电站应用模式、响应速度等特性。网架现状则应包括电网接线方式、与周边电网的送受电情况、电化学储能电站周边变电站规模、设备负载、相关电压等级出线间隔预留及扩建条件、线路型号及长度、线路走廊条件、系统接地情况、无功配置、安全自动保护及自动化装置情况等。

（2）电网发展规划

电网发展规划分析应包括电化学储能电站拟接入电网的负荷、电源、储能电站、网架发展规划分析。对于负荷的发展规划一般指根据国民经济及社会发展规划，以及电力负荷历史资料，对相关电网的负荷水平、增长趋势及负荷特性进行预测。电源的发展规划则指接入相关电网电力资源的分布与特点、新增电源建设进度、机组退役计划、电源结构、电源建设方案的不确定因素及区外送受电情况等。储能电站的发展规划指电化学储能电站周边规划新建储能电站的建设进度、储能类型、电站应用规模等。网架发展规划则应包括相关电网设计水平年和展望年的变电站布局及规模、电网接线方式、潮流防线、保护配置及自动化配置等。

（3）电化学储能电站概况

对于新建电化学储能电站，其概况分析应包括电站所在的地理位置、环境条件、规划规模、本期建设规模、电池类型、电站应用模式、前期工作进展、建设及投产时间、安全设施配置等内容。对于扩建及改建电化学储能电站，还应说明现有储能电站概况、扩建条件等。

4.2.2.2 一次系统设计

电化学储能电站一次系统设计内容包括电力电量平衡、建设必要性、接入电压等级、接入电网方案、电气参数设计及接口要求。

（1）电力电量平衡

电力电量平衡计算时需分析系统的调峰、调频能力及储能电站接入对电网的影响。根据负荷特性和电化学储能电站充放电特性，按月或按季进行分析，列出各水平年最大负荷和储能电站满功率充放电方式下电网的电力平衡表。根据电力平衡表可以进行储能配置的必要性及经济性分析。

（2）建设必要性

电化学储能电站建设的必要性分析需结合地区电网概况，考虑负荷情况、可再生能源发电情况等，从参与电网调峰调频、提高可再生能源发电消纳能力、增加紧急事故备用、改善电压水平、提高供电质量、保障系统安全稳定运行等方面进行阐述。为了使电网中电化学储能电站的规模与其他电源、负荷和电网的总体发展相协调，还应给出对电化学储能电站的规划容量、建设规模和投产时间等建议。

（3）接入电压等级

电化学储能电站接入电网的电压等级应按照安全性、灵活性、经济性的原则，根据电化学储能电站容量、上级变压器及线路可接纳能力、接入电网条件等因素，经过综合比选后确定，不同额定功率的电化学储能电站接入电网的推荐电压等级如表 4-5 所示。

表4-5　电化学储能电站接入电网的电压等级推荐表

电化学储能电站额定功率	推荐接入电压等级
$P_N \leqslant 30MW$	35kV
$30MW < P_N \leqslant 100MW$	110kV
$P_N \geqslant 100MW$	220kV 及以上

（4）接入电网方案

电化学储能电站接入电网方案设计是指根据接入条件、选址布置和容量配置等因素，确定接入电网的电压等级、接入系统点、接入电网线路回路数、出线方向、线路导体截面等。

为确定上述方案，需根据电网现状进行潮流计算、短路电流计算、电能质量计算，并分析电化学储能电站有功/无功控制能力、穿越电网故障能力，以确定是否满足电网接入条件。上述设计的主要原则及注意事项如下。

① 针对设计水平年电化学储能电站满功率充放电运行工况下的电网最大、最小负荷运行方式，检修运行方式以及事故运行方式，进行潮流计算，避免出现线路功率越限或节点电压越限。

② 应考虑电化学储能电站不同应用模式和电网运行方式，分别计算储能电站主要节点的最大和最小短路电流，为一次设备选型、保护装置配置及定值整定和更换提供依据。

③ 应进行电化学储能电站接入电网设计后的电能质量计算。电化学储能电站接入电网后，公共连接点处的电能质量应符合国家标准规定的供电电压偏差、电压波动和闪变、电网谐波、电网间谐波、三相电压不平衡、电压暂降与短时中断等规定。

④ 应根据现行国家标准规定的电化学储能系统接入电网要求，提出电化学储能电站有功、无功功率控制及高低压穿越能力要求。

（5）电气参数设计及接口要求

电气参数设计及接口要求主要是指电化学储能电站的电气主接线方式设计及主要电气设备参数设计，具体要求如下。

① 电化学储能电站电气主接线方式应根据电化学储能电站规划容量、分期建设情况、供电范围、附近区域电荷情况、接入电压等级和出线回路等级等条件，通过技术比较后确定。

② 电化学储能电站主要电气设备参数包括升压主变压器的台数、额定电压、额定容量、阻抗、调压方式（有载或无励磁）、调压范围、接线组别、分接头以及中性点接地方式。另外，还应确定接入电网的线路参数，如导线型号及长度等。

4.2.2.3 二次系统设计

电化学储能电站二次系统设计内容包括继电保护和安全自动装置、调度自动化、电能计量、通信系统和电能质量在线监测等。

（1）继电保护和安全自动装置

电化学储能电站继电保护和安全自动装置功能应满足电力网格结构、电化学储能电站电气主接线要求，符合现行继电保护和安全自动化装置技术国家标准要求，并应兼顾电网和电化学储能系统运行方式的灵活性。

电化学储能电站涉网保护应满足以下规定：

① 储能电站涉网保护的配置及整定应与电网侧保护相适应，与电网侧重合闸策略相协调。

② 储能电站涉网保护的配置及整定应与储能电站的低 / 高压穿越特性要求相配合。

③ 对于容量较大，采用专线方式接入电网的储能电站，宜配置光纤电流差动保护或方向保护作为主保护，配置电流电压保护作为后备保护。

④ 采用线路变压器组接入方式接入的储能电站，应按照电压等级配置相应的变压器保护装置。其中电压等级为 35kV、容量在 10MW 及以上的变压器，应采用纵差保护。电压在 220kV 以上的变压器装设数字式保护时，除电量保护外，均应采用双重保护配置。当断路器具有两组跳闸线圈时，两套保护宜分别动作于断路器的一组跳闸线圈。

⑤ 储能电站应配置独立的防孤岛保护，应具备快速检测孤岛且立即断开与电网连接的能力，防孤岛保护动作时间不应大于 2s。

（2）调度自动化

电化学储能电站的调度方式应根据储能电站所处地区、安装容量和接入电网电压等级等条件确定。一般来说，当储能电站接入电网时，应根据接入方式，按电网调度自动化要求，配置远动设备和调度数据网设备。远动系统与调度端通信应根据调度自动化系统的要求和通信传输网络条件，明确通信规约、通信通道、通信速率或带宽、远动信息采集和控制信息传输要求，并应符合国家标准及行业标准要求。储能电站应具备与电网调度部门之间进行双向数据通信的能力，通信技术要求应符合国标相关规定。在进行调度自动化系统设计时，应保证电网调度部门能对电化学储能电站运行状况进行实时监控。电站监控系统应具备遥测、遥信、遥调、遥控等远动功能，协调各电化学储能系统，并具有与上级管理监控系统交换信息的能力，其功能应满足相关标准要求。

（3）电能计量

电化学储能电站接入系统设计时，需考虑电能计量点的设计，电能计量点的设计应遵循以下规定。

① 采用专线接入公共电网，电能计量点应设在公共连接点。

② 采用 T 接方式接入公共线路，电能计量点应设在出线侧。

电化学储能电站计量点应装设电能计量装置，装置需具备有功和四象限无功计量功能，设备配置和技术要求应符合现行行业标准要求。电能计量装置还应具备本地通信和远程通信的功能，通信协议应满足电网接入要求。

（4）通信系统

电化学储能电站通信系统建设方案应根据电化学储能电站的调度关系、所处位置、安装容量、接入电网电压等级以及相关通信网络现状确定。通信应满足调度自动化、继电保护、监控、自动控制装置信号和管理、通话等业务对传输通道及通信速率的要求，并应预留与上级监控系统的通信接口。一般来说，对于 110kV 及以上电压等级接入公共电网的电化学储能电站，至调度端应具备两路通信通道，其中一路需为光缆通道。

（5）电能质量在线监测

由于储能系统一般采用电力电子装置，将电池直流输出转换成工频交流输出后接入电网，为避免电力电子装置接入对电网电能质量构成不良影响，一般需在并网点装设电能质量在线监测装置，对电能质量进行实时监测。所装设的电能质量在线监测装置应符合国标规定的电能质量监测设备通用要求，且还需根据储能电站容量、接入电网电压等级及区域电网的要求确定电能质量监测装置的在线监测数据上传方式或存储方案。

4.2.3 性能指标要求

电化学储能电站设计需要关注的性能指标主要可以分为两个方面：一是储能系统性能指标，其主要包括额定容量、额定功率、响应时间、能量转换效率等；二是储能电站运行性能指标，其主要包括电量指标、能效指标、可靠性指标等。

4.2.3.1 储能系统性能指标

（1）额定容量

电化学储能电站的额定容量是指电站储能电池理论上最大可能存储的能量，对大型储能电站，其一般用兆瓦时表示，这是储能电池最重要的一个参数指标，其一般是指电池在一定条件下（放电率、温度、终止电压等）能够放出的电荷量。但是其真正可用容量却受到电池放电深度（DOD）和系统效率的影响。事实上，作为储能电站整体，更重要的是电站系统接入电网处能够释放出的能量，其值受电池本身性能（即允许的充放电深度、充放电效率及衰减系数）和变流升压系统性能（即变流器效率、升压变压器效率、开关设备及连接导体损耗等）的影响。一般来说，按目前电化学储能电站采用的电池及变流系统性能，交流上网处容量一般在电池额定容量的 80% ~ 90% 之间。

（2）额定功率

电化学储能电站的额定功率通常是指储能变流器的额定运行功率，其值一般由电池性能及储能应用场景决定。当储能变流器额定运行功率参数相对于容量参数较大时（如2MW/1MW·h），则被称为功率型储能系统；反之（如1MW/2MW·h），则被称为能量型储能系统。一般来说，接入电网的电化学储能电站储能系统多为能量型储能系统，其主要作用是辅助新能源并网及参与电网调峰调频等辅助服务，对于辅助新能源并网，可通过削峰填谷平抑新能源的波动性，其需求主要以能量为主，因此一般为能量型储能系统。但是考虑到其配置容量一般较大，对应配置的变流器功率即使为容量的一半或更低，也能达到相对较大的值。这使得其一般能兼顾部分以短时功率需求为主的调频功能。但对于某些特殊的应用场合，如电力牵引应用，特别是大型的轨道牵引应用，如高铁、地铁系统，往往在启停瞬间需要大功率支撑，但却不需要长时间的能量支撑，此类应用场合则一般需要配置功率型储能系统，必要时储能系统功率配置参数可会达到能量配置参数的数倍。但需要注意的是，对于电力系统中常用的储能电池，如磷酸铁锂电池，由于充放电倍率的限制，很难做到瞬时数倍于自身能量的功率输出，因此，此应用场景的储能电站一般会选择其他性质的储能电池，如超级电容器等。

（3）响应时间

电化学储能电站响应时间指的是其充电和放电的响应时间，其是为了满足特定应用场景需求而设定的。对于接入电网的电化学储能电站，为了满足电网不同场合下的能量及功率响应要求，电网会对储能电站提出响应时间要求。响应时间要求一般分为充电响应时间、充电调节时间、放电响应时间、放电调节时间、充放电转换时间等要求。对于我国电网而言，响应时间要求分别如下。

① 充电响应时间。热备用状态下，储能电站自收到控制信号起，从热备用状态转成充电，直到充电功率首次达到额定功率 P_N 的 90% 的时间。充电响应时间如图 4-1 所示。

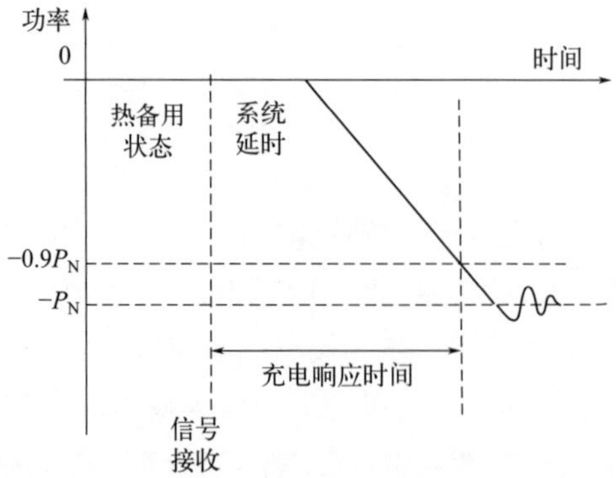

图 4-1 充电响应时间

我国电网要求的充电响应时间一般小于 1s。

② 充电调节时间。热备用状态下，储能电站自收到控制信号起，从热备用状态转成充电，直到充电功率达到额定功率 P_N，且功率偏差始终控制在额定功率 P_N 的 ±2% 以内的起始时刻的时间。充电调节时间如图 4-2 所示。

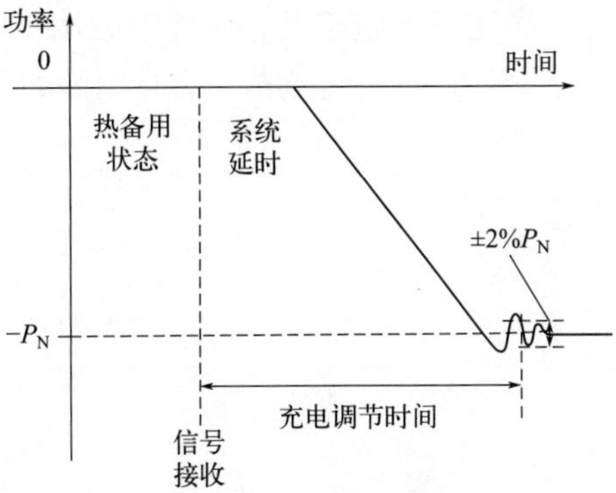

图 4-2　充电调节时间

③ 放电响应时间。热备用状态下，储能电站自收到控制信号起，从热备用状态转成放电，直到放电功率首次达到额定功率 P_N 的 90% 的时间。放电响应时间如图 4-3 所示。

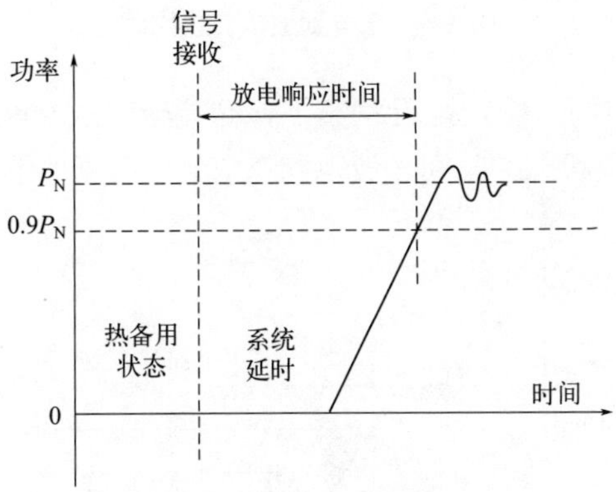

图 4-3　放电响应时间

④ 放电调节时间。热备用状态下，储能电站自收到控制信号起，从热备用状态转成放电，直到放电功率达到额定功率 P_N，且功率偏差始终控制在额定功率 P_N 的 ±2% 以内的起始时刻的时间。放电调节时间如图 4-4 所示。

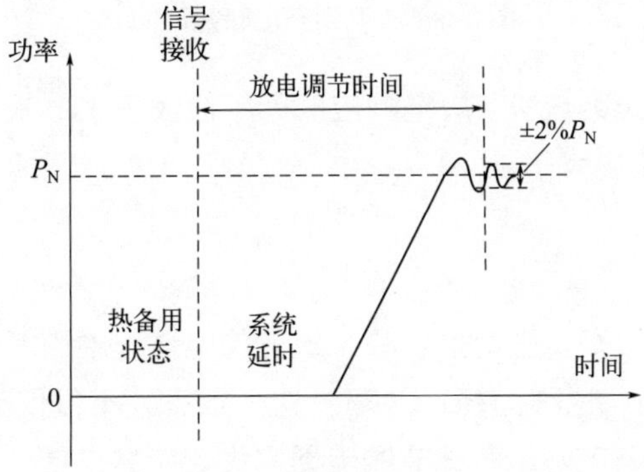

图 4-4　放电调节时间

⑤ 充电到放电转换时间。稳定运行状态下，储能电站从 90% 额定功率 P_N 充电状态转换到 90% 额定功率 P_N 放电状态的时间。充电到放电转换时间如图 4-5 所示。

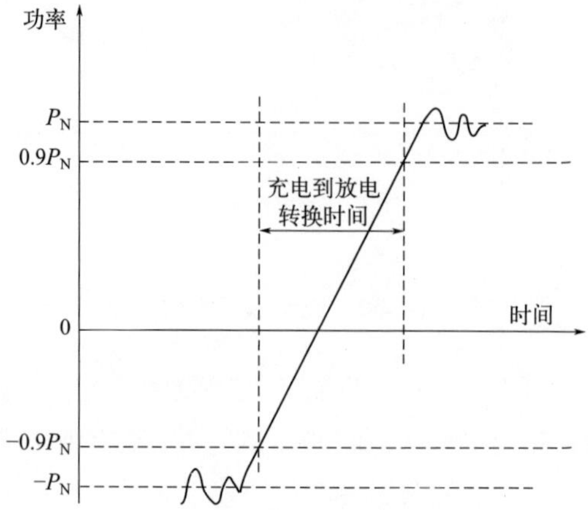

图 4-5 充电到放电转换时间

⑥ 放电到充电转换时间。稳定运行状态下，储能电站从 90% 额定功率 P_N 放电状态转换到 90% 额定功率 P_N 充电状态的时间。放电到充电转换时间如图 4-6 所示。

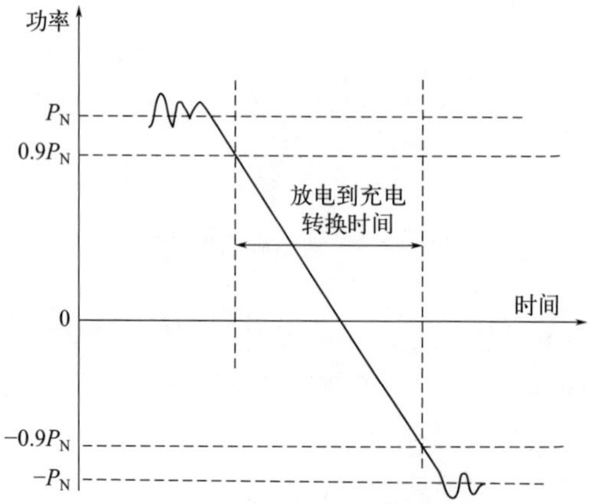

图 4-6 放电到充电转换时间

一般来说，电化学储能系统充 / 放电响应时间不应大于 1s，充 / 放电调节时间不应大于 1.5s，充 / 放电转换时间不应大于 1s。

（4）能量转换效率

储能系统的能量转换效率，主要是反映系统充放电过程中的能量损失，可理解为系统放出能量与充入能量的比值，也称为循环效率。这一效率，不仅仅与储能电池的技术类型有关，也取决于变流器系统及电站电气环节的电量损失。广义来看，还应该包括辅助系统（如散热、照明系统等）的电量消耗。此外，电池在静置过程中也会产生能量损失。因此，储能系统的能量转换效率应该是考虑上述各种能量损失之后的效率。

4.2.3.2 储能电站运行性能指标

（1）电量指标

电量指标包括电站上下网电量、站用电量、运行时间及等效利用系数等。

① 上下网电量。上网电量是指从储能电站与电网之间的关口计量表取得的某个评价周期内，储能电站向电网输送的电量总和，下网电量则为从电网接收的电量总和。

② 站用电量。站用电量为评价周期内维持储能电站运行的监控系统、照明动力及暖通空调等所消耗的电量总和，可通过监控系统从站用电回路中的计量表中获得。

③ 运行时间。储能电站的运行时间是指评价周期内储能单元运行时间等效到额定功率运行工况下的运行时间，一般采用加权平均的方法进行等效，其计算如下：

$$\mathrm{UTH}=\frac{1}{P}\sum_{i=1}^{n}P_i\times\mathrm{UTH}_i \tag{4-1}$$

式中 UTH——储能电站评价周期内运行时间，h；

P——储能电站额定功率，kW；

P_i——第 i 个储能单元的额定功率，kW；

UTH_i——第 i 个储能单元评价周期内运行小时数，h。

④ 等效利用系数。储能电站等效利用系数为评价周期内各储能单元的等效利用系数按额定功率求取加权平均值。其计算如下：

$$\mathrm{EAF}=\frac{1}{P}\sum_{i=1}^{n}P_i\times\mathrm{EAF}_i \tag{4-2}$$

式中 EAF——储能电站等效利用系数；

EAF_i——第 i 个储能单元等效利用系数；

而 EAF_i 又可以按下式计算：

$$\mathrm{EAF}_i=\frac{E_{\mathrm{C}i}+E_{\mathrm{D}i}}{P_i\times\mathrm{PH}}\times100\% \tag{4-3}$$

式中 $E_{\mathrm{C}i}$——第 i 个储能单元评价周期内的充电量，kW·h；

$E_{\mathrm{D}i}$——第 i 个储能单元评价周期内的放电量，kW·h；

PH——评价周期内统计时间，h。

（2）能效指标

储能电站能效指标主要由电站综合效率、电站储能损耗率、站用电率及变配电损耗率等来表示。

① 电站综合效率。储能电站综合效率为评价周期内，储能电站生产运行过程中上网电量与下网电量的比值，其计算方法为：

$$\eta_{\mathrm{BESS}}=\frac{E_{\mathrm{on}}}{E_{\mathrm{off}}}\times100\% \tag{4-4}$$

式中 η_{BESS}——储能电站综合效率；

E_{on}——评价周期内储能电站上网电量，kW · h；

E_{off}——评价周期内储能电站下网电量，kW·h。

② 电站储能损耗率。电站储能损耗率是指在评价周期内，各储能单元充电、放电和能量储存过程中总的电能损耗与下网电量的比值，其计算如下：

$$R_{ES}=\frac{\sum E_C-\sum E_D}{E_{off}}\times 100\% \tag{4-5}$$

式中 R_{ES}——电站储能损耗率；

$\sum E_C$——评价周期内各储能单元的充电量总和，kW·h；

$\sum E_D$——评价周期内各储能单元的放电量总和，kW·h。

③ 站用电率。储能电站的站用电率应为评价周期内，储能电站总的站用电量占下网电量的百分比，其计算如下：

$$R_S=\frac{\sum E_S}{E_{off}}\times 100\% \tag{4-6}$$

式中 R_S——站用电率；

$\sum E_S$——评价周期内储能电站总的站用电量，kW·h。

④ 变配电损耗率。储能电站变配电损耗率应为评价周期内，储能电站中与储能系统配套的输变电设备在运行过程中的电能损耗占下网电量的百分比，其计算如下：

$$R_i=\frac{(E_{off}-\sum E_S-\sum E_C)+(\sum E_D-E_{on})}{E_{off}}\times 100\% \tag{4-7}$$

$$R_i=1-\eta_{BESS}-R_{ES}-R_S \tag{4-8}$$

式中 R_i——储能电站变配电损耗率。

（3）可靠性指标

储能电站可靠性指标一般包括电站计划停运系数、非计划停运系数、可用系数、利用系数等。在工程设计中，一般要求将可用系数作为设计主要目标之一，电化学储能电站的可用系数计算如下：

$$\mathrm{AF}=\frac{\mathrm{AH}}{\mathrm{PH}}\times 100\% \tag{4-9}$$

式中 AF——储能电站可用系数；

AH——评价周期内可用时间，h。

4.3 储能电站工程设计

4.3.1 一般规定

储能电站工程设计应符合现行国家标准《电化学储能电站设计规范》（GB 51048—2014）、《35kV ~ 110kV 变电站设计规范》（GB 50059—2011）和《220kV ~ 750kV 变电站设计技术规程》（DL/T 5218—2012）等规定。

4.3.2 电气主接线

4.3.2.1 主接线设计原则

电化学储能电站电气主接线设计应综合考虑电站在电网中的地位、供电范围、附近区域负荷情况、规划容量、电压等级、线路和变压器连接元件总数、储能系统设备特点等条件，经过技术经济比较后确定。同时，需满足供电可靠、运行灵活、操作检修方便、节约投资、便于过渡或扩建等要求。便于过渡或扩建是考虑电站分期建设时，接线能较方便地从初期形式过渡到终期接线，使扩建或改造过程中涉及的一次和二次工程量最小，尽量减少在这期间造成的停电损失，避免发生事故。

4.3.2.2 高压侧配电装置电气接线

储能电站高压侧配电装置电气接线宜结合地方电网结构，优先选择线变组、单母线接线或单母线分段接线。小型储能电站可采用线路变压器组、单母线接线等；中型储能电站可采用单母线或单母线分段接线等；大型储能电站可采用单母线分段接线、双母线接线等。根据实际需要，高压侧也可采用桥形等接线形式。小型、中型和大型储能电站可按接入系统功率的大小来划分，符合国家标准《电化学储能电站接入电网技术规定》(GB/T 36547—2024)中的要求。高压侧接入系统的电压等级详见第 4.2.2.2 节。

4.3.2.3 主变低压侧配电装置电气接线

主变（主变压器）低压侧储能系统集电线路敷设路径应直接清晰、便于运行管理，并以经济较优原则进行设计，容量为 10MW 以上的储能电站储能系统集电线路电压等级宜采用 35kV，当采用 35kV 集电线路时，每回容量不宜超过 30MW。

4.3.2.4 主变中性点接地方式

主变压器高压侧采用 220kV 或 110kV 时，中性点应具备直接接地的条件，配置接地开关、避雷器或加装放电间隙等。

主变压器低压侧主要为电池储能系统及功率变换系统，属于主要由电缆线路构成的系统，单相接地电流呈容性。为限制单相接地时的过电压，并保证快速切除故障，通常可采用中性点经消弧线圈接地形式或中性点经低电阻接地形式。以新建的中大规模光伏电站为例，其主变低压侧系统多采用低电阻接地形式，而较少采用经消弧线圈接地形式。主要原因如下：

① 中性点经低电阻接地的储能电站，是依靠判断故障时的零序电流来识别故障配置，并动作于跳闸的接地保护；对于经消弧线圈接地的光伏电站，则是配置小电流接地故障选线装置，实现跳闸。而小电流接地选线装置的可靠性及灵敏性通常不及对零序电流的测量。

② 中性点经电阻接地相比经消弧线圈接地在设备结构上更加简单，成本更低，运行维护也更加简单。中性点经消弧线圈接地有占地面积较大、结构较复杂、运行维护工作量较大

等缺点。

所以推荐单相接地故障电容电流较大时，采用中性点低电阻接地方式，在满足单相接地继电保护可靠性和过电压绝缘配合的前提下，宜选取较大值。

其他主变压器中性点接地方式相关规定，应符合《交流电气装置的过电压保护和绝缘配合设计规范》（GB/T 50064—2014）等标准。

4.3.2.5 典型储能电站的电气主接线

以某储能电站为例，全站设 1 台主变压器，主变低压侧为 35kV 配电装置，为单母线接线形式，每回 35kV 馈线引接自 1 套储能模块，每套储能模块包括 8 个储能单元，每个储能单元由 1 个电池储能系统及 1 个电能转换升压系统组成；主变高压侧为 220kV 配电装置，为双母线接线，包括 4 个架空出线间隔、2 个电缆出线间隔及 1 个主变进线间隔，共计 7 个进出线元件。此外，全站的站用电系统采用双路电源进线，设两台站用变压器，其中工作电源引接自 35kV 配电装置，备用电源引自站外独立可靠站点；站用电低压 400V 母线，采用单母线分段接线。

4.3.3 设备选型

电化学储能电站中，主要电气设备一般包含电池储能系统、功率变换升压系统、集电线路柜、主变压器、主变低压和高压侧配电装置及其他相关设备，本节将对这些设备的选型基本原则及方法予以介绍。需要注意的是，电池储能系统、功率变换升压系统通常由厂家成套提供，厂家承担的角色不仅是传统变电工程中设备的单一供应商，更承担着子系统集成总装的工作。实际工程中应重视此类集成设备内部组件、部件的集成方案及相关技术参数，确保各方面满足现行标准中的要求。

电气设备和导体选择应符合《电化学储能系统储能变流器技术要求》（GB/T 34120—2023）、《3 ~ 110kV 高压配电装置设计规范》（GB 50060—2008）、《220kV ~ 750kV 变电站设计技术规程》（DL/T 5218—2012）、《高压配电装置设计规范》（DL/T 5352—2018）、《导体和电器选择设计规程》（DL/T 5222—2021）、《低压配电设计规范》（GB 50054—2011）、《供配电系统设计规范》（GB 50052—2009）、《交流电气装置的过电压保护和绝缘配合设计规范》（GB/T 50064—2014）和《交流电气装置的接地设计规范》（GB/T 50065—2011）等标准中的相关规定。对于 20kV 及以下的储能电站，还应满足现行国家标准《20kV 及以下变电所设计规范》（GB 50053—2013）中的规定。

4.3.3.1 电池储能系统

电池储能系统作为储能电站的核心设备，可按预制舱式或厂房式进行建造。由于预制舱式电池的集成方案具有施工工期短、调配灵活的优点，目前大多数项目中储能电池及功率变换系统均采用由厂家提供的预制舱式集成设备，故以下对于储能电池系统均称作“电池预制舱”。

（1）储能电池技术路线分类及特点

目前在电化学储能电池电站中，有应用案例的电池类型主要为铅酸蓄电池、钠硫电池、液流电池、磷酸铁锂电池等。

铅酸蓄电池虽然可免维护运行，但在高倍率充电时因其负极硫酸盐化现象导致了氢析出，循环效率会明显降低，故导致阀控制铅酸蓄电池的充电状态SOC仅局限于30% ~ 70%，且充电时间约为放电时间的5倍。另外，铅酸蓄电池还存在体积大、比能量低及循环寿命不佳的问题，限制了其用作大规模储能电池的发展。

铅炭电池对传统铅酸电池的负极材料进行了电容式改进，有效抑制了其负极硫酸盐化问题，显著提升了电池的循环寿命，在60% ~ 70%的放电深度下，循环次数由500 ~ 1000次增加到了3700 ~ 4300次，其投资成本仅次于锂离子电池。虽然铅炭电池性价比较高，但仍然存在寿命短、能量密度低等问题。

全钒液流电池是我国研究起步较早的储能技术路线，目前兆瓦级全钒液流电池在全国多地正在建设或已投入运行，其容量与功率不相关，容量可达兆瓦级且寿命较长，但其造价昂贵，目前国内百兆瓦级以上全钒液流电池储能电站发展较慢，尚无示范工程建成，其成为大容量电化学储能电池电站主体暂有一定困难。

硬包磷酸铁锂电池与铅炭电池、全钒液流电池等发展还不够成熟的电化学储能电池相比，其工作温度范围更大、循环寿命更长、制造成本更低且无须稀有金属，在安全性较好的同时，对环境污染也更小，且具备较高的能量密度，可以集成为较大规模的储能电池，因此磷酸铁锂电池成为国内电池储能电站建设的主流选择。

但在实际工程中，电池选型应结合具体工程的功能需求及建设条件，依据技术经济性最优的原则来进行选型。在发电侧的储能电站，主要功能有事故黑启动电源、配合火电机组系统调频和支撑可再生能源接入；在电网侧的储能电站，主要功能有削峰填谷、延缓电网投资、缓解送出阻塞问题、电网稳定控制和备用支撑等；在用户侧的储能电站，主要功能有峰谷电价获利、提高供电可靠性、提高电能质量。根据电池技术特点，锂电池在充放电时间为0 ~ 4h范围内、液流电池在充放电时间为2h以上、铅酸电池在充放电时间为1h以内的应用技术经济性较好，应根据应用场景及电池的寿命特性，选择合适类型的电池。

（2）电池单体、电池模块及电池簇

电池单体应遵循技术成熟、安全可靠、经济合理的原则。电池类型应根据电池放电倍率、自放电率、循环寿命、能量效率、安全环保、技术成熟度和储能电站应用场景对系统响应、散热性能的需求，以及电站建设成本和建设场地限制等因素进行选择。

锂离子电池的技术应符合现行国家标准《电力储能用锂离子电池》（GB/T 36276—2023）及现行行业标准《电力储能用锂离子电池状态评价导则》（NB/T 42091—2024）的有关规定；全钒液流电池的技术应符合现行国家标准《全钒液流电池通用技术条件》（GB/T 32509—2016）的有关规定；铅炭电池的技术应符合现行国家标准《电力储能用铅炭电池》（GB/T 36280—2023）的有关规定。目前市场主流锂离子电芯容量为150A · h、280A · h、314A · h，不同电芯厂家生产的不同型号的电芯参数也有所不同，具体体现在循环寿命、日历寿命、自放电率、内阻等方面，建议实际工程中电池单体选型主要可参照以上参数。

电池应具有安全防护设计，在充、放电过程中，外部遇明火、撞击、雷电、短路、过充过放等各种意外因素时，不应发生爆炸。

电池宜采用模块化设计，电池单体模块化集成为电池模块，额定电压宜按标准序列选取。例如，锂离子电池模块额定电压有38.4V、48V、51.2V、64V、128V、153.6V、166.4V等，铅酸（铅炭）电池模块额定电压有2V、6V、12V等。单体电池在电池模块内应可靠固定，模块外部设计应便于安装、维护及操作，有明显标志，具备防反插措施；壳体应有阻燃设计，整体防护等级建议不低于IP20。

电池簇由一定的电池模块串联构成，采用高压开关盒作为其输出回路的开关元件，通过电池控制单元对电池簇的充、放电过程进行安全管理，在电池簇状态发生异常时，驱动开关盒使该组电池簇退出运行。

（3）电池汇流柜

电池汇流柜的作用是将各电池簇并联汇流，是输出至功率变换系统的接口设备，同时配合系统监控装置对其输出电压、电流及绝缘情况等进行监测，还可通过柜内开关电源给系统内其他控制和监测设备供电。电池汇流柜数量应与接入的电池簇数量相匹配，合理配置开关器件，确保检修时能逐级断开系统。柜内元件安装及走线要求整齐可靠、布置合理，电器间绝缘应符合有关标准。对于高海拔地区对开关断流和耐压的影响，还应对直流开关选型进行专门论证。

电池柜体应具备防腐、阻燃性能，结构安全、可靠，美观，应具有足够的机械强度，便于安装维护。

（4）电池储能系统的集成方案

① 电池预制舱基本要求。电池预制舱应配套保暖系统、温度控制系统、隔热系统、阻燃系统、火灾报警系统、安全逃生系统、应急系统、消防系统、视频监控系统等自动控制和安全保障系统，所有系统的电气布线全部集成于预制舱中。预制舱应具备优异的可维修性和可更换性，方便设备运行维护。在预制舱设计时，其防护等级应按不低于IP65考虑，在工程使用寿命内具备足够次数的满荷载吊装强度，同时需考虑其防水、保温、防腐、防火、防风沙、抗震、耐高温及紫外线等性能。

② 设备配置方案。一套完整的电池预制舱内部应配置有电池簇、电池汇流柜、控制柜、监控系统、消防系统、暖通系统等子系统，其中电池簇、电池汇流柜等主设备的基本要求已在前文中进行了介绍。

控制柜的主要作用是为室内交流用电设备提供交流电源以及通过柜内UPS（不间断电源）为电池堆管理系统提供不间断电能，同时将储能系统能耗信息、开关状态、环境信息及消防事故信息上报至电池管理系统。

监控系统应确保全面监视预制舱内状况，视频可实时观察舱内情况，当有人试图强行打开舱门时，门禁应产生报警信号，并上传至监控后台。视频监控及门禁系统信号应接入全站智能辅助控制系统。

预制舱内应配置烟雾传感器、温度和湿度传感器等设备，一旦监测到火灾等事故情况，可通过声光报警和远程通信方式通知用户，并切除对应的电池成套设备。

③ 预制舱建筑结构。预制舱内可采用高耐压钢板或玻璃钢材质，铺设绝缘地板，符合《电化学储能电站设计规范》（GB 51048—2014）等标准要求。

（5）电池管理系统

电池管理系统应具有数据采集、估算、电能量统计、控制、保护、通信、故障诊断、数据存储、数据显示、绝缘电阻检测、对时及本地升级的功能，从而实现对全部电池运行状态的监测、控制和管理。电池管理系统的设备选型应与储能电池性能相匹配。

（6）储能单元容量配置

根据电化学储能电站功率要求及充放电时长，按照每回储能系统容量均匀分配的原则，确定集电线路回路数及储能单元的容量和功率。以某 100MW/200MW · h 锂离子电化学储能电站为例，要求在 100% 放电深度（DOD）的情况下，电化学储能电站放电电量不小于 200MW · h，考虑储能系统转换效率、逆变器转换效率、升压变损耗（0.63kV/35kV）、主变损耗（35kV/220kV）、线缆损耗，电池实际配置容量为 214MW · h。根据集电线路电缆载流量确定，储能电站分为 4 回储能装置进线，接入 35kV 母线配电装置，每回储能系统容量为 25.2MW/53.6MW · h，若考虑每回储能系统由 8 个储能单元组成，则每个储能单元中电池舱的容量为 6.7MW · h。

4.3.3.2 PCS升压一体机

PCS 升压一体机由 DC/AC 双向换流器、升压变（例如 0.63kV/35kV 干式变）、环网柜、交流电缆及回路相关保护元件、控制柜、配套的照明设备及消防和暖通等组成，也可称为 PCS 升压成套装置等。

（1）DC/AC 双向变流器

电化学储能电站功率变换系统设于电池储能系统电网侧出口处，可将交流电网电能经整流后充入电化学电池组，也可将电池组能量经逆变后回馈到电网。作为功率变换系统的核心组成部分，DC/AC 双向变流器的技术性能影响和决定了整个电池储能电站是否能够安全、稳定、高效、可靠运行，对整个电化学储能电站的使用寿命有重要影响，其技术指标需满足《电化学储能电站设计规范》（GB 51048—2014）、《电化学储能电站接入电网设计规范》（DL/T 5810—2020）等标准的相关要求。

目前储能用双向变流器主流厂商一般采用电压源型两电平或三电平 PWM，其主要优点是：动态特性随控制算法的调整而灵活可控，功率可双向流动，输出电流正弦且谐波含量少，功率因数可在 -1 ~ 1 之间灵活调整。其主要由绝缘栅双极晶体管（IGBT）功率模块及其对应的控制系统、直流电容、交 / 直流侧断路器、交流滤波器（含交流滤波电感电容等）等构成，电池组的成组方式及其连接拓扑结构应与储能变流器的拓扑结构相匹配。

一级变换拓扑型仅含 DC/AC 环节的单极式储能变流器，如图 4-7 所示，电池经过串并联后直接连接到 DC/AC 的直流侧。此种储能变流器拓扑结构简单，能耗相对较低，但储能系统容量选择缺乏灵活性，适用于独立分布式储能并网。

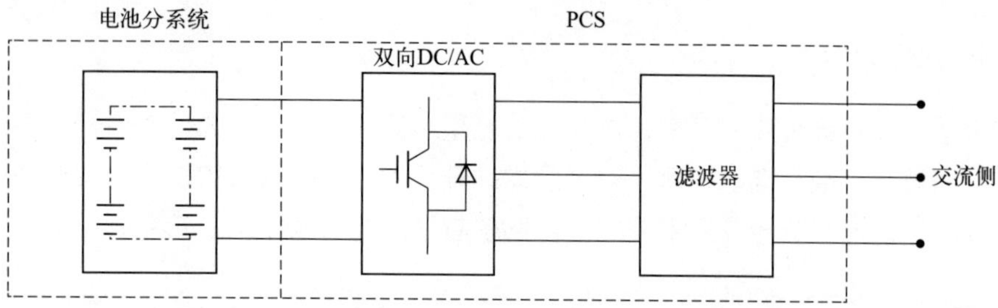

图 4-7　仅含 DC/AC 环节的单极式储能变流器拓扑结构

仅含 DC/AC 环节的储能变流器可扩展为仅含 DC/AC 环节共交流侧的储能变流器拓扑结构，如图 4-8 所示，采用模块化连接，配置更加灵活。当个别电池组或 DC/AC 环节出现故障时，储能系统仍可工作，但会导致电力电子器件增多，控制系统设计复杂。

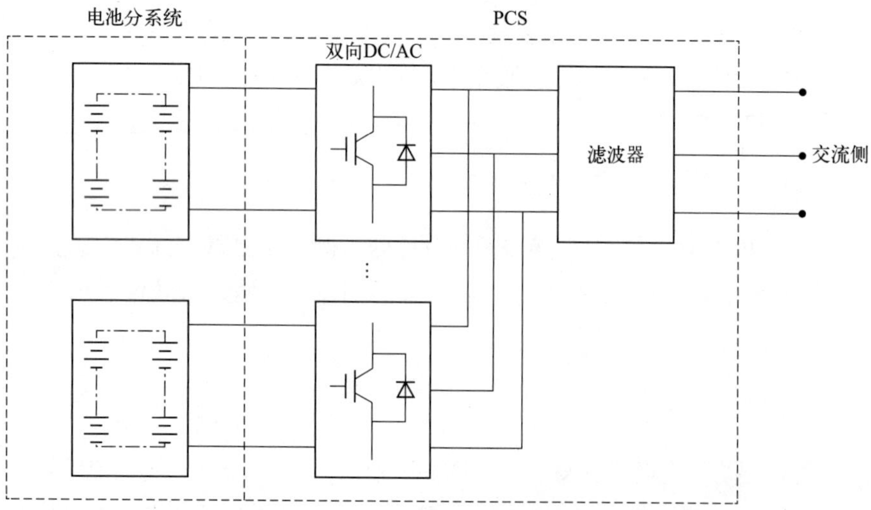

图 4-8　仅含 DC/AC 环节共交流侧的储能变流器拓扑结构

含 DC/AC 和 DC/DC 环节的双极储能变流器拓扑结构，如图 4-9 所示。双向 DC/DC 环节主要是进行升、降压变换，提供稳定的直流电压。此种拓扑结构的储能变流器适应性强，由于 DC/DC 环节可实现直流电压的升降，使容量配置更加灵活，适用于配合间歇性、波动性较强的分布式电源接入，抑制其直接并网可能带来的电压波动。但由于 DC/DC 环节的存在，储能变流器的效率有所降低。

为了扩容方便，双极式储能变流器可扩展为含 DC/AC 和 DC/DC 环节的共直流侧或共交流侧的储能变流器拓扑结构，如图 4-10 和图 4-11 所示。

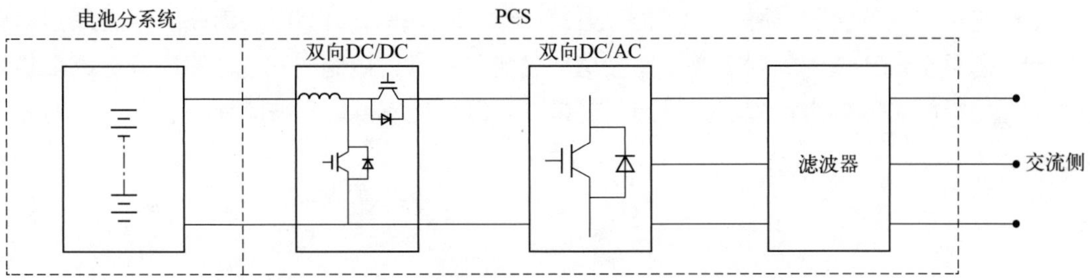

图 4-9 含 DC/AC 和 DC/DC 环节的双极储能变流器拓扑结构

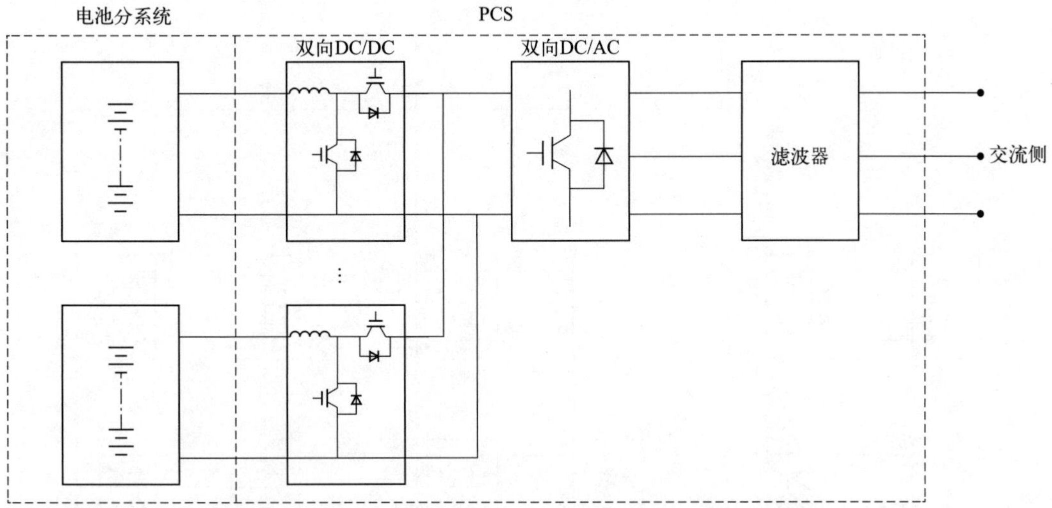

图 4-10 含 DC/AC 和 DC/DC 环节共直流侧的储能变流器拓扑结构

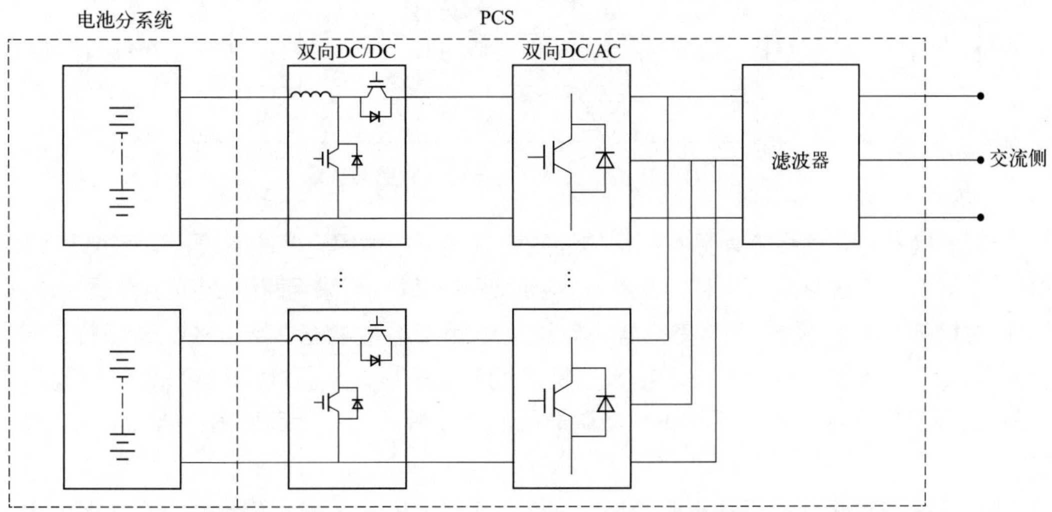

图 4-11 含 DC/AC 和 DC/DC 环节共交流侧的储能变流器拓扑结构

H 桥链式储能变流器如图 4-12 和图 4-13 所示。采用多个功率模块串联的方法来实现高压输出，需要实现高压时，只需简单增加功率模块数即可，避免电池的过多串联。每个功率模块的结构相同，容易进行模块化设计和封装，且每个功率模块间彼此独立。

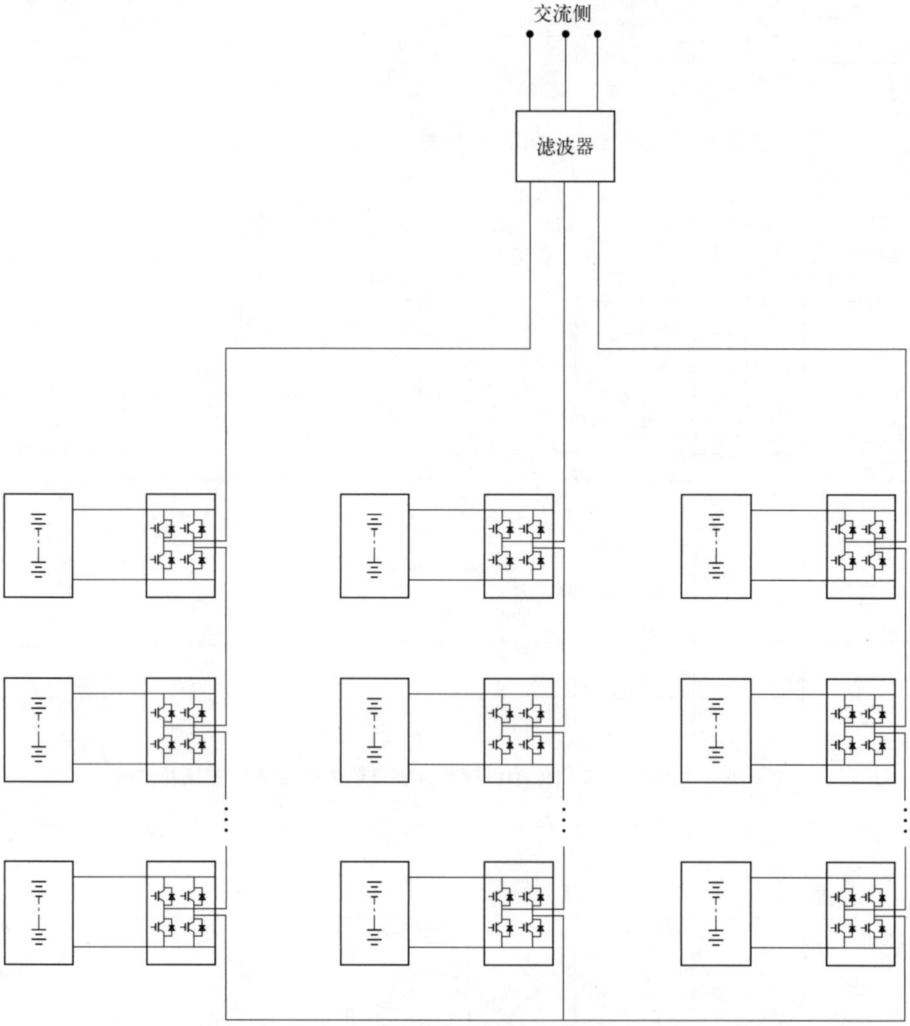

图 4-12　H 桥链式储能变流器（Y 形接法）

一级变换拓扑、两级变换拓扑结构的储能变流器一般适用于储能系统容量不大于 1MW 的场合。当储能系统能量较高时，为避免多电池组的并联，可采用两级变换拓扑结构。

H 桥链式拓扑结构的储能变流器一般适用于储能系统容量大于 1MW 的场合。对于 35kV 及以下电压等级且不考虑三相不平衡的调节，H 桥链式拓扑结构可采用 Y 形接法。对于更高电压等级或需考虑三相不平衡调节的低电压等级，H 桥链式拓扑结构可采用角形接法。

具体工程设计可根据工程实际情况，储能系统的功率、容量、电池类型和生产制造水平，对储能变流器的性能要求等因素，综合考虑储能变流器的拓扑。

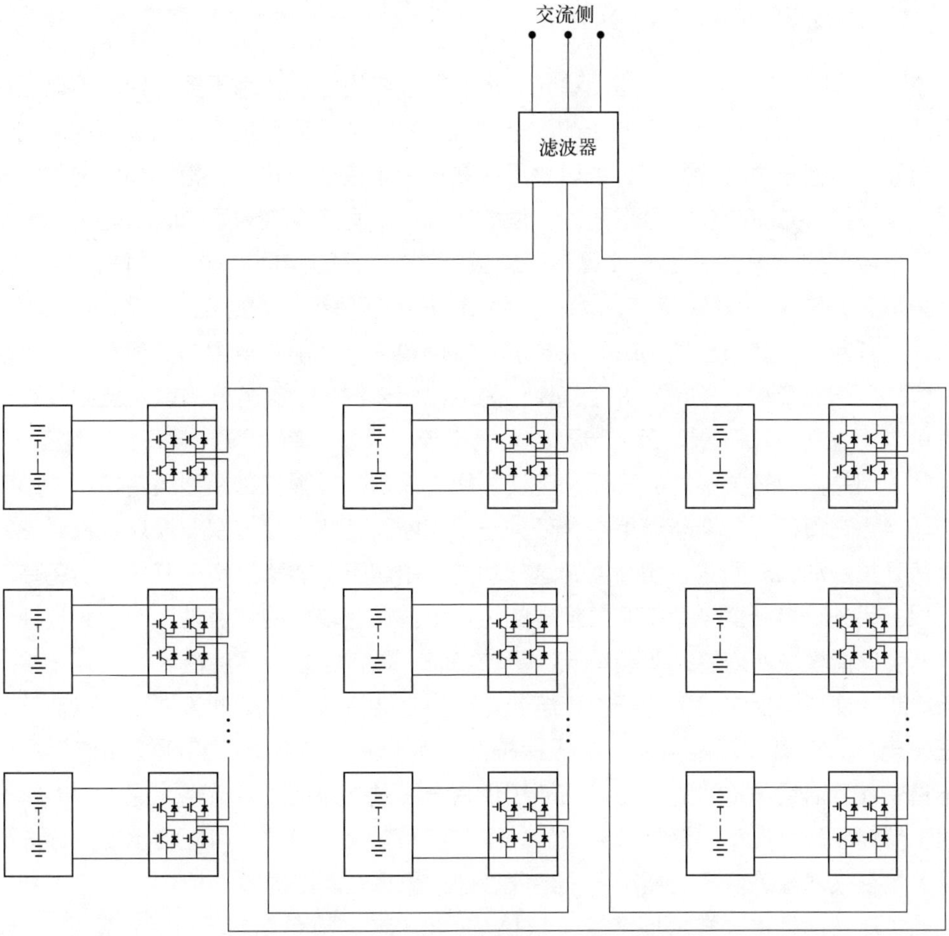

图 4-13　H 桥链式储能变流器（角形接法）

（2）就地升压变压器

就地升压变压器主要用于将功率变换系统中双向变流器输出的低压交流电转换为 10kV 或 35kV 电压等级，接入储能电站配电装置后送出。在离网运行模式下，还可将三相三线供电转化为三相四线供电，形成中性点。

变压器容量根据储能单元中变流器的额定容量选择，应优先选用自冷式、低损耗电力变压器。目前主流大容量电池储能单元采用干式变压器，具有不易燃烧、维护工作量小、体积小、噪声低等优点；缺点主要包括防护等级有限、只能户内安装、价格相对较高等。但从运维工作量和工程全生命周期经济性考虑，干式变压器相较于油浸式变压器来说，仍具有良好的整体经济性。

功率变换系统高压侧配电装置大多为 0.4kV、10 ～ 35kV 等电压等级，变压器绕组联结组别可选择为 Dyn11、Ynd11 等。

当在多台储能变流器并联情况下需要考虑谐波和环流抑制时，可选用分裂绕组变压器。

就地变压器一般选用无励磁调压变压器，当无励磁调压变压器不能满足电力系统的调压要求，经调压计算论证确有必要且技术经济比较合理时，可选用有载调压变压器。

（3）就地中压环网柜

就地中压环网柜配置于单个储能单元功率变换系统的出口，用于多个储能单元汇集后组成一个储能模块，引出接至主变低压侧配电装置。就地中压环网柜可采用金属铠装组合电器柜，柜内配置负荷开关及熔断器；也可采用金属铠装中置移开式开关柜，柜内配置中压真空断路器。两种技术方案的功能是相同的，均能够进行不同储能单元间的联络汇集。

环网柜内部的负荷开关是一种具有简单灭弧装置的开关电器。依据《隔离开关总则》，负荷开关具有开断 1250kVA 空变的能力，而 10kV 电压等级下，此电流不超过 2A，现环网柜负荷开关开断空变能力已达 16A，完全满足应用要求。目前较常用的负荷开关有以空气为绝缘气体的压气式负荷开关、以 SF_6 气体作为绝缘气体的 SF_6 负荷开关以及全固封真空负荷开关，可以用来关合和开断负荷电流及过负荷电流，大多具有接通、断开和接地三工作位，结构简单。但是负荷开关不能断开短路电流，所以需与高压限流熔断器组合使用，即负荷开关熔断器组。在负荷开关熔断器组中，任何一只熔断器熔断，都将引爆爆炸装置或撞针，使三级负荷开关联动切断回路，切断回路这一功能就由熔断器转移至负荷开关，避免单向运行情况出现。另外，熔断器与负荷开关组成的组合电器具有较好的经济性，对于大规模储能场站，当一个储能模块所连接的储能单元数量较多时，具有较好的经济性。

但熔断特性环网柜内的负荷开关和熔断器选型需结合储能场站汇集规模、就地升压变压器高压侧电压、电流及短路电流、下级保护配合等因素综合考虑；熔断器动作后需更换熔体，不具备在分断后再接通的能力；熔断器仅有一段过电流反时限特性，保护功能单一；另外，对于储能模块所汇集的储能单元数量较多、容量较大的场站，可能会出现器件选型困难的问题。故在技术经济合理的情况下，建议考虑采用真空断路器开关柜。

就地中压环网柜主要技术标准有《3.6kV ~ 40.5kV 交流金属封闭开关设备和控制设备》（GB/T 3906—2020）、《高压交流开关设备和控制设备标准的共用技术要求》（GB/T 11022—2020）、《3.6kV ~ 40.5kV 高压交流负荷开关》（GB/T 3804—2017）、《高压交流断路器》（GB/T 1984—2024）及《高压交流隔离开关和接地开关》（GB/T 1985—2023）等。

4.3.3.3 主变低压侧配电装置

通常来说电化学储能站主变低压侧配电装置推荐采用金属铠装中置移开式开关柜，其通用技术原则与就地中压环网柜所述相同。按柜体结构，可分为金属封闭间隔式、金属封闭铠装式及金属封闭箱式；按照柜内开关设备，可分为断路器柜、气体绝缘金属封闭开关电器（GIS）柜等；按照断路器的安装方式，可分为固定式和移开式（手车式）；按断路器手车的安装位置，可分为落地式和中置式。

每个主变低压侧馈线回路对应一组储能模块，每组储能模块由若干个储能单元构成，储能单元属于容性补偿装置。对 6 ~ 66kV 系统，开断容性补偿装置应采用重击穿概率极低、投切容性无功电流强的断路器。在 3 ~ 10kV 电压等级时，可考虑采用真空断路器或六氟化硫断路器。但当储能站主变低压侧配电装置为 35kV 及以上时，考虑到真空断路器本身较强的灭弧能力，在开断无功电流时容易出现截流，进而引发较高的操作过电压，损坏设备绝缘，考虑此时变流器仍在向短路点提供短路电流，故障处还极有可能出现间歇性熄弧。

综上所述，电流储能馈线回路断路器宜采用六氟化硫形式，选用的断路器技术性能除了应符合断路器通用技术要求外，还不应发生重击穿，开合时触头弹跳时间不应大于限定值，开合容性电流能力应满足 C2 级断路器要求，具有能承受储能变流器回路短路电流的能力，实际工程选型时应指定产品切合容性电流能力，并要求开展开合试验（型式试验）。传统的六氟化硫充气式开关柜中，除断路器外其他设备的绝缘介质均为气体，而断路器本体仍为真空，目前已有厂家可以实现将六氟化硫断路器集成于金属柜体中，可应用于储能电站内汇集回路，但外形尺寸相较传统 35kV 开关柜更大。

4.3.3.4 主变压器

储能电站的主变压器，宜选用油浸自冷式、低损耗变压器，变压器容量应与各储能单元模块最大充放电功率相匹配。如果最大功率连续输出时间小于变压器过载时间且最大功率低于变压器过载能力，则经技术经济比较后也可按额定功率配置。

此外，主变压器应符合现行国家标准《电力变压器选用导则》（GB/T 17468—2019）、《油浸式电力变压器技术参数和要求》（GB/T 6451—2023）、《电力变压器能效限定值及能效等级》（GB 20052—2024）中的有关规定。

4.3.3.5 主变高压侧配电装置

配电装置型式应根据工程实际情况选择确定。主变高压侧配电装置原则上可选择气体绝缘金属封闭开关电器（GIS）或敞开式配电装置。GIS 能有效降低环境对设备外绝缘、机械强度等方面的不利影响，产品可靠性高，日常运行维护工作量小，且布置紧凑美观，现场施工土建、安装工程量小，扩建时施工时间相对敞开式更短，适应恶劣天气情况下的施工环境，有利于工程进度的把控。敞开式配电装置受不利环境因素影响大，日常运维工作量大，安装接口较多，不利于恶劣气候条件下的施工环境。

经调研，近年来随着开关设备厂家制造能力的不断提高，220kV 及 110kV 的 GIS 配电装置建造成本与敞开式方案下的建造成本明显拉近，通常来说，设备经济性不再是主变高压侧设备选型的限制条件。考虑到储能项目的建造进度及建设意义，主变高压侧配电装置一般考虑 GIS 型式。另外，在大气污秽严重、场地受限、高抗震设防烈度、高海拔环境、大风沙条件下，也应优先采用气体绝缘金属封闭开关电器。在污秽严重、极端低温等地区，还可采用户内布置。

4.3.4 配电装置布置

4.3.4.1 电池储能系统布置

由于目前电池预制舱的规格容量未形成统一标准，所以不同储能系统集成商的电池舱尺寸不尽相同。实际工程中设计人员应统筹考虑电池单体容量、数量，以及串并联方式、辅助设备（空调、消防、暖通、液冷机组等）配置情况等因素，并广泛调研不同集成厂家的技术路线，最终确定合适的预制舱尺寸及布置方案。

目前市场上的电池预制舱有步入式和非步入式两种形式，非步入式电池预制舱内部可利用空间一般大于步入式电池预制舱。步入式电池预制舱内部一般设置不小于 800mm 的运维通道，电池簇布置于通道两侧，可满足人员在舱体内部进行运维操作；非步入式电池预制舱内部不设置运维通道，根据电池簇布置方式，人员可在预制舱外侧进行运维操作。

以某 100MW/200MW · h 储能电站项目的储能系统为例，全站储能系统共分为 4 个储能模块，每个模块包括 8 个储能单元，每个储能单元由 2 个电池储能系统及 2 个电能转换升压系统组成，每个储能系统（预制舱）包括 9 个电池簇。经计算得每个储能单元的储能容量为 6.7MW · h。

表 4-6 为该工程电池单体主要技术参数及其外形尺寸。

表4-6　电池单体主要技术参数及其外形尺寸

名称	规格及参数
电池类型	磷酸铁锂电池
额定容量 /（A · h）	280
额定电压 /V	3.2
额定能量 /（W · h）	896
工作电压范围 /V	2.8 ~ 3.6
外形尺寸（长 × 深 × 高）/mm	173.9 × 71.7 × 207.2
体积比能量 /（kW · h/L）	0.347
质量比能量 /（kW · h/kg）	0.167

电池模块的设计通常采用串联方式，可根据电池预制舱内规划布局，结合单体电芯的规格尺寸设计电池模块，表 4-7 为电池模块主要技术参数及其布置尺寸。

表4-7　电池模块主要技术参数及其布置尺寸

名称	规格及参数	计算过程	备注
额定容量 /（A · h）	280	—	目前市场主流电芯容量为 150A · h、280A · h、308A · h
电池串并联方式	1P52S	—	串联数量取决于预制舱内部的空间布置，应采用串联连接
额定能量 /（kW · h）	46.592	0.896 × 52	—
额定电压 /V	166.4	3.2 × 52	—
电压范围 /V	145.6 ~ 187.2	2.8 × 52 ~ 3.6 × 52	—
外形尺寸（长 × 深 × 高）/mm	810 × 1152 × 243.4	—	—

电池簇的设计通常采用串联方式，一般由电池模块、主控箱和配套的电力电缆组成，主控箱内包含电池管理系统（BMS）和高低压电器保护器件等，根据电池模块尺寸、质量、额定能量、电压等参数，结合电池预制舱内的空间布局，设计合理的电池簇参数及数量。表

4-8 为电池簇主要技术参数及其布置尺寸。

表4-8　电池簇主要技术参数及其布置尺寸

名称	规格及参数	计算过程	备注
电池串并联方式	1P416S	—	—
额定能量 /（kW・h）	372.736	0.896×416	每个电池簇由 8 个电池模块组成
额定电压 /V	1331.2	3.2×416	—
电压范围 /V	1164.8～1497.6	2.8×416～3.6×416	—
外形尺寸（长 × 深 × 高）/mm	994×1180×2500	—	由 8 个电池模块和 1 个主控箱组成
质量 /kg	3000	—	—

结合表 4-8 中电池簇的相关参数，在规定电池预制舱尺寸为 40 尺（1 尺 =0.333m）的前提下，在舱内布置电池柜、汇流柜、控制柜及辅助设施。表 4-9 为单个电池储能单元主要技术指标。

表4-9　单个电池储能单元主要技术指标

名称	规格及参数	备注
电池串并联方式	2×8P1P416S	—
额定能量 /（kW・h）	6708.6	每个电池簇由 8 个电池模块组成
额定电压 /V	1331.2	—
电压范围 /V	1164.8～1497.6	—
外形尺寸（长 × 深 × 高）/mm	12192×2550×3050	由 2 个 20 尺的预制舱组成，除电池外还包含配电柜、控制柜、消防等辅助设备，每个 20 尺预制舱内配置 9 个电池簇
质量 /kg	70000	

图 4-14 为单个储能单元电池预制舱平面布置图，包括 2 个电池储能系统及 2 个电能转换升压系统。

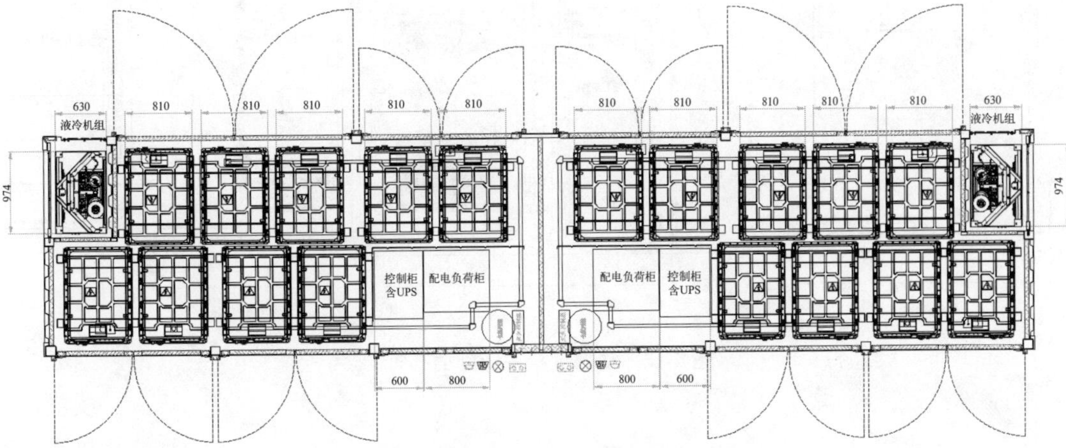

图 4-14　6.7MW・h 电池预制舱平面布置图

4.3.4.2 功率变换系统布置

功率变换系统由双向变流器、就地升压变压器、就地中压环网柜等装置组成。每个功能部件均有金属外壳，满足户外使用要求，所有设备均固定于钢制底座上，共同组成一套完整系统，钢制底座安装于混凝土基础上。以某工程为例，功率变换系统平面和断面布置图如图4-15和图4-16所示。

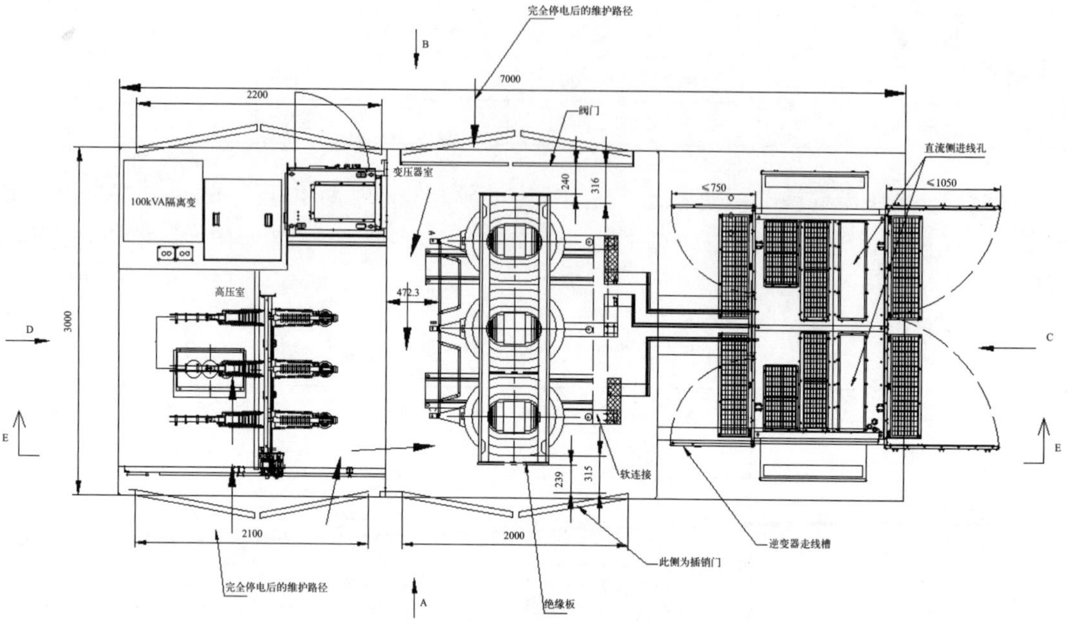

图 4-15　功率变换系统平面布置图

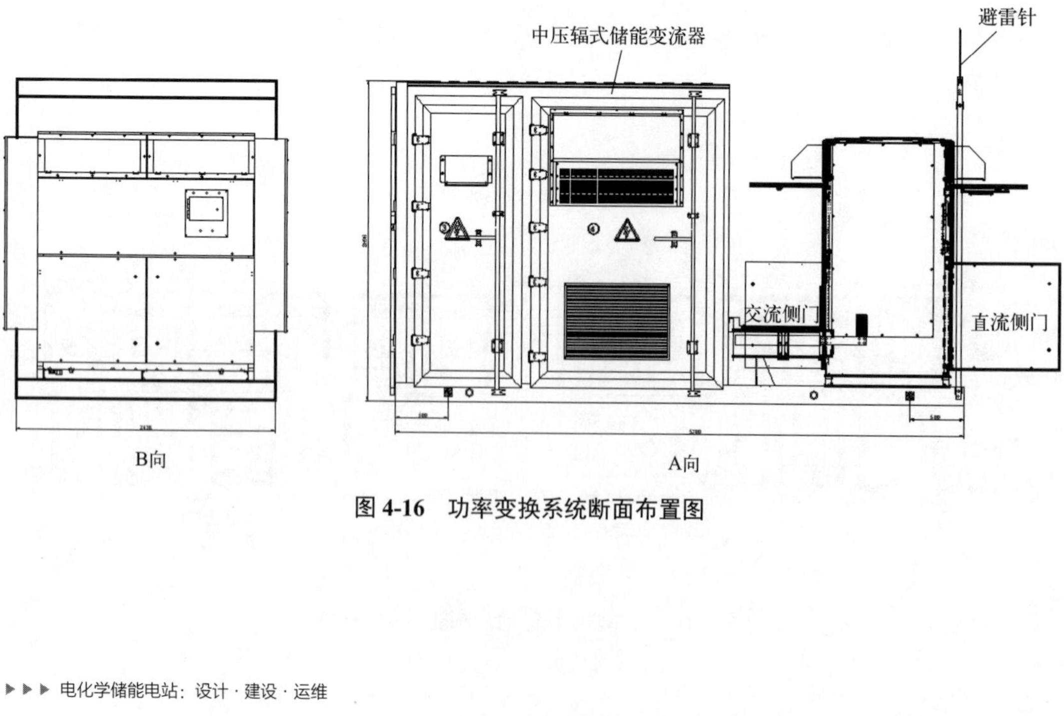

图 4-16　功率变换系统断面布置图

4.3.4.3 主变高、低压侧配电装置布置

主变高、低压侧配电装置布置应符合现行国家标准《3 ~ 110kV 高压配电装置设计规范》（GB 50060—2008）、《220kV ~ 750kV 变电站设计技术规程》（DL/T 5218—2012）和《高压配电装置设计规范》（DL/T 5352—2018）中的规定。对于 20kV 及以下配电装置，还应满足现行国家标准《20kV 及以下变电所设计规范》（GB 50053—2013）中的规定。

主变低压侧配电装置一般为 10kV、35kV 等电压等级，建议使用金属铠装中置移开式开关柜，户内布置。在实际工程中，主变低压侧开关柜室可布置于电站综合楼内，也可设独立中压配电室建筑。另外，若采用集成于金属柜体中的六氟化硫断路器，由于其为近年来较新的产品，故其柜体尚未有标准尺寸，可能相较传统 35kV 开关柜更大。应充分调研厂家技术方案，合理设计，使中压配电装置室尺寸能满足安装运维等需求。

主变高压侧配电装置推荐采用户外 GIS 设备，断路器采用单列式布置，出线可采用架空方式、电缆方式或两种方式混合。在污秽严重、极端低温等地区，还可采用户内布置，户内布置时架空出线通过 GIS 分支母线引出建筑物，可通过建筑物顶部设置出线挂线点，引出出线，也可设独立出线构架。

高海拔储能电站配电装置最小安全净距修正按照《绝缘配合　第 1 部分：定义、原则和规则》（GB/T 311.1—2012）、《交流电气装置的过电压保护和绝缘配合设计规范》（GB/T 50064—2014）确定的原则考虑。

4.3.4.4 储能电站总平面布置

储能电站的站内总平面布置可按功能划分为如下区域：

① 储能及功率变换系统区域；

② 配电装置区域，包括主变压器、高压配电装置、配电装置楼等生产建筑；

③ 站前区，包括综合楼、门卫室等。

其中储能设备区域和功率变换系统可考虑布置于同一片场区，采用等间距均布。

储能电站站区总布置应满足《电化学储能电站设计规范》（GB 51048—2014）、《预制舱式磷酸铁锂离子电池储能电站消防技术规范》（T/CEC 373—2020）、《火力发电厂与变电站设计防火标准》（GB 50229—2019）、《变电工程总布置设计规程》（DL/T 5056—2024）、《火力发电厂总图运输设计规范》（DL/T 5032—2018）、《220kV ~ 750kV 变电站设计技术规程》（DL/T 5218—2012）等标准的要求，电池预制舱与站外建筑物、构筑物的防火距离也应满足相关规范的要求。

4.3.5 过电压保护

4.3.5.1 储能单元过电压保护

储能单元包括电池储能系统及功率变换系统，主要包括电池、双向变流器、升压变压器、开关柜等，是电池储能电站的核心功能组成部分，而其恰恰是耐压水平较为薄弱的环节。为防止雷电入侵造成储能单元内的设备损坏，需在其一次接线结构中安装电涌保护器，

具体的设计原则是：

① 电池储能系统电池舱内的直流汇流箱，应安装专用直流电涌保护器，以防止过压损坏储能电池，保护器持续运行电压、保护水平根据输出端电压进行确定。

② 在储能变流器直流输入端应安装配置 20 ～ 40kA 水平的直流电涌保护器，储能变流器的交流输出端应安装 40kA 水平的交流电涌保护器，用于防止过压对储能变流器半导体功率器件的危害，保护器持续运行电压、保护水平根据储能变流器直流侧与交流侧额定电压水平进行确定。

③ 在电池储能系统升压变压器输出端应安装 10kA 水平的交流电涌保护器，其持续运行电压、保护水平根据输出端电压确定。

④ 在交流配电箱输出端应安装 10kA 水平的交流电涌保护器，其持续运行电压、保护水平根据输出端电压确定。

4.3.5.2 配电装置区域过电压保护

过电压保护及绝缘配合设计过电压保护按《交流电气装置的过电压保护和绝缘配合设计规范》（GB/T 50064—2014）、《低压供电系统内设备的绝缘配合　第 1 部分：原理、要求和试验》（GB/T 16935.1—2023）、《低压配电线路和电子系统中雷电过电压的绝缘配合》（GB/T 21697—2022）的要求进行设计。

① 高压配电装置过电压保护储能电站高压侧配电装置多采用气体绝缘金属封闭开关电器（GIS）配电装置，出线多为 66kV 及以上，出线侧避雷器配置有以下原则。

当出线送出方式采用架空线路时，应在 GIS 管道与架空线路连接处装设氧化锌避雷器。

当出线有电缆段时，在电缆段与架空线路的连接处应装设氧化锌避雷器，其接地端应与电缆的金属外皮连接；为防止雷击出线跳闸后重复雷击造成设备损坏，或是进线隔离开关或断路器经常断路运行，同时线路侧又带电时，出线处也应装设氧化锌避雷器。

当出线全长为电缆时，应根据电缆另一端有无雷电过电压波侵入，经校验确定。

② 功率变换系统就地升压变压器高压侧配置氧化锌避雷器，主变低压侧母线设备柜及各储能集电线路馈线柜内安装氧化锌避雷器。

4.3.6 防雷接地

雷电一直是影响电力设备安全稳定运行的重要原因，储能电站主变压器、电力电子变换器、储能电池等重要设备，受到雷击后有可能会造成设备损坏甚至引发严重事故，危害人身、设备或电力系统安全。对电池储能电站设计合理的防雷接地方案，可有效保护电池储能电站设备安全，提高电站运行可靠性，对电池储能电站工程建设的工期、质量、投资费用，以及建成投产后的运行安全可靠性和生产的综合经济效益，也有着显著影响。

4.3.6.1 直击雷保护

（1）储能及功率变换系统区域直击雷保护

变电站雷电流会通过接闪器、引下线，经地网泄放到大地，雷电流流入地网，地电位会瞬时升高。如果设备的安全保护接地点与雷电流入地点很近，则设备的外壳极有可能带上数千伏乃至数万伏的过电压，导致设备发生反击放电风险。另外，强大雷电电流通过时，周围会产生极大的电磁场，使附近的导体、金属结构以及电力装置中产生很高的感应电压。在电化学储能电站中含有大量电池、控制器、变换器、监控系统、保护及自动化等设备，应采取措施避免直击雷反击过电压或感应过电压对储能系统设备的危害。因此，储能系统区域宜设直击雷防护措施，不建议直接用储能系统本体外壳作为防雷保护接地装置。对于扩建项目，若已建的防雷接地系统不能覆盖扩建区域，应新增防雷接地设施。

故储能电站储能及功率变换系统区域，建议设置独立避雷针作为直击雷保护接闪器，但需保证接闪器与主接地网的地下连接点至电池储能电站设备与主接地网的地下连接点之间的接地体长度不小于 15m。另外，避雷针不应设置在人通行的地方，接闪器及其接地装置与道路或出入口等的距离不宜小于 3m，否则应采取均压措施，或铺设沥青地面。所以储能及功率变换系统区域布置设计除了考虑安全距离、巡视通道等因素，还应结合直击雷保护方案综合考虑。

（2）配电装置区域及站前区直击雷保护

高压配电装置区域的直击雷保护，一般将避雷针装在配电装置的架构上，可对大部分高压配电装置进行直击雷保护，若配电装置范围较大还可再设独立避雷针进行直击雷保护。另外，在土壤电阻率大于 1000Ω · m 的地区，也宜装设独立避雷针。

站区内建筑物直击雷保护优先利用场区内避雷针作为接闪器，不在保护范围内的考虑采用避雷带保护。

其他相关要求按《交流电气装置的过电压保护和绝缘配合设计规范》(GB/T 50064—2014)、《建筑物防雷设计规范》(GB 50057—2010) 等标准执行。

4.3.6.2 接地装置

（1）全站主接地网设计

储能电站的接地网是提供设备工作接地、保护接地和防雷保护接地的必要设施，也是保障人身和设备安全、保证储能电站可靠运行的重要手段。

储能电站通常采用水平接地体和垂直接地体组成的人工复式接地网，设备外壳及构架等通过接地引下线与主接地网可靠连接。避雷器、避雷针 (线) 及变压器工作接地等处，设置以垂直接地体为主的集中接地，并与主接地网连接。配电装置楼地基内钢筋应与户外水平接地网相连。需要注意，当储能及功率变换系统区域布置有较为密集的预制舱设备时，可依据预制舱阵列的行、列设置情况，沿各向敷设接地干线，各预制舱接地线独立引接至该干线上，但需要保证该处接地导体的热稳定校验能严格满足规范要求。

接地导体形式和规格选择应综合考虑土壤腐蚀情况和热稳定等因素，并经技术经济比较后确定。我国东北地区有部分变电站水平接地体采用圆钢，其他地区则多采用扁钢，近年来越来越多的工程也采用铜材料，例如铜排或铜绞线等。铜接地导体在碱性或中性土壤下的抗腐蚀能力明显优于钢材质，在酸性环境中，铜与钢的抗腐蚀能力较为接近。另外，在部分实际输变电项目中，也有的采用铜覆钢作为水平接地网，但实践表明铜覆钢材料在表面钢出现少量锈蚀后会加速铜的腐蚀，总体来说技术经济性不佳。

选定接地导体材质后，需按照系统资料，如短路电流、地勘得到的当地土壤电阻率相关资料、水平接地网的初步布置情况等，根据《交流电气装置的接地设计规范》（GB/T 50065—2011）或《IEEE Guide for Safety in AC Substation Grounding》（IEEE Std 80—2000）等规范，校验站内接触电位差及跨步电位差。可研阶段可根据规范提供方法对各项指标进行估算，初设阶段建议采用接地辅助设计软件进行详细计算，用于确定有效经济的接地设计方案。目前接地辅助软件有国外的 CDEGS、CYMGRD，以及国内的博超等。由于越来越多的储能电站建造于土壤条件复杂的地区，且总体来说储能电站配电装置结构较为简单，总布置尺寸和全站地网面积并不大，故接触电位差或跨步电位差很可能会出现不满足规范要求的情况，此时需考虑采取相应措施来保证站内运维人员安全，例如在场区内铺设碎石、沥青，或在操作机构附近设置绝缘地坪等。

对于地电位升，应符合《交流电气装置的接地设计规范》（GB/T 50065—2011）中的规定。必要时，经专门计算，且采取的措施可确保人身和设备安全时，接地网的地电位升还可进一步提高。但放宽地电位升的前提是，需要校验地电位升是否会造成站内低压避雷器反击动作，尤其是需要注意电池储能单元内配置的多处电涌保护器等；另外，还需考虑地电位升不得超过二次设备的工频耐压水平。当放宽条件后地电位升仍不可接受时，需考虑降阻措施，理论上可行方法主要有外引接地、增设深井接地体、增设斜接地体、灌注降阻剂、爆破接地等，目前较为经济有效的措施为增设深井接地体，具体方案建议设计时通过专题研究确定，并酌情在可研、初设阶段提前考虑开展相关投资。

（2）二次等电位接地

对于有二次、通信相关设备的小室，以及需要敷设二次电缆的户外电缆沟道，需敷设铜排作为独立的二次等电位接地网，在对应房间夹层、活动地板中与室内接地干线一点可靠连接，各房间内的二次等电位接地网亦互相可靠连接。

接地装置其他接地要求应符合《交流电气装置的接地设计规范》（GB/T 50065—2011）和《电气装置安装工程　接地装置施工及验收规范》（GB 50169—2016）。

4.3.7　站用电系统

储能系统站用电负荷包括冷却系统、消防系统、温控系统、照明系统、控制系统等，设计原则应符合《电化学储能电站设计规范》（GB 51048—2014）、《35kV ～ 110kV 变电站设计规范》（GB 50059—2011）、《220kV ～ 1000kV 变电站站用电设计技术规程》（DL/T 5155—2016）、《低压配电设计规范》（GB 50054—2011）等标准。

大型锂离子电池储能电站站用电设计，应采用双回路供电，供电方式宜考虑建设两套储能区域站用电系统且互为备用，或建设一套储能区域站用电系统和一套储能单元自供电系统，实现双回路供电且互为备用。针对中型锂离子电池储能电站站用电系统，应根据储能电站的重要性、可靠性要求，采用双回路供电，且互为全容量备用；针对小型锂离子电池储能电站站用电系统，可采用单回路供电。

针对新能源侧储能电站扩建项目，宜采用已建站用电系统为储能系统供电，若已建站用电系统容量不满足要求，可进行扩容改造。

在极端气候条件下，为保证储能系统正常启动工作，应在电池预制舱内合理增加电加热或同等加热装置，加热装置容量不宜纳入储能区域站用电系统选型计算。

储能电站一般无高压站用电设备，所以站用电的电压应采用 380V/220V，并采用三相四线制。

4.3.8 照明系统

锂离子电池储能电站的照明设计应符合《发电厂和变电站照明设计技术规定》（DL/T 5390—2014）、《建筑照明设计标准》（GB/T 50034—2024）、《室外作业场地照明设计标准》（GB 50582—2010）、《电化学储能电站设计规范》（GB 51048—2014）、《火力发电厂与变电站设计防火标准》（GB 50229—2019）等标准的要求。

照明灯具除按各区域分别满足其照度、显色性等要求设置外，还应选择高效节能灯具及光源。户外配电装置检修用照明投光灯，可选用透雾能力强的高压钠灯，也可采用金属卤化物等型式的灯具；站区道路照明、站前区照明等宜选用 LED 光源；对于储能单元数量较多，预制舱体布置较为密集的电站，可考虑户外照明系统，设置远程远控、时控功能模块，便于运维人员在控制楼内对场区照明按需控制。

电池预制舱内应安装具有防爆功能的照明灯具，不应装设熔断器和插座等可能会产生火花的电器，为预制舱内部监控提供安全的照明环境，具体要求可参考《爆炸危险环境电力装置设计规范》（GB 50058—2014）等标准。步入式和非步入式电池预制舱应安装应急照明系统，一旦系统断电，应急照明灯应立即投入使用，避免造成维护不便。

为确保储能电站事故处理和人员安全疏散，站内照明分为正常照明和应急照明。正常照明系统由站内配电屏引接，电压等级为 220V；应急照明采用自带蓄电池灯具，交流失电时自动切换至由自带蓄电池供电。

4.3.9 电缆选择及敷设

电缆选择与敷设应符合现行国家标准《电力工程电缆设计标准》（GB 50217—2018）中的规定。

（1）电缆选型

电缆选型包括但不限于以下基本要求。

① 电池系统内部及其与储能变流器之间的连接电缆宜采用单芯电缆；

② 控制电缆、信号电缆应采用屏蔽电缆；

③ 电缆应选用 C 类及以上阻燃电缆。

（2）电缆敷设

电缆敷设包括但不限于以下要求。

① 电缆宜采用沟道、槽盒或穿保护管敷设，特殊情况采用直埋敷设时，应采用铠装电缆或采取穿管保护；

② 电力电缆和控制电缆、光缆、屏蔽双绞线等线缆宜分开排列；

③ 消防配电线路的电缆敷设应符合现行国家标准《火力发电厂与变电站设计防火标准》（GB 50229—2019）、《爆炸危险环境电力装置设计规范》（GB 50058—2014）、《建筑设计防火规范（2018 年版）》（GB 50016—2014）中的规定；

④ 电池布置区域敷设以及进出电池布置区域的电缆应采用 C 级及以上的阻燃电缆，用于火灾报警联动控制线路的电缆应采用耐火电缆；

⑤ 电缆沟不得作为排水通路；

⑥ 电缆构筑物中电缆引至电气柜盘或控制平台的开孔部位，电缆贯穿隔墙、楼板的孔洞处均应实施阻火封堵。

4.3.10 二次系统

4.3.10.1 继电保护和安全自动装置

储能电站的继电保护涉及站内元件保护以及涉网保护与安全自动装置。站内元件保护对象包含线路、变压器、母线等交流设备，以及储能电池、变流器等直流设备。系统保护主要是针对电网发生线路故障、孤岛运行以及源荷不平衡导致的频率及电压失稳等情况的保护措施。

电化学储能电站保护装置的配置原则应符合《继电保护和安全自动装置技术规程》（GB/T 14285—2023）、《电力系统继电保护及安全自动装置反事故措施要点》《防止电力生产事故的二十五项重点要求（2023 版）》《国家电网公司十八项电网重大反事故措施》《南方电网公司反事故措施（2024 版）》等的规定。

直流系统的保护还应遵循《电化学储能电站接入电网技术规定》（GB/T 36547—2024）、《电力系统电化学储能系统通用技术条件》（GB/T 36558—2023）、《电化学储能系统储能变流器技术要求》（GB/T 34120—2023）、《电力储能用电池管理系统》（GB/T 34131—2023）等相关规定。

（1）涉网保护

涉网保护分为线路保护、母线保护、防孤岛保护、紧急频率 / 电压控制和精准切负荷控制。其中线路保护、母线保护按照接入系统的要求，以及相关电压等级的继电保护及安全自动装置规范要求做常规配置。

1）线路保护

储能电站的线路包含储能集电线路与储能电站的送出线路，涉网的线路保护专指针对储能电站送出线路配置的保护，用于在线路故障时使本侧断路器跳闸而切除故障。

线路保护通常包含相电流保护、零序电流保护、距离保护、纵联保护，具体保护配置和技术要求与电网中性点接地方式、被保护线路的电压等级、架设或敷设方式以及线路的重要性等因素有关，具体的配置要求应满足《继电保护和安全自动装置技术规程》(GB/T 14285—2023)的规定。另外，某些行业规范也针对性地提出了相关要求，例如《电化学储能电站接入电网设计规范》(DL/T 5810—2020)中第6.2.2节的部分规定：采用专线方式接入的储能电站宜配置光纤电流差动保护或方向保护作为主保护，配置电流电压保护作为后备保护。

2）母线保护

储能电站的母线通常包含储能集电线路所连母线、主变高压侧与送出线路汇集连接的母线。涉网的母线保护对象专指主变高压侧与送出线路汇集连接的母线。

一般来说，不采用专门的母线保护，而利用母线电源侧元件的后备保护就可以把母线故障切除。但利用电源侧元件的保护装置切除母线故障时，故障切除时间一般较长，此外，对分段形式的母线或双母线，上述保护不能保证有选择性地切除故障母线。因此，在下列情况下应装设专门的母线保护：

① 在110kV及以上的双母线和分段单母线上，为保证有选择性地切除任一组（或段）母线上发生的故障，而另一组（或段）无故障的母线仍能继续运行，应装设专用的母线保护；

② 110kV及以上的单母线，重要电源的35kV母线或高压侧为110kV及以上的重要降压变电站的35kV母线，按照装设全线速动保护的要求必须快速切除母线上的故障时，应装设专用的母线保护装置。

母线保护应具有差动保护、分段充电过流保护、分段死区保护、TA（电流互感器）断线判别、抗TA饱和、TV（电压互感器）断线判别等功能。

3）防孤岛保护

孤岛是指包含负荷和电源的部分电网，从主网脱离后继续孤立运行的状态。孤岛可分为非计划性孤岛和计划性孤岛。非计划性孤岛是指非计划、不受控地（如故障跳闸等偶然因素）发生孤岛，非计划性孤岛运行可能会损坏用电设备，导致电网重合闸失败，甚至会威胁电力线路上工作人员的生命安全。为了防止非计划性孤岛给电网造成上述危害，根据《电力系统电化学储能系统通用技术条件》(GB/T 36558—2023)、《分布式电源涉网保护技术规范》(Q/GDW 11198—2014)等技术规定，要求储能系统配置防孤岛保护，具备快速监测孤岛且监测到孤岛后立即断开与电网连接的能力。

防孤岛保护以并网点的电压、频率为特征量进行孤岛检测，当非计划性孤岛发生时，储能电站并网点的电压幅值、频率会在短时间内发生波动，当变化范围超出定值范围时，保护装置即判断孤岛发生。值得注意的是，《电化学储能电站接入电网技术规定》(GB/T 36547—2024)、《电力系统电化学储能系统通用技术条件》(GB/T 36558—2023)等国家标准又对储能电站提出了故障穿越及频率适应性的要求，该类标准规定储能电站在电网电压发生一定的频率及幅值的波动时，能保证不脱网正常运行，这就与防孤岛保护的检测形成一定程度上的矛盾。防孤岛保护的定值如果设置不当，则其在电网发生频率或电压的短时波动时易误判孤岛发生，进而发生保护误动，无法满足故障穿越与频率适应性的要求。因此，防孤岛保护在保护定值及延时的设定上需与故障穿越的要求相配合。以某电化学储能工程为例，其防孤岛保护与高/低电压穿越的配合逻辑如图4-17和图4-18所示。

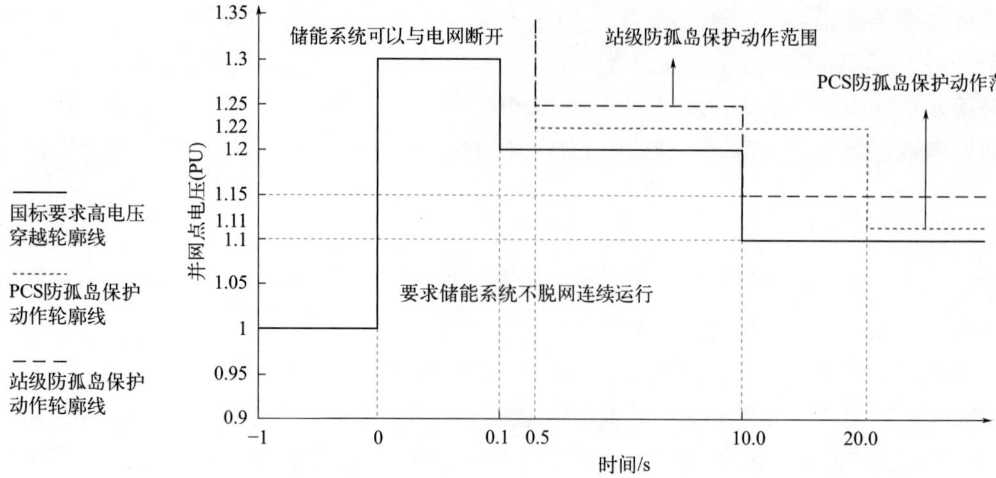

图 4-17　防孤岛保护与高电压穿越的典型配合案例

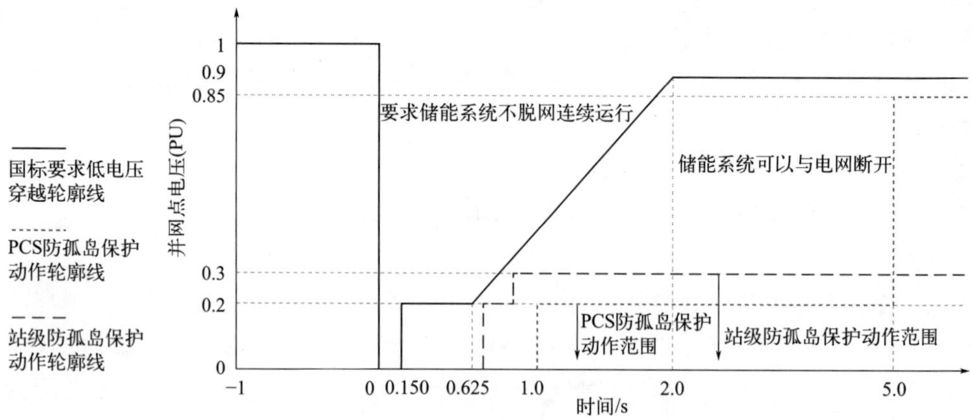

图 4-18　防孤岛保护与低电压穿越的典型配合案例

4）紧急频率 / 电压控制

电网的电压、频率不仅是衡量电能质量的重要指标，也是保证电网安全稳定运行的关键。电力系统电压和频率的偏移，都可能给电网以及相关用户带来严重的后果。因此，为降低电网电压和频率的正常偏移给电网和相关用户带来的损失和影响，可在储能电站中安装频率、电压紧急控制装置，解列点设置在储能电站升压变电站高压侧，根据频率、电压事故情况，通过过频过电压切机、压出力、解列等措施保证系统的安全。目前常见的频率电压紧急控制装置通常配置有低频减载、低压减载、过频切机、过电压解列等功能。

5）精准切负荷控制

在特高压直流系统闭锁以及其他重大电网设备故障时，电网面临频率快速跌落、发电机解列、电压大幅波动等系统稳定风险，此时电力系统的精准切负荷控制系统快速切除可中断负荷（主要为不重要的工业负荷），以降低系统稳定性被破坏的风险，保障电网安全运行，且避免了系统“一刀切”模式对居民及重要电力用户的不利影响，既保障了电网设备安全，也兼顾了对重要用电负荷的供电质量。

随着电化学储能系统规模占比不断增大，有条件的省份将电化学储能电站纳入精准切负荷控制系统（以下简称精切系统）中。此时，储能电站扮演的角色与可中断负荷不同，精切系统并不是将储能电站切除或跳闸，而是向储能电站下达立刻满发的指令，以调度储能系统来紧急支撑系统功率。

（2）交流元件保护

按照储能电站的主接线形式，主变压器、母线、站用变压器、无功补偿装置、接地变压器、集电线路等各交流元件应配备可靠的保护装置，各保护装置间应相互配合，当保护范围内发生故障时，应能可靠、有选择地切除故障。相关保护的设置应遵循各自电压等级的继电保护配置要求。

1）主变压器保护

按照《继电保护和安全自动装置技术规程》（GB/T 14285—2023）中第5.3.2节的部分规定：10kV以上电压等级且10MVA以上容量的变压器，应采用纵联差动保护；500kV及以上电压等级的分相变压器，可增配由变压器各侧绕组电流构成的分相电流差动保护。此外，针对不同冷却形式、不同电压等级的变压器，还应配置相应的非电量保护。

2）站用变压器保护

储能电站的站用变压器通常为35 ~ 66kV及以下、容量在10MVA以下的中小容量变压器，电量保护一般采用过电流保护与过负荷保护，过电流保护由瞬时电流速断保护、限时电流速断保护、定时限过电流保护三段组成。对中性点直接接地运行的变压器，还应装设零序过流保护来切除中性点接地侧的不对称接地故障。因站用变压器多用干式变压器，还应配置反应绕组温度的非电量保护。

3）母线保护

对于设置多条集电线路并经母线汇集的储能电站，可装设母线保护。针对单母线形式、电压等级在35kV以下的汇集母线，也可不装设专门的母线保护装置，母线故障由电源侧的保护来切除。具体配置原则遵循前文“涉网保护”中“母线保护”的相关说明，此处不再赘述。

4）集电线路保护

对于储能系统经集电线路汇集、升压后接入电网的储能电站，应在集电线路汇集母线侧配置线路保护，与储能电站送出线路不同的是，因集电线路电压等级较低，实际工程中在配置主保护时较少使用差动保护；对于相间短路，配置阶段式电流速断和过电流保护，还宜选配阶段式相间距离保护以提高保护的选择性、灵敏性；对于中性点经低电阻接地系统，还应配置反应单相接地短路的阶段式零序电流保护。

5）接地变压器保护

接地变压器电源侧配置电流速断保护、过电流保护作为内部相间故障的主保护和后备保护。配置两段式零序电流保护作为接地变压器单相接地故障的主保护和系统各元件单相接地故障的总后备保护。值得说明的是，电流速断及过电流保护应采取软件滤除零序分量的措施，避免在区外发生单相接地故障时，接地变压器保护误动。

6）无功补偿装置保护

应针对电抗器、电容器、SVG（静止无功发生器）变压器分别配置相应的保护。针对电抗器与电容器，应配置电流速断保护与过电流保护作为相间短路的主保护与后备保护，对于低电阻接地系统，还应配置两段式零序电流保护作为接地故障主保护和后备保护；晶闸管控制电抗器支路、滤波器支路，还应配置谐波过电流保护作为设备过负荷能力保护；对于电容器内部故障，应配置中性点不平衡电流、开口三角电压、桥式差电流或相电压差动等不平衡保护，此外还宜配置电容器过电压、低电压保护。对于SVG变压器，其保护配置与常规变压器保护配置要求相同，应按电压等级、容量、冷却形式配置相应的电量与非电量保护。

（3）直流系统保护

直流系统保护包含电池本体保护配置、直流连接单元保护配置、储能变流器（PCS）保护配置等。

1）电池本体保护配置

电池本体的保护主要由电池管理系统（BMS）实现。BMS应全面监测电池的运行状态，包括单体/模块和电池系统电压、电流、温度和电池荷电量等，发生事故时发出告警信息。BMS应能够可靠保护电池组，具备过压保护、欠压保护、过流保护、过温保护和直流绝缘监测等功能。BMS应支持IEC104、IEC61850通信协议，配合PCS及站端计算机监控系统，完成储能单元的监控及保护。

2）直流连接单元保护配置

直流连接单元是指电池本体与PCS之间的连接部分，主要包括直流电缆和直流断路器（隔离开关），电池出口侧应装设断路器，PCS直流侧可装设隔离开关。该段的保护不独立设置，主要由电池本体的保护实现跳开电池出口侧断路器。

3）PCS保护配置

PCS应具备的保护配置如表4-10所示，可确保各种故障情况下的系统和设备安全。

表4-10　PCS保护配置

分类	保护配置
本体保护	功率模块过流、功率模块过温、功率模块驱动故障
直流侧保护	直流过压/欠压保护、直流过流保护、直流输入反接保护
交流侧保护	交流过压/欠压保护、交流过流保护、频率异常保护、交流进线相序错误保护、电网电压不平衡度保护、输出直流分量超标保护、输出直流谐波超标保护、防孤岛保护
其他保护	冷却系统故障保护、通信系统故障保护

4）其他保护配置

场站还应依规模配置故障录波、保信、安稳装置等安全自动装置。直流系统的故障录波通常由 BMS 来实现，记录时间不宜少于 10min。

4.3.10.2 调度自动化

调度机构的电网调度控制系统承担电网实时监控与预警、调度计划与安全校核、调度管理等方面的业务。针对储能电站，结合地区电网特点与运行需求，还可具备储能系统监测与调度、电力市场监测等功能。对于接受电网调度的储能电站，应配置完善的自动化系统和设备，全面支撑电网调度控制系统的可靠运行。直调（控）场站的远动信息上送范围应满足相关规定，信息采集应采用直调直采、直采直送的方式。以下简要介绍储能电站涉及的典型调度自动化系统设备。

（1）远动系统

对于接受电网调度的储能电站，通常参照发电厂与变电站要求配置 2 套远动工作站，远动工作站双机热备运行，负责将调度所需要的远动信息向调度主站传送。电站远动终端设备通常与电站综合自动化系统统一考虑，实现遥测、遥调、遥控和遥信功能。

（2）自动发电控制（AGC）/ 自动电压控制（AVC）

储能电站应能够接收并自动执行电力调度机构远方发送的有功功率及有功功率变化的控制指令，有功功率控制指令发生中断后储能电站应自动执行电力调度机构下达的充放电计划曲线。储能电站有功功率控制功能宜由计算机监控集成。

储能电站远动装置接收调度的 AGC 指令，然后将指令转发给 EMS，EMS 自动控制储能 PCS 响应 AGC 指令，即实现直流与交流能量的双向转化，从而控制储能电池的充电或放电，并控制其速率，从而满足调度要求。

储能电站应能够按照电力调度机构指令，自动调节其发出（或吸收）的无功功率，控制并网点电压在正常运行范围内，调节速度和控制精度应能够满足电力系统电压调节的要求。储能电站无功功率调节和电压控制功能由 AVC 系统子站实现。

（3）一次调频系统

根据《并网电源一次调频技术规定及试验导则》（GB/T 40595—2021）中的相关规定，储能电站一次调频应满足以下要求。

① 储能电站一次调频的死区应设置在 ±0.03Hz ~ ±0.05Hz 范围内，根据电网需要确定。

② 储能电站一次调频功率变化幅度原则上不设置限幅，必要时限幅应不小于 20% 额定有功功率。

③ 储能电站一次调频调差率应为 0.5% ~ 3%，根据电网需求确定。

④ 储能电站在充电及放电状态下均应具备一次调频能力。频率阶跃扰动试验中，储能电站一次调频动态性能应满足下列规定：a. 一次调频有功功率的滞后时间应不大于 1s；b. 一次调频有功功率的上升时间应不大于 3s；c. 一次调频有功功率的调节时间应不大于 4s；d. 一次调频达到稳定时的有功功率调节偏差不超过 ±1% 额定有功功率。

（4）电能计量

按电网要求，通常在两个供电设施的产权分界点或合同协议规定的贸易结算点处设置关口计量点，用于电量的计费。计量装置需具备电能计量信息远传功能，用于电能计量信息的远程上送。

（5）同步相量测量装置

对于接受电力系统调度的电化学储能电站，宜根据当地电网的要求配置同步相量测量装置，同步相量测量装置数据上送电力调度中心。同步相量测量装置可实时监测母线电压及出线功率，具备电力系统连续动态安全稳定监视能力，为电力安全调度提供有力保障。

（6）电能质量监测系统

对于新能源发电、储能电站等具备大量电力电子器件的发电单元，因其较传统的电力系统设备更易产生谐波、直流分量等电能质量问题，电网通常要求该类场站配置电能质量监测装置。

（7）二次安全防护系统接入设备

对于接受电网调度的储能电站，应按《电力监控系统安全防护规定》对电力监控系统进行安全分区，并设置符合国家规定的安全防护措施，以加强电力监控系统的信息安全管理，防范黑客及恶意代码等对电力监控系统的攻击及侵害，保障电力系统的安全稳定运行。

以国网项目为例，以下为储能电站二次安全防护系统的典型配置方案。

1）安全分区

根据《电力监控系统安全防护总体方案》及《发电厂监控系统安全防护方案》要求，电力监控系统安全防护的总体原则为“安全分区、网络专用、横向隔离、纵向认证”。

根据二次系统各业务系统的特性和对一次系统的影响程度进行分区，原则上划分为生产控制大区和管理信息大区，所有系统都必须分置于相应的安全区内，纳入统一的安全防护；重点保护实时控制等关键业务。

升压站监控系统、储能监控系统、AGC/AVC 控制系统、二次设备在线监视与分析系统、相量测量装置（PMU）等划分为安全Ⅰ区设备；故障录波系统、电能计量系统等划分为安全Ⅱ区设备；视频系统、管理信息系统等划分为安全Ⅲ区设备。

储能电站电力监控系统应具备边界安全防护，含横向边界防护和纵向边界防护等。

2）横向边界防护

① 储能电站生产控制大区和调度管理Ⅲ / Ⅳ区边界安全防护，应当部署电力专用横向单向安全隔离装置。

② 控制区（安全区Ⅰ）与非控制区（安全区Ⅱ）边界防护，应当能采用具有访问控制功能的网络设备、安全可靠的硬件防火墙或者相当功能的设备，实现逻辑隔离、报文过滤、访问控制等功能。

3）纵向边界防护

储能电站生产控制大区系统与调度端系统通过电力调度数据网进行远程通信时，应当采用认证、加密、访问控制等技术措施实现数据的远方安全传输以及纵向边界的安全防护。

4）综合防护

综合安全防护系统，包括主机加固装置、入侵检测装置、漏洞扫描装置、安全审计装置以及网络安全监测装置等。

对关键应用系统的主服务器、应用程序服务器以及网络边界处的通信网关，应使用安全加固的操作系统。加固方式包括：安全配置，安全补丁，采用专用安全加固软件强化操作系统访问控制能力，以及配置安全的应用程序。

每套调度数据网通常配置 1 台路由器和 2 台接入交换机，调度管理信息网配置 1 套接入设备、1 台路由器和 1 台接入交换机。

调度数据网安全Ⅰ区配置 2 台纵向加密装置，调度数据网安全Ⅱ区配置 2 台纵向加密装置，安全Ⅲ区配置 1 台纵向隔离防火墙，调度数据网安全Ⅰ区与安全Ⅱ区配置横向隔离防火墙，调度数据网安全Ⅱ区与安全Ⅲ区配置正、反向电力专用物理隔离装置各 1 套。

4.3.10.3 计算机监控系统

（1）监控系统基本功能

电化学储能电站监控系统是整个储能系统的监控和调度管理核心，它的功能是对储能电站的运行进行监视、操作与控制，同时具备信息分析与智能告警、运行管理和辅助应用等功能，并为调度、生产等主站系统提供了统一的储能电站操作和访问服务。

计算机监控系统可按其功能对象划分为储能电站能量管理系统（EMS）与升压站计算机监控系统。针对不同应用场景，EMS 集成不同的控制策略，对于电网侧储能，EMS 控制储能设备参与电网调峰、调频、调压，以满足电网的运行需求；对于发电侧储能，EMS 通常执行提高风（光）资源利用率和参与电网辅助服务水平，追求最大发电效益的功能；对于用户侧储能，EMS 集成采取削峰填谷、降低用电成本等功能策略。升压站计算机监控系统与常规的发、变电场站的电力网络监控系统功能相同，具备对储能电站配电装置的“四遥”管理、调度监控、防误操作等基本功能。

（2）监控范围

储能电站计算机监控系统监控范围包含电池、储能变流器、储能 PCS 变压器、母线设备、主变、线路设备、无功补偿设备，以及重要的断路器、隔离开关、接地刀闸的位置信号和必要测量信号；此外还应监测直流与 UPS、保护装置等二次设备。监测的电池信息包含电池单体、电池簇、电池堆；监测的储能变流器信息包含运行状态、电压、电流、有功功率等。

（3）系统构成

储能电站计算机监控系统结构应为网络拓扑的结构形式，储能电站向上作为远方控制中心的网络终端，同时又相对独立，站内自成系统，结构应分为站控层和间隔层两部分，层与层之间应相对独立。采用分层、分布、开放式网络系统，实现各设备间的连接。

1）站控层

站控层通常设置在升压站上，由计算机网络连接的监控主机、数据服务器、磁盘阵列服务器、保信子站、“五防”工作站、远动工作站（数据网关机）等组成，提供站内运行的人机界面，从而实现储能电站管理控制间隔层设备等，形成全站监控、管理中心。

① 监控主机。双重化/单重化配置，负责站内各类数据的采集、处理，实现站内设备的运行监视、信息综合分析。利用站内运行监控的主要人机界面，实现对全站一、二次设备以及电池的实时监视和操作控制，具有事件记录及报警状态显示和查询、设备状态和参数查询、操作控制等功能。

② 数据服务器。双套/单套配置，用于储能电站全景数据（含电池）的集中存储，为站控层设备和应用提供数据访问服务。

③ 磁盘阵列服务器。独立磁盘构成的具有冗余能力的阵列，当储能电站规模小、数据量少时，也可不配置专门的磁盘阵列及服务器。

④ “五防”工作站：“五防”工作站主要供操作员对储能电站内的“五防”操作进行管理。可在线通过画面操作生成操作票；在制作操作票的过程中，进行操作条件检测；可在画面上模拟执行操作票；系统可提供操作票模板，在生成新操作票时，只需对操作票模板中的对象进行编辑，就可生成一张新操作票。系统还具有操作票查询、修改及对操作票设备进行存储和管理的功能。可设置与电脑钥匙的通信。

⑤ 远动工作站（数据网关机）。负责与调度自动化系统的通信，完成不同调度规约的解释，实现场站端遥信、遥测信息的上传及调度端遥控、遥调指令的下达。

⑥ 保信子站。保信子站主要为保护工程师提供储能电站内的保护装置及对故障信息进行管理维护的工具，接收保护装置的数据，向保护主站上送各种保护信息，并处理主站下发的控制命令。保信子站相关的信息包括保护设备（如故障录波器）的参数、工作状态、故障信息、动作信息。故障录波综合分析为保护工程师提供故障分析的工具，可作为事故处理、运行决策的依据。故障录波综合分析不仅可分析录波数据，还可以综合考察故障时的其他信号、测量值、定值参数等，提供多种分析手段，产生综合性的报告结果。

2）间隔层

间隔层由计算机网络连接的若干个监控子系统组成，由保护测控装置、协调控制器、储能变流器（PCS）、电池管理系统（BMS）等组成。在站控层及网络失效的情况下，仍能独立完成本间隔设备的就地监控功能。

站控层网络与间隔层网络采用直接连接方式。

（4）系统网络

1）站控层网络

站控层设备通过网络与站控层其他设备及间隔层设备通信。储能电站监控系统通常采用星形网络，大、中型储能电站通常采用双机双网冗余配置，小型储能电站可采用单机单网配置。此外，远动通信设备对调度端采用调度通信规约，并匹配适当的规约转换功能，从站控层以“直采直送”不经监控主机的信息采集方式，实现调度端与场站端的实时远动通信。

2）间隔层网络

间隔层设备通过网络与本间隔层其他设备、其他间隔层设备以及站控层设备通信。间隔层网络采用双重化或单重化配置的星形网络，其网络配置形式与站控层网络相对应，并通过交换机接入站控层网络。间隔层网络应具有足够的传送速率和极高的可靠性。间隔层测控单元应能实现直接通信，在站控层及网络失效的情况下，仍能独立完成本间隔层设备的就地监控功能。

4.3.10.4 能量管理系统

能量管理系统（EMS）是实现储能设备状态监控、运行策略制定、储能功率控制的核心监控平台，能量管理系统适用于电网侧储能、新能源发电侧储能、用户侧储能等类型的项目，可实现对储能电站 BMS 和 PCS 的集中监控，统一操作、维护、检修和管理，是储能系统运行的“大脑”。

能量管理系统作为储能电站计算机监控系统的一部分，采用与常规升压站计算机监控系统类似的二层设备单层网结构，关于其硬件设备的基本组成已在前文中有所描述，本节内容主要针对其能量管理功能展开描述。

（1）功率控制

① 有功功率跟踪。储能单元具备快速功率调节的性能，能够迅速响应上级监控或调度指令，实现功率的追踪调节。在规模化的储能电站中，通常利用协调控制装置来对数量庞大的储能变流器进行功率的协调控制，功率跟踪控制功能可选择远方模式或本地模式。远方模式是指控制器按照主站端发送的有功指令值控制储能充放电功率；本地控制是指按照本控制器内通过定值设定的有功指令值控制储能充放电功率。协调控制装置通过实时检测当前输出的有功功率和接收的功率指令，来控制储能系统的有功输出，从而快速、精确地响应调度指令。

② 削峰填谷。储能系统因其快速功率响应特性而具有优越的调峰性能，可在用电高峰期作为电源释放电能，在用电低谷期作为负荷吸收电能，如图 4-19 所示，可提高电网运行的经济性和安全性，同时也为储能电站运营方提供盈利途径。

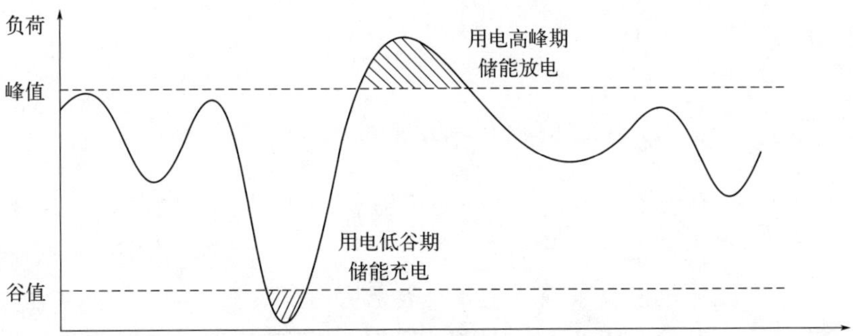

图 4-19　削峰填谷示意图

③ 计划曲线。计划曲线功能是控制储能系统的输出，使其按照预定的计划曲线安排充、

放电计划，如图 4-20 所示。监控系统利用遥调功能，依照内部预设的计划曲线控制储能系统的实时出力，使其按预定计划来完成功率充放。此外，能量管理系统还能接收上级监控或调度下达的远方计划曲线来实现储能系统的功率调节。

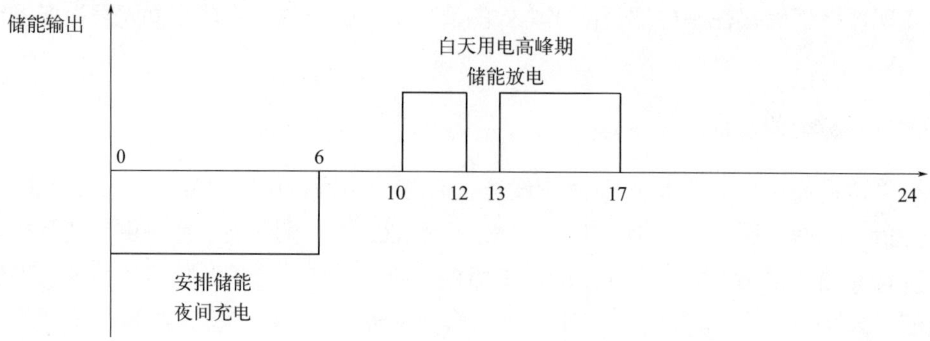

图 4-20　计划曲线示意图

④ 调频、调压。储能系统可辅助电网调频，利用其快速响应特性改善调频效果。同时储能系统还能输出无功功率，起到辅助调压的作用。

电网的频率取决于发电有功功率与负荷有功功率之间的平衡关系。当发电有功功率大于负荷有功功率时，系统频率上升；当发电有功功率小于负荷有功功率时，系统频率下降。储能系统通过有功 - 频率下垂控制来辅助调节发电有功功率，使其输出功率与电网侧负荷需求实时平衡，从而稳定系统频率，即实现“一次调频”功能。当系统频率下降时，储能系统放电，增加有功输出；当系统频率上升时，储能系统充电，减小有功输出。辅助调频示意图如图 4-21 所示。

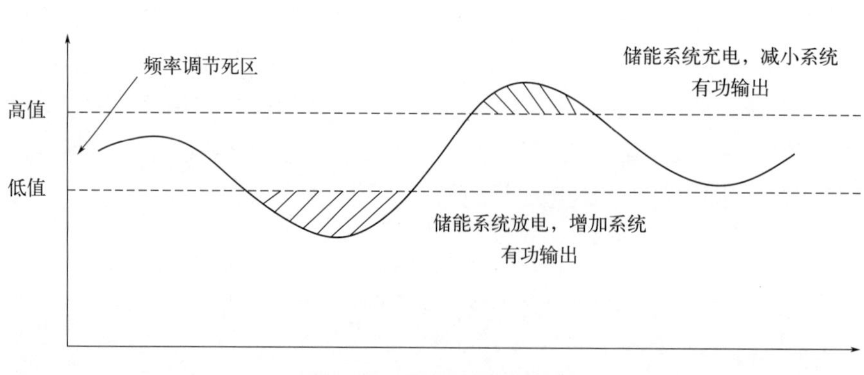

图 4-21　辅助调频示意图

电网的电压取决于发电无功功率与负荷无功功率之间的平衡关系。当发电无功功率大于负荷无功功率时，系统电压上升；当发电无功功率小于负荷无功功率时，系统电压下降。储能系统通过无功 - 电压下垂控制来辅助调节发电无功功率，使其与负荷无功功率实时平衡，从而稳定系统电压。当系统电压下降时，储能系统发出无功功率；当系统电压上升时，储能系统吸收无功功率。辅助调压示意图如图 4-22 所示。

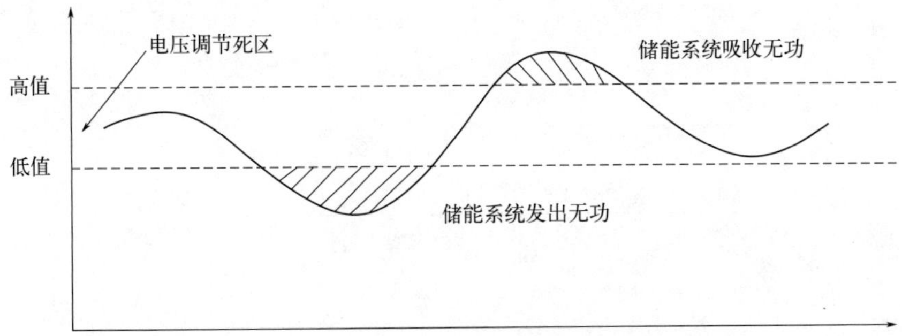

图 4-22　辅助调压示意图

⑤ 功率分配及 SOC 调整。对于容量较大的储能单元，各电池组间的充、放电特性不尽相同，其 SOC 值也不完全相同。为了保证各电池组均衡充、放电，延长电池寿命，能量管理系统的协调控制装置设置了功率均衡分配策略和 SOC 调整控制策略。

利用协调控制器获取各电池组的 SOC 状态，针对每次充、放电功率，根据各电池组的 SOC 按比例分配给各电池组。充电时，SOC 小的电池组优先充电，充电功率大；放电时，SOC 大的电池组优先放电，放电功率大。功率分配示意图如图 4-23 所示。

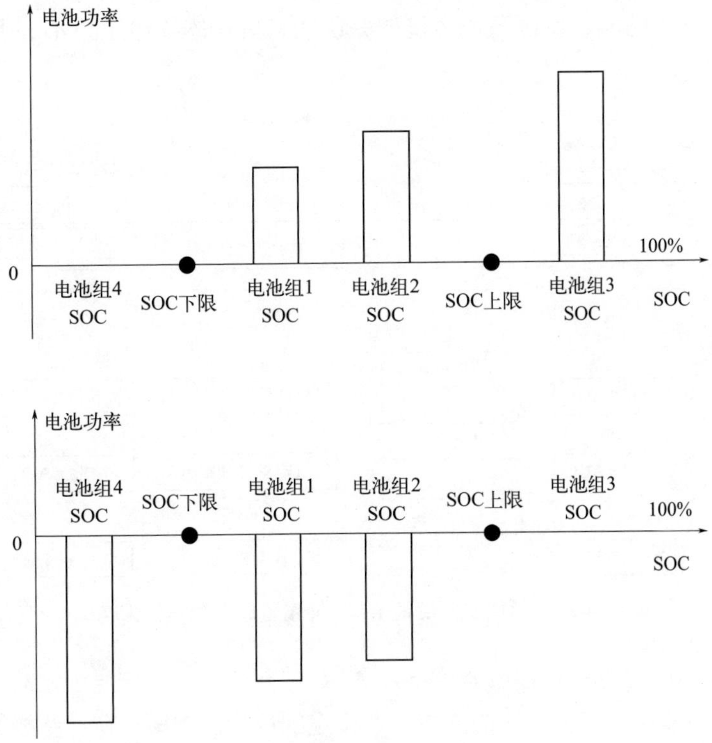

图 4-23　功率分配示意图

为了使储能系统各电池组均有一个合适的 SOC 值，每次充、放电指令均能响应，在不影响其他各功能模块运行的前提下应进行 SOC 调整控制，利用缓充、缓放的控制策略将 SOC 控制在一个合理的范围之内，其控制原理如图 4-24 所示。

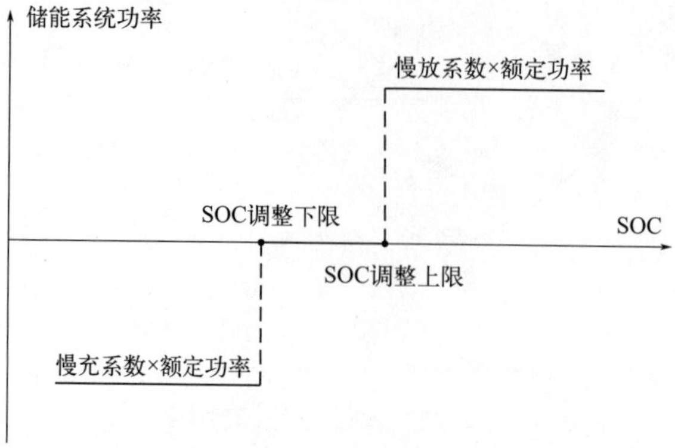

图 4-24　SOC 调整控制原理图

(2) 风光储联合控制

在新能源发电配套储能应用场景中，储能与新能源之间协调运行。新能源侧储能系统一方面需要满足电网调度控制需求，参与电网调峰、调频、调压，另一方面需在安全运行的前提下提高风（光）资源利用率和参与电网辅助服务的水平，追求最大发电效益。针对储能系统的这类应用场景，行业内已有不同制造厂家提出了新能源配套储能的联合能量管理方案。下面以一套风（光）储能量管理系统为例展开说明，其总体架构如图 4-25 所示，储能组网结构如图 4-26 所示。

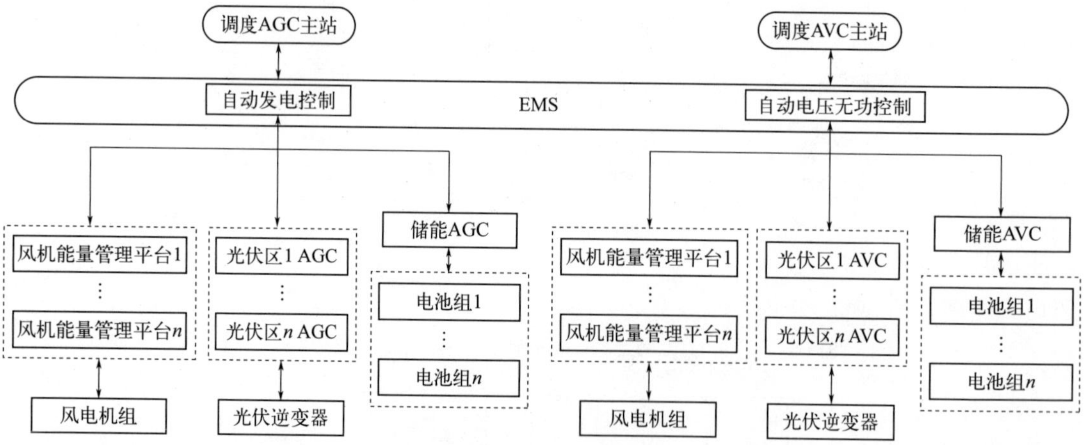

图 4-25　新能源侧储能 EMS 能量管理系统总体架构

风（光）储 EMS 控制主机接收调度下发 AGC 控制指令，并按照设定的运行控制模式进行相应的控制。按照调度下发指令的方式，可设定的运行控制模式有：新能源发电与储能系统联合控制、新能源发电独立控制（储能系统不参与 AGC 调节）、储能系统独立控制（新能源发电不参与 AGC 调节）。如采用新能源发电与储能系统联合控制，风（光）储 EMS 控制主机根据新能源发电单元和储能系统的控制特性和调度允许范围，以追求最大发电效益为原则选择合适的优化协调控制策略，对风（光）机组和储能进行有功功率分配。

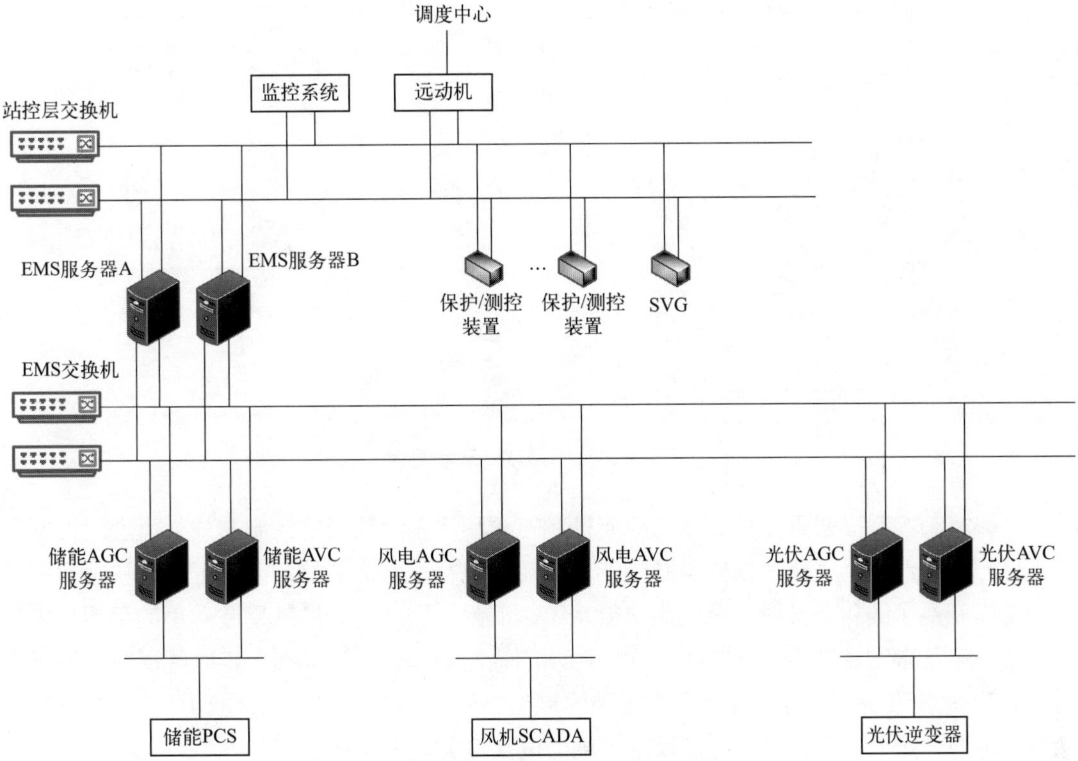

图 4-26　新能源侧储能组网结构图

（SCADA 为数据采集与监视控制系统）

EMS 控制主机接收调度下发 AVC 控制指令，并按照设定的控制模式和控制策略对风机 / 光伏逆变器、储能变流器和 SVG 等进行相应控制。控制模式一般分为并网点恒电压控制、并网点恒无功控制、并网点恒功率因数控制三种模式。控制策略优先采用风机 / 光伏逆变器和储能变流器的无功输出，尽量保留 SVG 的动态无功裕度。

新能源侧储能 EMS 主要参与稳态调节，在电网发生紧急情况时，EMS 退出调节，例如电压、频率紧急跌落，而储能、SVG 以及风（光）可作为快速响应的载体，进入自闭环快速响应模式，等紧急状态过去后，再进行 EMS 稳态控制，体现出安全第一的原则。

风光储典型联合控制策略有如下几个。

① 减少弃电控制策略。当需要根据电网计划或实时指令实时跟踪调整并网点出力时，可采用新能源发电与储能系统联合跟踪控制模式，利用储能吸收风（光）多余发电，减少弃电。

在限电情况下，优先控制储能增加充电功率或降低放电功率，在储能无充电能力的情况下才考虑弃电。当并网总功率不能满足调度计划时，优先提高风（光）出力，若仅靠风（光）出力无法满足调度目标，可控制储能增加放电功率或降低充电功率。

② 平抑波动控制策略。光伏、风电等新能源发电具有较强的间歇性、波动性，严重影响了其并网发电的性能。越来越多的研究利用储能电池的能量存储能力，通过电池的充、放电，来平抑新能源发电的功率波动，平抑波动示意图如图 4-27 所示。

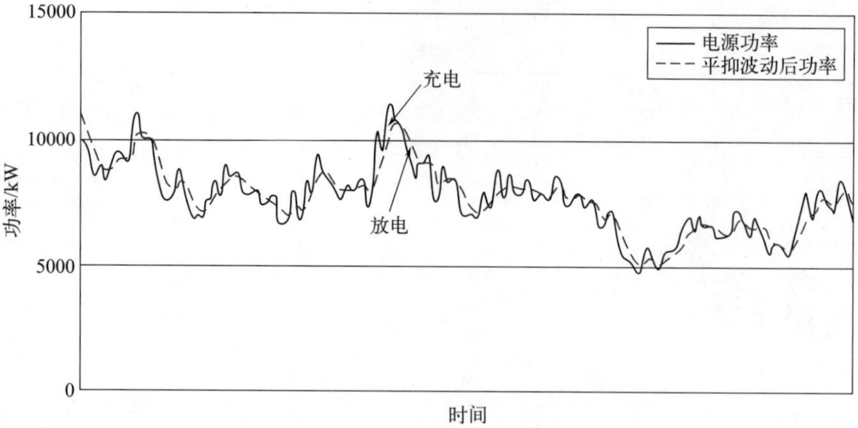

图 4-27　平抑波动示意图

平抑波动控制根据算法分为一阶滤波控制方式和功率波动限制控制方式，可通过控制自整定。一阶滤波控制策略是根据电源端的输出功率进行一阶低通滤波，对于变化快速且不满足波动限制要求的功率分量，可利用储能系统来消除，因此剩余的就是波动小的平滑功率分量。功率波动限制控制策略是实时检测电源端的输出功率，统计其在一定时间周期内的波动量，若功率波动分量超出装置设定的波动限制值，则储能系统进行充、放电，抑制波动量。装置内可通过定值整定，满足控制目标不同时间尺度的功率波动限制。

③ 功率预测曲线补偿策略。根据功率预测考核规则，功率预测考核仅可用于不限电时段。前一日上送的预测曲线不可变更，当日输出功率可以借由储能调节。控制储能出力，跟踪前一日上报的功率预测曲线，达到提升功率预测准确率的目的，从而减少考核电量（处罚），提高效益。

④ 站用负荷补偿策略。对于实行峰谷电价的地区，可利用储能系统的电量转移特性，对站内负荷用电进行峰谷电价转移补偿，降低站用电费用，提高效益。

⑤ 风（光）储独立控制策略。若储能系统由调度直接控制，新能源侧储能 EMS 系统可采用风（光）储独立控制模式运行，风（光）AGC 和储能 AGC 各自独立控制和考核。

⑥ AVC 协调控制策略。储能变流器可以和风（光）机组、SVG 等一起，参与无功控制。AVC 系统接收调度下达并网点母线电压、无功、功率因数等指令（或本地设定），按照不同的控制策略进行无功分配。

应对不同的运行工况，AVC 可提供按无功备用方式分配、按优先级策略分配和按 SVG 裕度优先策略分配三种控制策略。

4.3.10.5　其他辅助系统

（1）直流与 UPS 电源

为适应储能电站控制系统、保护系统、监控系统、应急负荷等的用电需求，储能电站需设置直流与 UPS 电源。

在规模化储能电站中，升压站部分的直流与UPS电源和新能源升压站设置方式一致，直流系统通常采用集中辐射形结构，集中设置直流蓄电池、充电装置以及配电柜，以辐射供电的方式向全站直流负荷提供电源。在考虑直流蓄电池容量时，事故停电时间多按照2h计算，针对消防类应急负荷，通常适当延长事故停电计算时间。为保障供电的可靠性并适应冗余负荷的供电要求，直流与UPS电源通常采用冗余配置，电压等级较低、规模较小的场站，也可适当简化相关配置。

储能部分的直流与UPS电源用电负荷通常包含BMS、PCS控制器、测控装置、EMS、设备状态监测装置、储能配套的消防应急负荷等。本部分的直流与UPS电源也有多种配置方式，对中、大型规模的储能电站，可考虑按照集中辐射的形式设置直流与UPS电源，即集中设置蓄电池、充电装置、配电柜，以星形辐射的方式向各储能单元提供电源。对于预制舱形式的储能电站，在一定的经济技术比选条件下，也可选择分散布置的直流与UPS电源，即在各储能单元内配置小容量的蓄电池及UPS设备，为相应储能单元的用电负荷提供电源。

（2）视频安全监控系统

电化学储能电站宜设置视频安全监控系统。按照相关设计规范，视频安全监控系统的配置应根据电站规模、重要等级以及安全管理要求确定。系统宜包括入侵报警、视频安防和出入口控制功能。储能电站入侵报警系统的设计应符合现行国家标准《入侵报警系统工程设计规范》（GB 50394—2007）中的规定。视频安防监控摄像监视点宜包括储能变流器、电池、一次设备、二次设备、高压配电装置、站内环境、周界等，其设计应遵循现行国家标准《视频安防监控系统工程设计规范》（GB 50395—2007）中的规定。安装在电池设备用房内的摄像头应采用防爆型摄像头。出入口控制对象宜包括站区出入口、建筑物内（外）出入口、二次设备房间门等，其设计应符合现行国家标准《出入口控制系统工程设计规范》（GB 50396—2007）的要求。视频安防监控系统宜与站内计算机监控系统通信，并与火灾自动报警系统联动，具备远方监视和控制功能。

（3）时钟同步、在线监测等其他系统

此外，储能电站还配置有时钟同步系统对保护、控制、监控、调度自动化设备提供对时服务。部分规模化的储能电站还视一次设备的形式、电压等级等，配置相应的一次设备在线监测系统，从而实现对主变状态、GIS设备、避雷器设备等的状态安全监测。

4.3.11 消防系统

4.3.11.1 消防原则

消防系统主要有以下消防原则：

① 电化学储能电站的消防设计应符合现行国家标准《建筑防火通用规范》（GB 55037—2022）、《建筑设计防火规范（2018年版）》（GB 50016—2014）、《火力发电厂与变电站设

计防火标准》（GB 50229—2019）、《电化学储能电站设计规范》（GB 51048—2014）、《电化学储能电站安全规程》（GB/T 42288—2022）、《火灾自动报警系统设计规范》（GB 50116—2013）的有关规定。

② 消防设计应遵循“预防为主、防消结合”的原则，预防火灾和减少火灾危害，保障人身和财产安全。

③ 消防设计应根据电站的不同规模，结合电池火灾特性，从全局出发，统筹兼顾，做到安全适用、技术先进、经济合理。

④ 储能电站同一时间内的火灾次数应按 1 次设计。

⑤ 储能系统的消防设计，应积极采用新技术、新工艺、新设备、新材料，力求做到安全适用、技术先进、经济合理、管理方便。

⑥ 锂离子储能电池预制舱内应设置固定式自动灭火系统，为储能系统提供初期灭火和降温冷却作用，同时应设置水消防或泡沫消防系统作为后备保护。

⑦ 锂离子电池储能系统的消防设计应经锂离子电池实体火灾模拟试验验证，其灭火控制策略应与试验一致。

⑧ 锂离子电池储能系统的消防设计宜以电池簇为防护单元，宜对每个电池模块进行防护监测和喷头保护。

⑨ 自动灭火系统的设计以同一时间扑灭 1 个最大防护单元的 1 次火灾为原则，应满足扑灭火灾和持续抑制复燃的要求；自动灭火系统宜单舱 1 套，也可多舱共用 1 套。

4.3.11.2 电池系统安全技术

考虑行业内电化学储能电站主要采用磷酸铁锂电池，且磷酸铁锂电池相比液流电池存在热失控等更为严重的火灾安全隐患，本节针对磷酸铁锂电池的系统安全技术展开描述。

（1）安全防护措施

磷酸铁锂电池由于其化学燃烧反应机理具有高度的复杂性，技术难度很大，如何抑制电池的复燃是行业的难点，国内外也尚未有绝对行之有效的消防手段。因此，热失控安全防护设计方案应最大限度地保障储能系统本质安全，具体措施分为本体安全措施、集成安全措施、过程安全措施。

① 本体安全措施。电芯本体安全的可靠度是储能系统安全可靠度的基石，本体安全可以从材料体系和结构安全等方面来开展，包括材料安全、结构安全、测试支撑、认证支撑等部分。

② 集成安全措施。锂离子电池的储能虽然在热失控和热扩散方面有很多的应用，但是根本促成热失控的原因为内短路和外短路两种失效形式。内短路的发生主要有两个方面：一个是电池本身质量的问题，包括设计、工艺与生产质量管控；另一个主要来源于对电芯的滥用，比如过充、过放、过温、过寒等。外部短路的保护设计上需要确保系统不发生外短路，或者发生外转入的情形下，能够快速对失效部件进行隔离与保护。

③ 过程安全措施。应强化 BMS 设计，设计合理的故障保护策略，使得系统不仅能检测到故障，而且在故障出现后还能做出相应的动作，尽快脱离故障环境。

（2）电池安全技术要求

① 磷酸铁锂电池选型应符合下列要求：

a. 磷酸铁锂电池单体、电池模块、电池簇，其安全性能应符合现行标准 GB/T 36276 的规定，并提供相应检测报告。

b. 单体电池额定容量不宜小于 90A · h。

c. 单体电池的壳体应采用阻燃材料，具备防爆功能，阻燃等级不低于 V-0。

d. 电池模块的标称电压不宜超过 60V。

② 电池模块端子极性标识应正确、清晰，具备结构性防反接功能，防止电池模块成簇接线时出现人为短路。

③ 电池模块、电池簇结构应符合以下要求：

a. 电池模块成组设计时，应考虑在触电、短路或紧急情况下迅速断开回路，进行事故隔离，保证人身安全。

b. 电池模块、电池簇外壳设计，应与固定自动灭火系统相关技术要求相匹配，保留部分非密封面，便于实施灭火。

（3）电池管理系统安全技术要求

① 电池管理系统（BMS）应符合现行标准 GB/T 34131 的规定，并增加可燃气体监测功能。

② 电池管理系统（BMS）应具有保护功能，具备电池过压保护、欠压保护、过流保护、短路保护、绝缘保护等电量保护功能，具备过温保护、气体保护等非电量保护功能，并能发出分级告警信号或跳闸指令，实现故障隔离。

③ 每个电池模块的温度采集点数不应少于电芯数量的三分之一，且每个串联节点至少设置 1 个温度采集点。

④ 电池簇并网时，应具有防止产生环流的措施。

（4）电池预制舱安全技术要求

① 电池预制舱设计应满足防火和防爆要求：

a. 电池预制舱内采用保温、铺地、装饰材料时，其燃烧性能应达到 GB 8624 标准中规定的 A 级。

b. 电池预制舱隔墙上有管线穿过时，管线四周空隙应采用防火封堵材料封堵；防火封堵材料应满足 GB 23864 标准的要求。

② 电池预制舱防爆应符合以下要求：

a. 舱内应设置至少 2 套防爆型通风装置。排风口至少上下各 1 处，每分钟总排风量不小于预制舱容积，严禁产生气流短路。通风装置应可靠接地。

b. 舱内设置防爆照明灯具和防爆开关。

4.3.11.3 消防灭火系统

（1）预制舱灭火系统

① 电池预制舱内的固定式自动灭火系统可采用全氟己酮、七氟丙烷等洁净气体或高压细水雾等灭火介质；自动灭火系统应采用电池模块级的消防方案，系统可采用泵组增压式或储压式灭火装置；所选用灭火系统类型、技术参数应经磷酸铁锂电池火灾模拟试验验证。

② 电池预制舱自动灭火系统的最小保护单元应为电池模块（PACK），每个电池模块应单独配置灭火介质喷头。自动灭火系统应具备自动启动、手动远程启动及应急手动启动的功能，自动灭火系统应满足扑灭火灾和持续抑制复燃的要求。

③ 探测报警系统应能监测 H_2、CO、VOC（挥发性有机化合物）、烟雾、温度等状态信息，并能可靠判断火灾风险；每个电池模块应单独配置探测器，预制舱内各种类型的舱级探测器至少应配置 2 套。火灾报警探测精度应满足电池模块及预制舱整体空间要求。

④ 固定式灭火系统的储存装置和驱动装置宜合并设置，布置在电池预制舱内分隔出来的专用设备间内，该房间宜靠近电池预制舱的中心部位或相对均衡部位，且应有直接通向室外或疏散通道的出口；专用设备间应具备温度及相对湿度的调节功能。

⑤ 灭火设备的布置应便于操作、维修及避免阳光照射，保证有一定的操作距离。

⑥ 应合理选择灭火装置专用设备间的布置及管网配置，喷头的布置应满足喷放后的灭火剂在防护区内均匀分布的要求。

⑦ 电池预制舱灭火时应保持封闭条件，防护区内除泄压口外的其他开口应能自行关闭。

⑧ 电池预制舱灭火完成 12h 后，由穿戴防护装备的人员先行打开舱门通风，并经检测确认安全后，工作人员方可佩戴防护器具进入。

⑨ 储能电站所有电池预制舱应设置备用灭火系统，储能电站宜设置水喷淋系统、高压细水雾系统或压缩空气泡沫灭火系统作为电池预制舱的备用灭火系统。

⑩ PCS 预制舱、站用电预制舱及就地监控预制舱等预制舱内的电气屏柜宜采用探火管式灭火装置进行保护，预制舱同时应配置手提式灭火器。

（2）消防给水系统

1）消防水源

消防水源可采用市政供水或深井取水。

2）消防给水

① 给水系统。需根据建筑及主要设备的规模、火灾危险性等情况，确定消防系统设计。消防给水系统采用一套临时的高压给水系统。消防水池及泵房设于辅房内，发生火灾时，用消火栓泵从消防水池取水灭火。

② 室外消火栓系统。室外设消火栓给水环网，室外消火栓由其上接出。预制储能电池舱区域室外消火栓布置间距不大于 60m，其余区域布置间距不超过 120m。同时，消火栓数量满足室外消防用水量的需求。室外消火栓距路边不小于 0.5m 且不大于 2m，距建筑物外墙

不小于 5m。

③ 室内消火栓系统。室内消火栓系统需根据《建筑防火通用规范》（GB 55037—2022）、《消防设施通用规范》（GB 55036—2022）、《消防给水及消火栓系统技术规范》（GB 50974—2014）等规范设置。

4.3.11.4 火灾报警系统

火灾报警系统概述如下。

① 储能电站宜具备火灾早期预警功能，可通过计算机监控系统、电池管理系统、可燃气体探测设备、火灾报警系统等设备，实现储能电站的火灾监控预警。

② 储能电站火灾探测及消防报警系统设计应符合现行国家标准《火灾自动报警系统设计规范》（GB 50116—2013）的规定。

③ 电池预制舱内应按规范设置火灾自动报警系统，由电池模块和电池预制舱内设置的火灾探测器提供火灾信号。电池舱内的火灾自动报警系统应能监测 H_2、CO、VOC、烟雾、温度等状态信息，并能可靠判断火灾风险，实现消防联动控制。探测器应采用防爆技术，预制舱内各类型的舱级探测器至少应配置 2 套。

④ PCS 预制舱内应考虑安装能够感烟、感温等且能够反映配电装置火灾风险的火灾探测器，并能实现消防联动控制。

⑤ 自动灭火系统应设有自动控制、手动控制、现场机械应急操作和远程应急操作四种启动方式，且可根据现场情况切换。

⑥ 灭火系统的自动控制操作应在收到同一防护区两个以上独立的火灾探测信号后才能启动。

⑦ 自动灭火系统的操作与控制，应联动电池预制舱壁上的开口封闭装置、通风机械和防火阀等设备。

⑧ 电池预制舱应设火灾声光报警器，必要时，可增设闪光报警器，电池预制舱疏散出口门外应设火灾声光报警器和灭火剂喷放指示灯。灭火剂喷放指示灯的信号，应保持到通风换气后，以手动方式解除。

⑨ 设有消防控制中心的电化学储能电站，各电池预制舱灭火控制系统的有关信息应同步传送到消防控制中心。

⑩ 有人值班的储能电站，火灾报警控制器应设置于主控制室，主控制室的设置应符合现行国家标准《建筑设计防火规范（2018 年版）》（GB 50016—2014）中的规定；无人值班电化学储能电站的火灾报警控制器宜设置于警传室，并将火警信号传至集控中心。

⑪ 电化学储能电站的消防系统、通风空调系统、视频与环境监控系统之间应具备联动功能，消防联动控制设计应符合现行国家标准《建筑设计防火规范（2018 年版）》（GB 50016—2014）中的相关规定。

⑫ 电池室 / 舱外应设置气体浓度显示和提示报警装置，并且应设置手动火灾报警按钮、紧急启停按钮。

4.3.11.5 消防设施

消防设施概述如下。

① 储能电站灭火器的配置应符合现行国家标准《建筑灭火器配置设计规范》(GB 50140—2005)中的有关规定。

② 储能电站内应配置正压式空气呼吸器，不少于 2 套。正压式空气呼吸器应放置在专用设备柜内，并定期检查，确保完好可用。

③ 其他灭火设施。各建筑设储压式磷酸铵盐干粉手提式灭火器，配合初期灭火。控制楼厨房灭火器按中危险级 B 类火灾配置灭火器，灭火器型号为 MFZ/ABC4（55B）；中控室按严重危险级 A 类火灾配置灭火器，灭火器型号为 MFZ/ABC5（3A）；其余区域按中危险级 A 类或 E 类火灾配置灭火器，相应灭火器配置基准为 MFZ/ABC4（2A）。

参考文献

[1] GB 51048—2014.电化学储能电站设计规范[S].

[2] 余勇, 年珩. 电池储能系统集成技术与应用[M].北京:机械工业出版社, 2021.

[3] 唐西胜, 齐智平, 孔力.电力储能技术及应用[M].北京:机械工业出版社, 2020.

[4] 张剑辉, 钱昊, 吕喆, 等. 储能系统集成技术与工程实践[M].北京:化学工业出版社,2023.

[5] 严亚兵.电池储能电站设计实用技术[M].北京:中国电力出版社, 2020.

第5章

储能电站安全风险分析及管控方案

近年来，随着我国电化学储能产业的高速发展，储能的安全建设和运行压力也逐渐增加。根据 CNESA 不完全统计，从 2011 年起全球累计发生储能安全事故 70 多起，仅 2022 年全球储能安全事故就发生了 17 起，除 1 起事故项目是铅酸电池之外，其他均为锂离子电池。因此，针对电化学储能电站存在的安全风险问题进行深入分析也成为了电化学储能电站快速发展过程中的重要任务，也是推动电化学储能电站可持续发展的重要保障。本章围绕储能电站安全风险分析及管控方案进行介绍，以供相关人员参考。

5.1 电化学储能系统失效机理

理论上铅酸电池、碱性电池、镍氢电池、镍镉电池、钠硫电池、全钒氧化还原液流电池以及锂离子电池等二次电池都可以作为储能电池使用，其中，锂离子电池由于其能量密度高、循环寿命长、充电快速高效、能量效率高、自放电率低、维护简单、选址灵活等优势，在新型储能装机中占据主导地位。然而，近年来，锂离子电池储能电站安全事故时有发生，本章着重就锂离子电池储能系统失效机理进行分析。

5.1.1 锂离子电池概述

锂离子电池是一项相对“年轻”的技术，20 世纪 80 年代以来才开始商业化，随即快速发展，彻底淘汰了镍镉 (NiCd) 电池。但从 20 世纪 90 年代起，锂离子电池起火爆炸事故时有发生。锂离子电池自身技术也在迭代更新，目前除了特斯拉的 Roadster 和 Model S 车型仍在使用 18650 钴酸锂电池 [$LiCoO_2$(LCO)] 外，国内主流的动力电池和储能电池已经被磷酸铁锂 [$LiFePO_4$(LFP)] 所替代，锂离子电池的安全性有所提升。不同锂离子电池的特征如表 5-1 所示。

表5-1　不同锂离子电池的特征

项目	LCO[①]/石墨	NMC[②]/石墨	LFP[③]/石墨	NCA[④]/石墨	LCO,NMC,LMO[⑤]/钛酸锂
能量密度 /（W·h/kg）	150～200	150～300	80～130	130～300	60～100
功率密度 /（W·h/kg）	300～4000（根据电池的设计和额定电流）				
典型单体电压 /V	3.6	3.6/3.7	3.2/3.3	3.6	2/2.5
循环寿命 / 次	500～1000	500～6000	1000～8000	300～2000	≥ 10000
日历寿命	8～20a				
效率	90% ～98%				
温度范围 /℃	0～45（典型值）[⑥]				–40～55
自放电	2%/ 月～10%/ 月（典型值为 3%/ 月）				

① LCO 表示钴酸锂电池。

② NMC 表示镍钴锰三元电池。

③ LFP 表示磷酸铁锂电池。

④ NCA 表示镍钴铝三元电池。

⑤ LMO 表示锰酸锂电池。

⑥ 作为动力电池使用时，温度要求低于零摄氏度。

5.1.2　名词解释

在讨论锂离子电池失效机理之前，首先依据《锂电池术语》（SJ/T 11862—2022）对一些术语做出界定。

（1）**过充电**（overcharge）

完全充电的电池的继续充电。注：超过制造商规定的某一极限的充电行为亦为过充电。

（2）**过放电**（over-discharge）

当电池完全放电后强制进行的放电。过放电可能破坏电池的正常功能并 / 或引发危害事故。

（3）**毛刺**（burr）

在极片边缘存在的尖锐金属杂物，有可能刺穿隔膜，造成电池内部发生短路。

（4）**锂枝晶**（lithium dendrite）

锂离子电池在充电过程中锂离子还原时形成的树枝状金属锂。

（5）**内短路**（internal short circuit）

锂离子电池内部存在缺陷，例如毛刺、锂枝晶等刺穿隔膜，造成正负极片接触的现象。

（6）热失控（thermal runaway）

电池出现的一种临界状态，由热量产生的速率超过其散热能力导致温度连续升高引起，进而导致电池破坏。

（7）滥用（abuse）

没有按照制造商 / 供应商或电池化学体系的要求使用电池的行为。可能对人体、环境产生损伤或不良影响，或者对电池性能造成损害。

（8）泄漏（leakage）

可见的液体电解质的漏出。

（9）泄气（venting）

单体电池或电池组中内部压力增加时，气体通过预先设计好的方式释放出来。

（10）破裂（rupture）

由于内部或外部因素引起单体电池外壳或电池组壳体的机械损伤，导致内部物质暴露或溢出，但没有喷出。

（11）起火（fire）

电池任何部位发生持续时间长于 1s 的燃烧，火花及拉弧不属于燃烧。

（12）爆炸（explosion）

单体电池外壳或电池组的壳体猛烈破裂成两半或更多片。

5.1.3 电化学储能电站的安全问题

电化学储能是最有效的储能方式之一，其中，锂离子电池是应用最广泛的储能技术。近年来，锂离子电池储能电站发生多起起火爆炸事故，其安全问题受到越来越多的关注。电池是储能系统的核心组件，也是电池热失控的内在驱动。在大型储能电站的建设中，电池作为一种元件被采购，为了缩短工期，往往会采买两家供货商以上的电池，通过参数匹配搭建电化学储能系统，存在较大安全隐患。某锂离子电池厂家提供的参数见表 5-2。

表5-2 某锂离子电池厂家提供的参数表

序号	项目	规格参数	备注
1	型号	—	磷酸铁锂
2	额定容量 /（A · h）	280@0.5C 放电	—
3	额定电压 /V	3.2	—

续表

序号	项目	规格参数	备注
4	内阻 /mΩ	≤ 0.25	—
5	最大充电电流	1*C*	0～45 ℃
6	充电截止电压 /V	3.65	
7	最大放电电流	1*C*	—
8	放电截止电压 /V	2.5	—
9	充电时间	标准：2h	0.5*C* 充电
10		快充：1h	1*C* 充电
11	推荐 SOC	10% ～90%	—
12	充电工作温度 /℃	0～55	—
13	放电工作温度 /℃	–20～55	—
14	存储温度 /℃	一年：0～35	—
15		一个月：–20～45	—
16	存储湿度	<70% RH	—
17	充放电能量效率	≥ 93%	0.5*C* 充放电，25℃
18	质量 /g	5420 ± 100	—
19	尺寸 /mm	173 × 207 × 72（ ± 0.5 ）	宽 × 高 × 厚
20	循环寿命	6000 次（80%EOL）	0.5*C* 充放电，25℃，≥ 95%DOD

注：RH 表示相对湿度，EOL 表示寿命终点。

每一支电池都不是完全相同的，均具有一定的差异，虽然随着技术的进步，这些差异已经被控制在了一定范围内，但是随着循环次数累积，使用规模放大，这些差异会逐渐凸显出来。大容量的手机电池容量一般不会超过 20W · h，新能源汽车的电池容量一般在 100kW · h 左右，而储能电站系统的电量则是按照兆瓦时为基准，能够达到百兆瓦时的级别。由中国三峡新能源（集团）股份有限公司投资的山东省 2021 年度储能示范项目庆云储能电站，如图 5-1 所示，该储能电站功率为 100MW，容量为 200MW · h。

图 5-1　庆云储能电站

电池在高倍率、长周期条件下运行，其一致性问题会被放大。虽然，通过一些技术，如电池均衡等，可以缓解这个问题，但并不能彻底根除其带来的安全隐患，储能电池事故仍在不断发生，如表 5-3 所示。从表中可以看出，纵观全球，不论是使用三元电池，还是磷酸铁锂电池，电化学储能电站仍然事故频出。电化学储能电站安全问题也成为储能行业广泛关注的热点。

表5-3 2022—2024年全球电化学储能火灾相关案例

序号	案例	国家	事故时间
1	京港澳高速一辆满载储能系统的货车起火	中国	2022-01
2	韩国蔚山市南区 SK 能源蔚山工厂电池储能系统发生火灾	韩国	2022-01
3	美国亚利桑那州 Salt River Project 锂电池储能系统发生火灾	美国	2022-04
4	美国纽约州沃里克市的两个锂离子储能电站发生火灾	美国	2023-06
5	中国台湾省台中市龙井区路旁集装箱储能站起火	中国	2023-07
6	法国西南部 Saucats 锂电池储能柜发生火灾	法国	2023-08
7	澳大利亚昆士兰州 Bouldercombe 储能项目使用的特斯拉电池燃烧	澳大利亚	2023-09
8	美国加州山谷中心储能设施 140MW/560MW · h 起火	美国	2023-09
9	德国 Neermoor 电池储能系统（BESS）起火	德国	2024-04
10	韩国京畿道华城市 Aricell 电池工厂突发火灾	韩国	2024-06
11	美国加州埃斯孔迪多市储能项目内一个集装箱式储能系统起火	美国	2024-09
12	荷兰（Tilburg）特斯拉储能系统起火	荷兰	2024-12

电化学储能电池技术的起步与发展晚于动力电池，主要原因是动力电池的市场空间更大，市场需求驱动技术迅速发展。储能电池相对动力电池，对于能量密度的要求并不高，但是对于循环寿命的要求较高。对于储能电池来说，技术是多元化的，锂离子电池不是唯一的电化学储能电池解决方案，非锂的储能电池也受到了关注。但是对于储能来说，技术的安全性是其应用的关键。

钠硫电池（NaS）是一种高温的钠离子电池，由于其突出的比能量，早期也吸引了业界的广泛研究与关注。钠硫电池的理论比能量为 760W · h/kg，实际已突破 150W · h/kg，且可以大电流、高功率放电。其放电电流密度一般可达 200 ~ 300mA/cm^2，且可以支持短时间 3C 放电，且由于采用固体电解质，所以充放电电流效率几乎为 100%，没有自放电和副反应。但由于工作温度较高，通常可以达到 300 ~ 350℃，安全性上有较大的隐患。2011 年 9 月 21 日，三菱材料筑波制作所（日本茨城县）内的 NaS 储能系统发生火灾，该批次电池由日本 NGK 于 2009 年制造，额定功率为 2MW，火灾经历了 8h 才被控制住。

虽然性能和成本对于储能电池来说非常重要，但是否存在不可解决的安全隐患，是评判技术能否应用的首要依据。2023 年 3 月 9 日，国家能源局印发了《防止电力生产事故的二十五项重点要求（2023 年版）》，其中指出，中大型储能电站应选用技术成熟，安全性能高的电池，审慎选用梯次利用动力电池。当选用梯次利用动力电池时，应遵循全生命周期理念，进行一致性筛选并结合溯源数据进行安全评估，符合《电力储能用锂离子电池》（GB/T 36276）等技术标准中关于安全性能的要求；运行中，应实时监测电池性能参数，及时进行一致性管控。

5.1.4 电芯工作过程中发热量的理论计算

为了评估电池热失控的隐患，有必要对电池正常工作过程中的热平衡进行评估。参与电池热平衡的反应包括电池自放电过程中产生的热量，电池电阻产生的热量，电化学极化和浓差极化产生的热量，以及在特定条件下电池内副反应产生或消耗的热量。

焓变（ΔH）或者说是反应热，包括两部分：

$$\Delta H = \Delta G + T\Delta S \tag{5-1}$$

式中 ΔH——物体焓的变化量，kJ/mol；

ΔG——吉布斯自由能的变化量，kJ/mol；

T——温度，K；

ΔS——熵的变化量，J/(mol · K)。

$$\Delta S = -\left(\frac{\partial \Delta G}{\partial T}\right)_{\mathrm{P}} \tag{5-2}$$

对于电池来说：

$$\Delta G = -zFE \tag{5-3}$$

式中 E——参与电化学反应的两个电极的电位差，V；

z——电化学反应中的电子转移数；

F——法拉第常数，F=96485 C/mol 或 96500C/mol。

综合以上方程，则有：

$$\Delta S = zF\left(\frac{\partial E}{\partial T}\right)_{\mathrm{P}} \tag{5-4}$$

电池的开路电压（OCV）是可以测得的，所以可以测试获得电池的三个热力学参数：ΔH、ΔG、ΔS。

$T\Delta S$ 并没有明确的物理意义，但是在数值上，等于电化学反应产生的热量 Q。根据热力学第二定律可知，$Q < T\Delta S$。

除了反应热以外，电池内阻也会产生热量。这部分热量测量和计算相对简单，很容易通过阻抗测试的方式获得。电池的内阻会造成电池的电压降等于电流（I）和电阻（R）的乘积，即 $\Delta E = IR$，产生的热则满足欧姆定律，即 $Q = I^2Rt$，t 为通电时间。

发生极化时，电极反应处于非平衡态，因此称为不可逆电极过程。极化过程中产生的过电位（η）会产生热量。发生极化的程度，与电极上的电流密度有关，其关系可以用 Butler-Volmer 方程描述：

$$i = i_0 \left\{ \exp\left[\frac{\alpha nF\left(E - E_{\rm eq}\right)}{RT} \right] - \exp\left[-\frac{\beta nF\left(E - E_{\rm eq}\right)}{RT} \right] \right\} \tag{5-5}$$

式中　i——电流密度，A/m²；

i_0——交换电流密度，即电极处于平衡电位处的电流密度，A/m²；

α，β——转移系数，满足 $\alpha+\beta=1$；

$E_{\rm eq}$——平衡电位，V，此时其过电位 $\eta=\left(E-E_{\rm eq}\right)$；

R——理想气体常数，J/(mol·K)。

此时，由电化学极化所产生的热量（$\Delta H_{\rm e}$）可以被定义为：

$$\Delta H_{\rm e} = iS\eta t \tag{5-6}$$

式中　S——电极的表面积，m²；

t——时间，s；

η——浓差极化过电位，V。

由于传质产生的浓差极化（$\eta_{\rm m}$）很难测量，常用的方法是利用欧姆极化和电化学极化间接计算获得。浓差极化可以由浓度梯度和电位梯度来定义。如果电解液的浓度很高，迁移过程（电位梯度）是可以忽略的，只考虑扩散过程（浓度梯度）即可。浓度梯度可以用Nernst方程来定义：

$$\eta_{\rm m} = \frac{RT}{zF} \times \ln \frac{C_{\rm s}}{C_0} \tag{5-7}$$

扩散电流密度的定义为：

$$I_{\rm d} = zFD \times \frac{(C_{\rm s} - C_0)}{\sigma_{\rm N}} \tag{5-8}$$

式中　D——扩散系数，cm²/s；

$C_{\rm s}$——电极表面的浓度，mol/L；

C_0——电解液的主体浓度，mol/L；

$\sigma_{\rm N}$——扩散层的厚度，mm；

$I_{\rm d}$——扩散电流密度，A/m²。

当 $C_{\rm s}=0$ 时，扩散电流密度（$I_{\rm d}$）将转变为极限电流密度（$I_{\rm lim}$），此时：

$$I_{\rm lim} = -zFD \times \frac{C_0}{\sigma_{\rm N}} \tag{5-9}$$

所以：

$$C_{\rm s} = C_0 \times \left(1 - \frac{I_{\rm d}}{I_{\rm lim}}\right) \tag{5-10}$$

最终得出，由于浓差极化产生的过电位为：

$$\eta = \frac{RT}{zF} \times \ln\left(1 - \frac{I_{\rm d}}{I_{\rm lim}}\right) \tag{5-11}$$

利用浓度和电压的相关表达式，对Butler-Volmer方程进行修正，可以计算出由浓差极化产生的反应过电位的一般方程，从而在理论上计算出电化学反应产生的热量。

5.2 储能电站事故分类

5.2.1 火灾与爆炸事故

（1）火灾

电化学储能电站在机械滥用、电气滥用或热滥用的情况下，可能会诱发锂离子电池的热失控，产生火灾隐患。如环境中出现高温、过充电或过放电等情况时，储能电池排放的气体中，有大量的可燃气体成分，当浓度达到极限时，气体可以被明火、电火花等外部火源点燃。

锂离子电池使用的电解质通常是由一种或几种有机溶剂组成的，如碳酸二乙酯，其中也包括了一些金属盐，如 $LiPF_6$。有机溶剂有较强的挥发性，且易燃，通过在电解质中添加阻燃剂，可以降低锂离子电池的可燃性。

锂离子电池的隔膜是另外一个易燃物。隔膜一般以聚乙烯、聚丙烯为原材料支撑，材料本身就是可燃物。一般每公斤隔膜材料可以贡献约 45MJ 的热值。

锂离子电池热稳定性研究，一般集中在两个温度点：自产热温度点和热失控触发温度点。电池负极材料表面 SEI（固体电解质界面）膜分解，电解液与负极材料反应是导致电池自产热的本质原因。电池负极材料与电解液反应放热，隔膜持续收缩分解，电池内部正负极材料大范围接触，发生大规模内短路，内短路及各种化学反应产生的热量加速了内部的化学反应。

同时不能忽略的是电池外壳中的塑料件，因此应该根据总热量的核算来评估消防安全。

一般来说，锂离子电池火灾很难扑灭，如 2021 年 7 月，澳大利亚“维多利亚大电池”储能项目持续燃烧 4 天，2022 年美国亚利桑那 Chandler 电池储能项目事故持续喷淋 12 天才控制住。伴随着有毒气体的释放，可能会让情况变得更加危险。一般来说，锂离子电池中锂被嵌入电池的正极和负极当中，很少有游离的锂金属存在，因此处理金属火灾的方案并不适用于锂离子电池。

如果一个电芯在电池组中起火，热量传导至相邻的电芯中，则热失控会像多米诺骨牌一样蔓延。通过大量的水进行冷却可以控制火势，但需要注意的是火灾即使熄灭也会有复燃的可能性，尤其是锂离子电池。

（2）爆炸

如果生成的气体没有被释放，内部的压力就会增加。比如，电池内部电解液蒸发，或者分解产生气体，导致电池鼓泡，就属于这种情况。压力上升到一定程度，就会出现两种可能：一种是电池表面破裂，压力被释放；另一种则是发生剧烈的爆炸。软包电池在 60℃就可能产生鼓泡，硬包电池则需要更高的温度。因此从这个角度来说，硬包电池发生爆炸的风险更高。因此硬包电池通常会安装专用的安全阀，用于泄压。圆柱形电池（如 18650 型）由于内部的卷绕结构，可能会存在内部压力在局部积存，无法释放的情况。气体的累积是导致爆炸的根本原因，爆炸的严重程度取决于电池组能量的大小以及能量释放的速率。热失控状态下，产生气体的压力是判断爆炸是否会发生的重要参数。研究者发现，18650 型号的磷酸铁锂电芯在发生热失控时，释放气体的量约为 1.2L/（A・h）。

一般情况下，只有排气阀失效时，才会发生爆炸。较低压力的气体释放会引起燃烧，但一般不会发生爆炸。但是气体压力的上升，并不一定发生在电芯内部。如 2021 年 4 月的北京丰台大红门的储能电站事故，事故被认定为气体爆炸。该事故报告认为，南楼起火直接原因为西电池间内的磷酸铁锂电池发生内短路故障，引发电池热失控起火；北楼爆炸直接原因为南楼电池间内的单体磷酸铁锂电池发生内短路故障，引发电池及电池模块热失控扩散起火，事故产生的易燃易爆组分通过电缆沟进入北楼储能室并扩散，与空气混合形成爆炸性气体，遇电气火花发生爆炸。

5.2.2 化学类损害事故

目前，锂离子电池中使用的材料并不环保，可能具有毒性、易燃性或腐蚀性。正极材料中，如钴、镍、锰、铁等离子，钴离子和镍离子可能会导致皮肤过敏甚至致癌，锰离子和铁离子危险性相对较小。负极材料中，石墨和活性炭基本上是无害的，但是钛酸锂则对皮肤、眼睛黏膜和呼吸系统有强烈的刺激作用。二氧化硅虽然有较好的化学惰性，但是一旦吸入，可能会对肺部造成损害。电解质方面，目前绝大多数电解质是有机的，因此往往是易燃、有毒、有腐蚀性的。

在 5.2.1 中，介绍了锂离子电池起火的情况。一般来说，电化学储能电站起火和爆炸等恶性事件，容易引起公众的重视，国家、各级政府、企事业单位都在积极制定锂离子电池储能电站设计、运行、储存、运输、回收的相应机制。但对于锂离子电池的化学毒害，目前并未被广泛认识。虽然国内外的标准中，也对电解液成分以及排放气体浓度的阈值有了规定，但是其定量标准较为模糊。比如有研究者认为锂离子电池中常用的各种非质子性溶剂以及常用的六氟磷酸锂分解会产生氟化氢，氟化氢在常温常压下是一种无色、有刺激性气味的有毒气体，易溶于水，会与水无限互溶而形成氢氟酸。如吸入氟化氢蒸气或接触皮肤，会造成难以治愈的灼伤，非常危险。

在滥用状态下，锂离子电池的副反应可能会被加速，电池电解质成分更容易发生热解或电解，产生的气体可能形成堆积，尤其是在电池本身有制造缺陷时。比如发生内短路（internal short circuit，ISC），产生的气体压力超高时，一般会通过排气阀将气体排出。排出的气体一般包括二氧化碳、一氧化碳、氢气、氧气，以及 $C_{1\sim5}$ 的烃类，比如甲烷和乙烷，还包括氟化氢和含氟的有机物（如氟乙酯）。显然，上述气体中不乏易燃、有毒、强腐蚀的成分。其中有毒的成分，比如氟化氢、碳酰氟、单质氟等，这些气体虽然含量不高，但其毒性不容忽视。

除此之外，电池正极和负极材料中包含的固体颗粒以及电解质中的气溶胶也可能会随气体一同排出，因此评估化学类事故可能比物理类事故更加复杂，需要同时考虑固体、液体和气体的危害，并重点评估暴露在环境中的化学成分。当发生热失控时，虽然火情可能能够被控制，但环境中的有害化学物质可能还存在，这些有害物质对人体的伤害不一定是急性的，有可能会进入人体，缓慢地造成伤害。

最后要指出的是，化学类事故往往是由作业人员对环境中有害化学成分的意外接触所造成的。意外接触有别于职业接触，其接触范围更广，非作业人员也可能会暴露其中。因此，应格外重视。

5.2.3 电气类事故

（1）电气事故的分类

电气类事故可以分为直接电气类事故和间接电气类事故两种。直接电气类事故一般认为是电化学储能电站直接对人体或设备造成的损害，如发生电击、电弧等。间接电气类事故指由于电气滥用引发的电池过热、火灾、毒气排放等事故。电气滥用包括发生外部短路、过充电或过放电等。

（2）电压等级对电化学储能电站系统的影响

储能电站的危险程度取决于电化学储能电站系统的整体电压。比如新能源汽车，电压一般是 300 ～ 600V，电化学储能电站直流侧的电压等级更高，甚至可达 1500V，如果发生触电，势必会造成人员死亡等严重的人身安全事故。根据生产和作业场所的特点，采用相应等级的安全电压，是防止发生触电伤亡事故的根本性措施。国家标准《特低电压（ELV）限值》（GB 3805—2008）中规定了采用安全特低电压系统供电的照明装置，其电源额定电压不应大于 24V，具体选用应根据作业场所、操作员条件、使用方式、供电方式、线路状况等因素来确定。降低了废止标准《安全电压》（GB 3805—83）中规定的 36V 和 42V 的电压等级。这样修改的原因是要考虑特殊作业环境下对人的触电保护，例如在湿润、狭窄、导电材料丰富的场所（如隧道、地下室、临建工地），即使 36V 电压，也可能会引发明显触电感应。同时，修改后也可以和 IEC 等部分欧美标准接轨。在电压高于 24V 的工况下作业时，都应做相应防护，避免人员直接接触。

（3）电弧与短路

电弧一般是连接器接触不良或保险丝故障造成的，可能会对电池系统造成损伤。电弧的强弱与电流大小呈正相关，由于电池阻抗较低，因此更容易产生大电流，发生电弧时往往损伤更为严重。

电化学储能系统工作时产生的焦耳热，与电流的平方成正比，与电阻成正比。接触不良、短路，或设计中对连接件和线材选择不合理，都会导致电池或辅助部件过热，引发故障或热失控。

电池技术的进步，新材料的使用，并不会降低电化学储能电站的电击风险。因为对于电化学体系来说，标准反应电位是相同的。纳米材料的电极和传统材料的电极所产生的电压等级没有显著区别。而且，纳米材料由于具有更高的比表面积，可以产生更大的电流。从这个意义上来讲，技术领先的电池产生电弧的风险更大。另外，电池技术的提升，也让其在大电流放电下的响应速度更快，这对一些保护装置也提出了新的挑战。因此，电池技术进步更应关注电气安全。

5.3 储能电站事故原因

5.3.1 热失控

电化学储能电站火灾与电池热失控有较强的相关性。一方面，电化学储能电站中的电池在充放电过程中会产生大量的热量，如果不能及时散热，就会导致电池内部温度升高，超过一定温度就会发生热失控现象，引发火灾。另一方面，电化学储能电站中的电池材料通常具有较高的化学活性，如果电池内部损坏或操作不当，就可能会产生热量和有害气体，甚至引发爆炸等危险。

热失控是电池出现的一种临界状态，由热量产生的速率超过其散热能力导致温度连续升高所引起，进而导致电池被损坏。其中，热量是电池自发产生的，换言之，是电芯由于化学能释放而发生的“自加热”过程。热失控的原因往往来自一些故障，如电池短路、过充或机械变形等。也有可能是其他原因，比如电池老化导致内阻增加，系统的焦耳热过高且发生积累，或者电池冷却系统故障，环境高温（火灾）等情况。而这些原因往往与电池使用的材料和化学反应有直接联系，主要包括以下两方面因素。

① 电池充放电过程中产生的热量可能会导致热失控。在充放电过程中，电池内部的材料会发生化学反应，产生热量。如果这些热量无法及时散发出去，就会导致电池内部温度升高，甚至达到热失控的程度。此时，电池内部的材料可能会发生自燃、爆炸等危险情况。因此，电池的设计和材料选择都要考虑到热失控的风险，可采用散热性能更好的材料，或者通过加入散热结构等措施来降低电池内部温度。

② 电池使用的材料和化学反应也会影响电池热失控的风险。例如，有些电池使用的正负极材料具有相对较高的热稳定性，能够承受更高的温度，从而降低了热失控的风险。而有些电池使用的材料则相对较容易发生化学反应，从而产生较高的反应热，增加了热失控的风险。因此，电池的材料选择和化学反应机理的研究都是避免热失控的重要因素。电池的热失控是电动汽车和电池储能系统安全事故的主要起因，受到全世界研究人员的关注。一般来说，热失控的主要滥用条件包括机械滥用、电气滥用、热滥用等，这些情况可能会诱发电池中的内短路（ISC），并伴随着温度快速上升，最终导致热失控。

即使没有出现 ISC，电池在充电或放电过程中也会产生热量，导致电池温度上升，如图 5-2 所示。一旦热量不能及时散掉，电池就可能会进入热失控状态。大量的热被释放、积聚，导致电池温度大幅上升，当电池温度上升到 200℃以上时，将会导致燃烧甚至爆炸。

图 5-3 中展示了电池滥用行为导致热失控的过程。机械滥用常见于电池发生碰撞、挤压、穿透等情况。当电池或电池组受到外力挤压或碰撞时，可能会发生电池内部的破坏，如隔膜破裂、电解液泄漏等，导致 ISC，最终发生热失控。

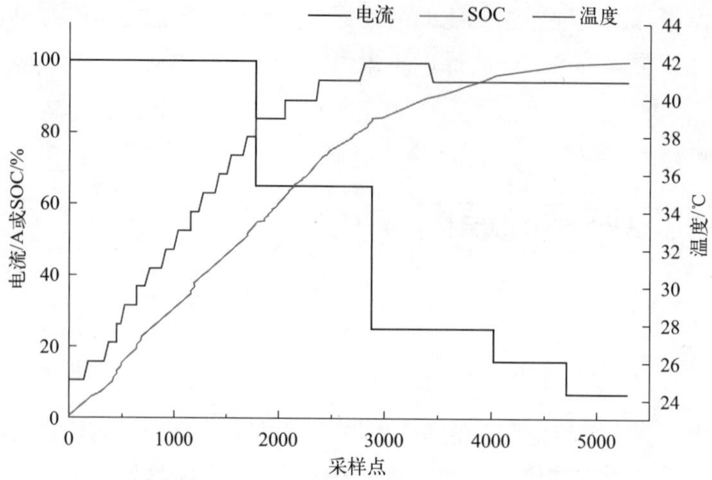

图 5-2　电池模块中三支锂离子电池在室温下 1C 充放电时的温度变化

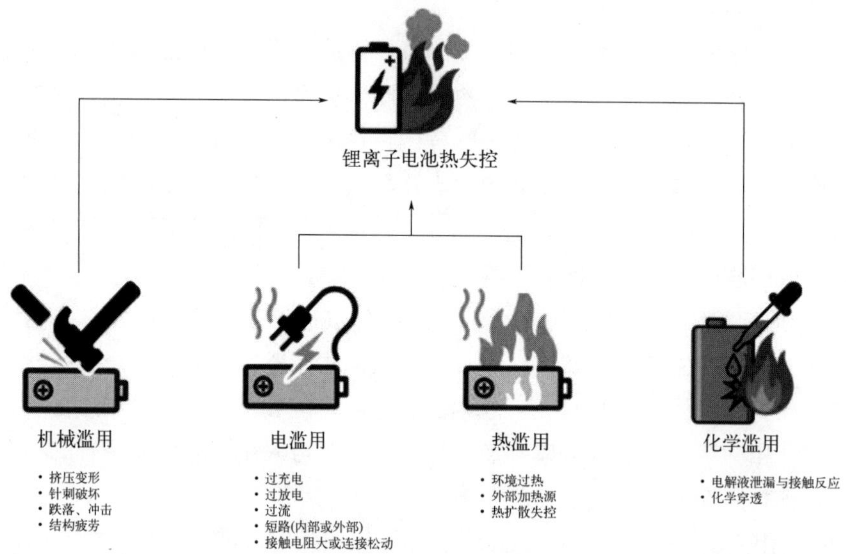

图 5-3　电池滥用行为示意图

锂离子电池在发生电气滥用的情况下也会导致热失控。电气滥用主要包括外短路（ESC）、过充电和过放电等。

ESC 会导致电池系统中产生大电流。根据焦耳定律，热量等于电阻和电流平方的乘积。大电流必然导致大量的热产生，在此条件下，电池系统会随之升温。当温度上升到 77 ~ 121℃时，电池可能会发生胀气、破裂、漏液等情况。

过充电是电气滥用的另一种情况。一般来说，过充电的过程共分为三个阶段。第一个阶段，电池的温度和电压并没有发生明显变化；第二个阶段，电压上升，电池内部产生大量锂枝晶；第三个阶段，电压会随着发热和产气而急剧下降。第三个阶段即为发生热失控的阶段。锂离子电池在过充过程中，不仅会产生大量的热量，同时也会有氧气释放。氧气可以和电解质发生多种副反应，电解质也会在这个过程中分解释放出更多的气体。过充程度越严重，电极表面的形貌就越差。如果在大电流的情况下持续过充，甚至可能诱发爆炸。在过充电过程中，产生的锂枝晶也会刺穿隔膜，导致 ISC 的发生。

热滥用往往是由锂离子电池连接件的机械滥用、电气滥用或接触不良引起的。连接件本身有电阻，如果在设计时选用的连接件不合理（电阻过大），安装时接触不良，在电池工作时，可能会造成局部过热。在设计过程中容易发现上述问题，而在安装过程中上述问题可能更容易被忽视。如果连接件安装时的预紧力不足，或焊接不牢固，就会导致较大的接触电阻，从而导致局部发热量增加。附近的电池在高温环境下工作，即使没有发生严重的 ISC（一般会发生），正极释放的氧气与 LiC_x 发生氧化还原反应，也会伴随着大量的热产生。因此，热滥用会导致更复杂的化学热失控。

所有热失控的共性问题均为热源，即故障或状况是否会让电池系统达到自产热的温度临界点。换言之，电化学储能电站的热平衡是否稳定，直接影响到热失控是否会发生。即使电芯已经开始自产热，如果可以有效地控制温度，也不一定会发生热失控。

在新型储能技术当中，锂离子电池发生热失控的概率相对较高。目前，锂离子电池的安全性日益提升，其改善不仅来自锂离子电池本身性能的改善以及散热效率的提升，也来自控制策略，比如对电芯工作的电压、电流和功率的限制，以及热管理系统和保护装置的优化。

影响电池发热最显著的因素是电池内部的化学特性，下面对锂离子电池温度升高的典型过程进行简述，如图 5-4 和图 5-5 所示。

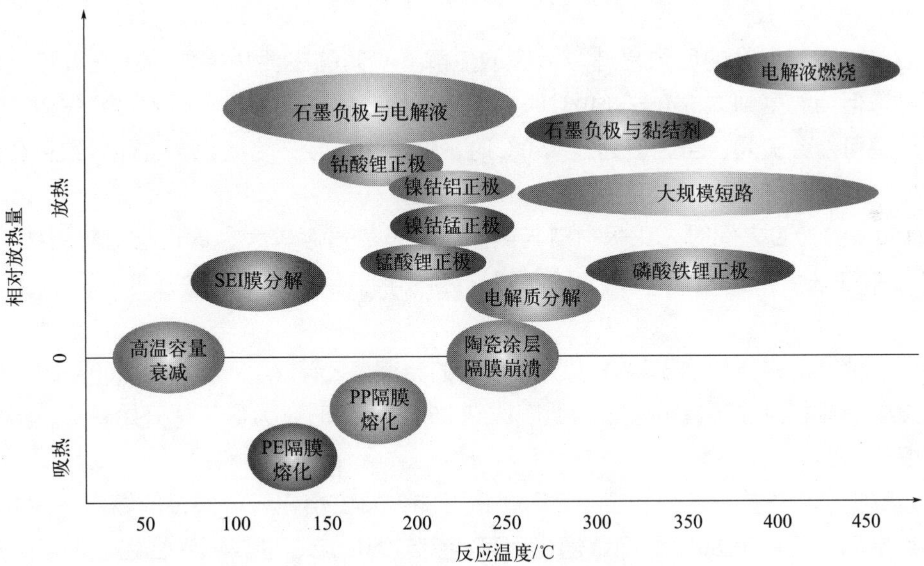

图 5-4　锂离子电池各组分材料的热失控反应机理

（PP 表示聚丙烯，PE 表示聚乙烯）

锂离子电池的运行温度上限通常在 60℃，因为这接近于电池典型的自产热温度。但电池自产热温度的初始值并不是固定的，还与电池的荷电状态（SOC）有关。SOC 和自产热起始温度有关，如果 SOC 较低，则电芯的自产热温度在 75 ～ 100℃。自产热会造成温度上升，而温度上升会进一步造成负极 SEI 膜的分解。温度越高（尤其到 120℃以上），

SEI 膜分解越快，负极的锂和电解质会发生放热反应，导致温度进一步升高，最终导致热失控。

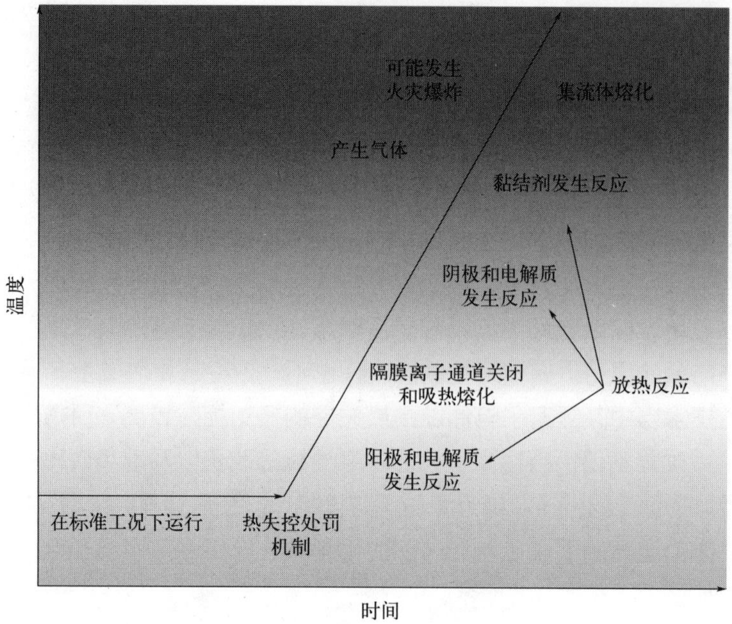

图 5-5　热失控时序示意图

电池温度继续上升的后果是造成隔膜的热解。隔膜的主要功能是防止正极和负极发生直接接触，但当温度到达 130 ~ 140℃时，隔膜开始变软。这将导致隔膜微孔失效，也意味着离子通道可能会关闭。当温度超过 150℃时，隔膜一般会开始熔化，进而导致正负极相互接触。

在 150 ~ 350℃之间时，正极材料与电解质的发热贡献较大，这也与材料的种类有关。这一过程中往往会产生氧气，氧气和电解质之间可能会进一步发生反应，释放出大量的热量。

另外，黏结剂的作用也不容忽视。如常用的聚偏氟乙烯（PVDF）在 200℃时，就开始与电极发生反应，且放热量较大。当温度达到 250℃以上时，大量气体开始释放，热失控逐渐接近峰值。

研究表明，热失控温度超过 600℃时，铝可能会发生熔化，一般铝的熔点是 660℃。而铜的熔点更高，可达 1085℃。但铝熔化后可能会与铜反应，形成铜铝合金，其熔点会降低至 550℃。因此，即使达不到铜的熔点，铜箔和铝箔都可能被破坏。

除此之外，应关注热失控所造成的电池排气问题，在第 5.2.1 节中已经描述。

5.3.2　机械结构变形

机械结构变形主要是指由于外力（如跌落、挤压、机械冲击、穿刺等）造成的结构变形。此类故障的原因多为新能源汽车的动力电池。比如汽车行驶过程中的急加速和急刹车，可能会造成机械冲击。尤其是汽车发生碰撞时，动力电池大概率会发生挤压变形，甚至会造成火灾。消费电子设备发生严重挤压变形几乎是不可能的，除非电池有设计失误。比如手机设计过程中过于追求轻薄，电池仓预留间隙不足，就会造成挤压而出现事故。储能电池发生机械变形的概率，很大程度上取决于应用场景。一般来说，除非有大的自然灾害（如地震），否则固定式储能发生机械变形的概率非常低。一些小的移动储能发生机械变形的概率相对较高。另外，储能电池的运输过程中，也有发生机械变形的可能性。2022 年 1 月 12 日，京港澳高速上一辆满载储能系统的货车突然起火，好在司机及时发现，将事故车辆停在应急车道上并报警，消防救援人员到达现场时，车厢内正猛烈燃烧，火焰时不时向外喷射并冒出滚滚浓烟，不时伴有爆炸声，幸而司机和消防人员教科书般的处置，才未造成更严重的伤亡。

严重机械变形会导致 ISC，随之而来的是局部过热甚至引发热失控，这是很严重的后果。然而，在此要强调的是，机械损伤造成的安全问题可能会有所延迟。一些轻微的机械损伤，虽然不会立刻导致事故的发生，但会造成较大的安全隐患，尤其是在软包电池上更加明显。简言之，安全隐患可能是先在电极或者隔膜上产生一个“故障点”，随着电池循环数的增加，电池内部以此“故障点”为起点，逐步恶化，最终可能导致电极析锂或隔膜穿孔，因此，建议对有疑似机械损伤的电芯，增加特定的检测。

如前文所述，机械变形具有使电池延迟失效的效果。其延迟的时间，以及储能电池发生事故的严重程度仍然是一个热平衡的问题，这与电池本体发热速率和系统散热速率两个参数直接相关，和阻抗也有很大关系。低阻抗的内部短路，其产热量不高，我们可以称之为良性故障。对于良性故障，一般有充足时间发现问题，并通过合理的手段及时处理，从而降低事故的风险。而对于高阻抗短路，产热量巨大，属于恶性故障。如果散热能力不足，散热不及时，温度不可避免地会快速升高，最终导致热失控。这里尤其要强调的是，在不同位置发生机械损伤的电芯，其阻抗完全不同。一般来说，在电极边缘发生机械损伤后，更容易造成高阻抗短路。这类损伤，相较于在电极表面垂直方向上的电芯，更容易发生热失控。再进一步说，ISC 在电芯中的发生位置，与电池故障和事故的严重程度直接相关。

总而言之，机械变形是导致 ISC 的又一重要原因。如前文所述，ISC 进一步发展，会造成热失控、火灾甚至爆炸。另外，机械变形也会导致电池的直接物理损伤，如外壳破裂、电解液泄漏等。

5.3.3 外部短路

外部短路同样不容忽视。外部短路是指储能系统因外部设备故障而造成的短路，比如充电机短路、电缆发生短路等。如果对于外部短路没有有效的监控机制和防范措施，如漏电保护，那么也会导致电池过热，有引发热失控的安全隐患。线缆老化造成的外部短路是电动车发生火灾事故的主要原因之一。

储能电池最危险的短路，就是正负极的端子直接接触，短路电流大小取决于电池的内阻、电压及外电路的电阻。锂离子电池的短路行为，一般可以分为三个阶段，如图 5-6 所示。

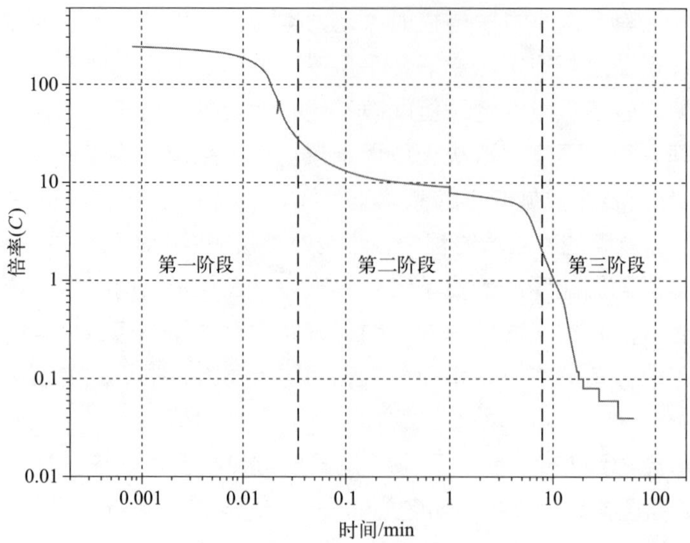

图 5-6　锂离子电池的短路行为

第一个阶段，电池短路发生，短路电流非常大，一般来说，短路电流可以比额定电流高 2 ~ 3 个数量级。在这一阶段，短路电流的控制因素仅为欧姆电阻。这是因为一般第一阶段发生在几毫秒到几十毫秒的时间当中，其他控制因素无法在这个时间内快速响应。在充电过程中发生短路，电流由充电机提供。如果是放电过程短路，电流则由电池本身的法拉第效应和电容行为提供。

大电流过程会迅速结束，如果储能电池的温度没有达到热失控的起始温度，电流会明显下降。但需要注意的是，虽然电流下降了，但是电池的温度仍会持续升高，因为短路电流仍然存在。电流的减小，只是降低了电池的升温速度，但并没有停止升温。也就是说，此时储能系统仍可能会达到发生热失控的起始温度。

在这个过程中，不仅有引发电池热失控的风险，也有引燃周围可燃物的风险。因为系统中的其他零部件也可能会瞬间达到较高的温度。比如某款电池样品的平均比热容约为 0.88J/（g·K），铜导线的比热容是 0.39J/（g·K），这意味着，在不考虑热损失的前提下，相同能量和相同质量的电池和线缆，后者的升温速度是前者的 100 倍以上。

对于短路初始电流（I_{short}），也有学者给出了基于内阻的计算模型：

$$I_{short}=I_{max}\times\frac{R_{\Omega}}{R_{\Omega}+R_{short}} \quad (5\text{-}12)$$

式中　R_{short}——外部电阻，Ω；

R_{Ω}——电芯内部的欧姆电阻，Ω；

I_{max}——电芯能提供的最大短路电流，A，即外电路电阻为 0 时的电流值。

为了方便说明问题，我们将公式做进一步整理。如果定义电阻比 k：

$$k=\frac{R_{short}}{R_{\Omega}} \quad (5\text{-}13)$$

则公式变形为：

$$I_{short}=I_{max}\times\frac{1}{1+k} \quad (5\text{-}14)$$

此时可以看出，外部电阻与电芯的内部电阻比值越大，短路电流反而越小。那么如果在外电路上安装一些随温度上升阻值升高的电气元件，则可以有效减小短路电流。

如果从电池内部来说，在电芯欧姆电阻的组成中，离子电阻要比电子电阻高出一个数量级。也就是说，电池内部的离子电阻大小，决定了电池短路电流的大小，尤其是在一些低温条件下。

第二个阶段，短路电流的控制步骤由欧姆电阻控制转化为极化控制。极化控制与双电层和传质过程有关。在此阶段内，短路电流迅速下降，直至稳定到某一范围，缓慢下降。这主要是传质过程恶化的结果。

电芯温度往往在这个阶段达到峰值，甚至会发生电解液沸腾而大量气化。内部压力升高可能会引发电池破裂，从而导致电池排气、漏液，进而造成更严重的事故后果。此处，要考虑电池的另一个参数，SOC。在放电过程中，短路电流来自电芯。那么意味着电芯剩余的电量越多，其提供短路电流的持续时间就越长。因此，可以看到在近年来储能电池事故的统计中，火灾多发生在电池充满电的静置过程中。

第二阶段的短路电流，使得电芯的 SOC 迅速下降。也就是说，锂离子电池被大量消耗后，第三阶段的短路电流会迅速下降。这个阶段中，电池若未达到自放热的起始温度，电流就可能无法支撑温度迅速上升。因此，电池发生外部短路的第一阶段和第二阶段，是最容易发生火灾的阶段。电池性能越好，危险性就可能越大。

5.3.4 过充电

一般来说，电化学储能系统中都有充电保护装置。也就是说，除非系统的充电机或 BMS 发生故障，理论上一般不会发生过充电的问题。最常见的故障有以下两种。

（1）硬件故障

电池达到充电截止条件后仍然继续充电，SOC 持续增加直至超过 100%。

（2）通信故障

BMS 和充电机之间通信未成功。虽然 BMS 提供了已充满电的信息，但是充电机并未停止工作。

除此之外，应该注意，电池在充电的过程中负极的工作电位和镀锂的电位非常接近。因此当负极嵌锂达到饱和时，金属锂的沉积就会发生。金属锂沉积会导致锂枝晶的产生，可能会对电芯造成电量损失，甚至发生 ISC。即使是轻微过充电，也可能会造成严重的后果。不同电芯材料，其化学性质有所差别。一般来说，过充电导致的是活性材料结构上的不稳定，继而电池内阻上升。在焦耳定律的作用下，电池升温速度加快。在正极，电解质可能会发生氧化反应，并伴随着热量的放出。过充电使电芯的温度和 SOC 同步提高，如果这一过程持续发展下去，则会存在热失控、电池排气和电池破裂的隐患。因此对于过充电现象，应坚持“零容忍”。

研究表明，过充电时释放的热量与充电电流成正比。充电电流对应的参数为充电倍率。

0.5C以上的大倍率充电会提高发生热失控的概率。如果将充电倍率降低到0.2C的水平，一般不会导致热失控。有研究表明，低倍率充电过程中，即使发生过充，电芯也几乎没有明显的排气过程。对于热失控来说，散热效率是影响其发生的关键因素，而对于过充电来说，充电电流或充电倍率则是影响其安全性和事故严重程度的重要参数。在此要说明的是，如果电池内阻相对较低，过充电发生时，在电流相同的情况下产生的热量相对较小，理论上更加安全。

此处，还要讨论过充电的程度对电池寿命和安全性的影响。如果发生严重过充电，比如电池容量达到额定容量的200%，那么负极则会发生严重的析锂，形成巨大的锂镀层。锂镀层大概率会产生严重的锂枝晶，锂枝晶会刺穿电池隔膜，发生严重的ISC，这将是灾难性的事故。如果过充不严重，那么可能会发生与5.3.3中所描述的相同的现象，导致延迟失效。也就是说，锂离子电池的内部结构已经发生了破坏，未来将会持续恶化，直至故障发生。如果过充电在未来的循环中持续发生，那么电池发生ISC和失效的概率会大大增加。

进一步说，不论是否发生过充电，在充电过程中都有可能在负极析锂。尤其是在一些低温的地区。低温会使电极活性下降，电解质的传质性能也有所下降，这会导致电极表面的反应分布不均匀。放电过程中，一般不会发生危险，锂枝晶会断裂或熔解。析锂发生的难易程度，与负极石墨表面的形貌有很大关系。更均匀的电极表面，电流分布也更加均匀。

5.4 储能电站运行安全风险管控

5.4.1 器件设备选型及系统级防护

从器件上，熔断器和断路器是最常见的保护装置。其功能是在储能电池系统发生过流、过压、过热时，迅速切断电源，切断了焦耳热的热源，保证系统安全，尤其是在发生外部短路的时候。但是在一些极端天气情况下，熔断器可能无法正常工作。比如在极低温的情况下，保险丝可能无法熔断，这就导致了事故的发生，因此在设计和选型过程中，要考虑环境适配因素。

PTC（positive temperature coefficient）泛指正温度系数很大的半导体材料或元器件。通常我们提到的PTC是指正温度系数热敏电阻，简称PTC热敏电阻。

热敏电阻具有电阻率随温度升高而增大的特性。典型PTC的工作曲线如图5-7所示。在温度低于280℃时，PTC的内阻维持在较低的范围内，但一旦温度升高至280℃以上，PTC的内阻呈指数上升趋势。PTC可以有效地限制外部电流，避免材料过热，而且非常有效。

对于模块级别来说，通过电流切断装置（current interrupt device，CID）切断电流也是有效的。其作用是当电芯失效时（如过热、短路、过充等），内部将产生很多气体，压力增大时焊接到铝板及泄压片上的焊点脱落，泄压片翻转，导致电芯内部断路，从而起到保护作用。常见的CID有两种：一种是如圆柱形18650排气阀上带有CID，一般启动压力在1.3MPa

左右，当内部压力超过这个数值时，就切断正极引线，形成断路，而不至于阀开启流出电解液；另一种是用于大方形铝壳的 CID，当内压增高时 CID 反转，壳与负极柱连接导通，形成电池的正负极极柱连接导通，从而形成大电流回路，烧断正极极耳限流片。

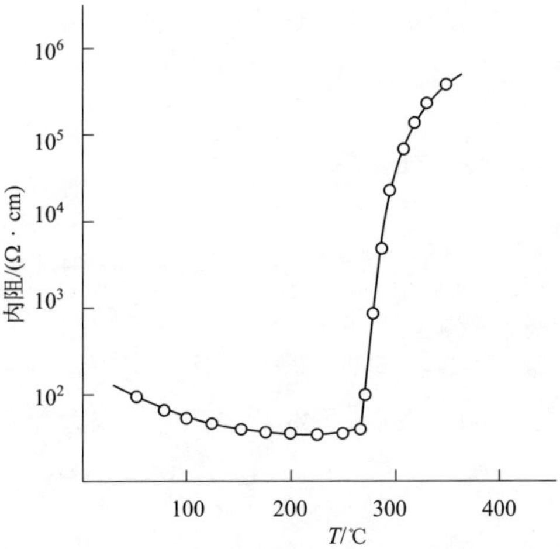

图 5-7　典型 PTC 的工作曲线

在此要说明的是，以上保护装置不能做到 100% 的安全，这主要是电池模块电压的问题。如果电压超过保护装置的设计电压，那么元件就有可能产生电弧，电弧可能会破坏 PTC 的导电聚合物，使其失去热敏功能。

系统层面的保护主要来自 BMS 的功能和设计方面。一般来说，BMS 必须有以下几个功能：

① 检测电池的电压和温度，保证电池始终在安全的工作参数范围区间。但是出于对成本的考虑，未必可以实现对每一节电池的监测。另外对于温度来说，如何科学进行多点检测，反映电池真实的工作状态，也是值得研究的问题。

② 均衡功能，均衡有主动均衡和被动均衡之分。被动均衡运用电阻器将高电压或者高荷电量电芯的能量消耗掉，以达到减小不同电芯之间差距的目的，是一种能量的消耗。主动均衡运用储能器件等将荷载较多能量电芯的部分能量转移到能量较少的电芯上去，属于一种能量的转移。有专家认为，上述两个方面应该对应于耗散型均衡和非耗散型均衡。而主动还是被动，应该取决于触发均衡过程的事件，系统到达某个状态不得不进行的就是被动。如果是人为设定，在可以不均衡时设置了均衡程序，才称为主动均衡。

每一支电池都有差异，其差异主要表现在四个方面，分别是：SOC 状态、电池的内阻、自放电电流大小和电池的容量。均衡的作用只是弥补 SOC 的差异和平衡自放电不一致的问题，对内阻和容量来说，均衡功能是无效的。

造成电池差异性的原因主要有两个，一是电芯生产加工造成的不一致性，二是电芯使用环境造成的不一致性。生产的不一致性原因主要有加工的工艺、材料的偏差等；环境的不一致性主要是由于每一个电芯在 PACK 中的位置不同，所以其环境一定会有所差异，比如温度会有细微的不同，长期累积后会造成电芯的不一致。因此，我们可以认为，电池之间的差异时时刻刻都会产生，均衡只是一种弥补的手段，并不是解决问题的方法。

③ 电池的热管理。尤其是建立基于电流加热 / 冷却的运行策略，确保电池在最佳工作温度下工作。

储能系统如果在较高的温度下运行，电池过温、燃烧甚至发生爆炸的风险都会显著提高。电池在低温环境下运行时，低温充电会导致负极析锂，造成较大的安全隐患。热管理和电池的封装设计，是保证电池工作温度区间的关键因素。

5.4.2 储能系统设计应考虑的问题

锂离子电池储能系统由多个并联 / 串联相互连接的模块组成。在储能系统的设计中，应回答两个问题并考虑五个方面。两个问题：一是应该选择什么样的电芯；二是如何设计模块和系统。五个方面：一是电芯直接互连的合理性，包括电气、机械、热三个角度；二是冷却系统的设计；三是安全方面的设计；四是电池管理方面的设计；五是电池系统内部和外部的接口设计。

5.4.3 电池冷却系统

对于储能电池设计，要多方面考虑，其中关键的四个方面是安全性、可靠性、电池寿命和减少维护工作。根据前文所述，温度不仅是系统安全运行的关键因素，而且还会对电芯老化速度产生较大的影响，因此，冷却系统是储能电站设计中最关键的环节之一。冷却系统既要保证储能电站整体温度的控制，还要保证电芯、电池模块以及整个电池系统的温度分布。

除此之外，还应注意到电化学储能系统对冷却的要求往往是动态的。它与电池的转化效率有关，一般来说，电池的转化效率越低，对于换热的要求也就越高，这是由能量守恒所决定的。而在储能电站运行过程中，充电和放电的倍率是影响其发热量和转化效率的关键因素，系统转换效率随着充电倍率的增高而降低。在储能电站的冷却系统设计中，须考虑设计的冗余，保证电池工作状态变化时的热平衡。

5.4.4 电池管理系统

在电化学储能电站中，电池单元只有得到充分的监测和控制，才能保证其运行过程中的安全。因此电池管理系统（BMS）必不可少。如图 5-8 所示，电池管理系统含有一些必要的功能，从安全角度来讲，要求 BMS 必须能够控制电池充电和放电的深度，防止过充或过放。除此以外，BMS 还应能够控制系统的温度范围，因此，对于系统温度、负载电流、电池电压的监测必不可少。当温度超过设定临界值时，冷却系统在 BMS 的控制下，会发生连锁动作，即储能系统的冷却必须由 BMS 触发。由此可见，BMS 是电化学储能电站的核心。由于单个电池的制造工艺和使用环境不同，电池之间存在性能差异，BMS 的控制策略会进一步影响整个电池组的效率。

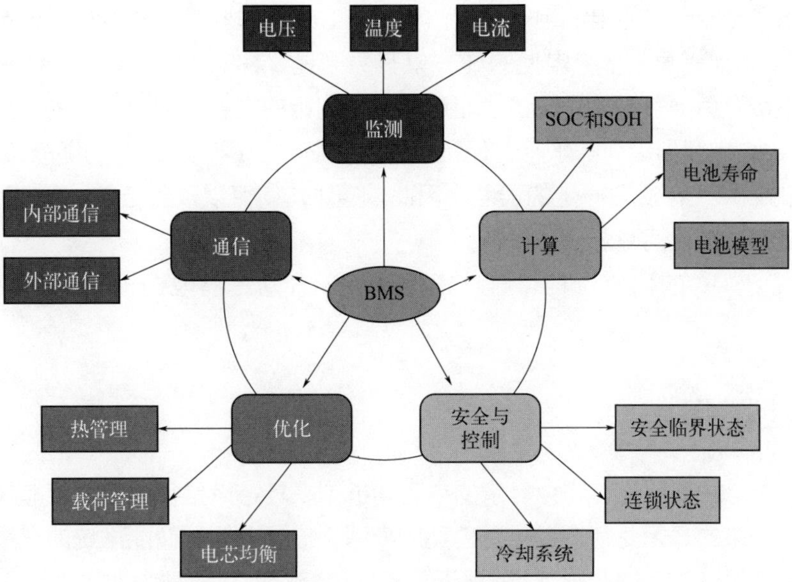

图 5-8　电池管理系统

（SOH 表示健康状态）

5.5　SOC的估算

5.5.1　SOC估算方法概述

SOC 是描述电池状态中最重要的参数之一，它和电压、电流不同，不可直接测得，只能通过计算获得。因此，计算方法不同，其计算结果的误差也就有所不同。而对于大型电化学储能电站来说，SOC 和 SOH 计算的准确与否，直接关系到 BMS 控制策略的选择，更关系到电池的安全性和可靠性。如何实时、准确地进行 SOC 估计已经成为 BMS 的一个重要研究方向。因此，本部分将对 SOC 的估算进行简述。

SOC 定义为在一定放电倍率下，剩余电量与相同条件下额定容量的比值，是反映电池剩余电量的参数。电池的过充和过放都会对电池的寿命产生影响，甚至会发生燃烧或爆炸，因此对电池的荷电状态进行严格监控，是 BMS 的一项重要任务。SOC 的数学表达式如下：

$$SOC=\frac{Q_t}{Q_n}\times 100\% \qquad (5\text{-}15)$$

式中　Q_n——电池的额定容量，A·h；

Q_t——在 t 时刻电池的剩余电量，A · h。

SOC 的取值范围为 0 ~ 1，当 SOC = 0 时，表示电池已完全放电，当 SOC = 1 时，表示电池完全充满。对于锂离子电池储能电站，SOC 的计算精度应该不大于 8%，计算更新周期不大于 3s。

构成电化学储能电站的电池组，虽然由许多电芯通过串联或并联构成，但是一个电池组的 SOC 不能简单地等同于单个电池的 SOC。其原因是，在电池组实际工作的过程中，不同的电芯之间不可避免地存在差异，这也是电芯需要均衡的主要原因。均衡的理想目标就是将每个电池的 SOC 控制到相同的水平。但是其中存在着一个逻辑循环，均衡的策略与 SOC 有关，而 SOC 的估算又存在着一定的误差，因此，通过均衡可以改善电芯 SOC 不均衡的情况，但是很难彻底解决这种问题。

一般来说，SOC 的估算过程可分成三个步骤，分别是模型选择、模型参数的辨识和 SOC 估算。

5.5.2 模型选择

电化学储能电站本身具有较为复杂的电化学机制，其特点是行为的高度非线性。算法是基于模型衍生出来的，因此，选择一个合适的模型来描述电化学储能系统的非线性行为至关重要，这也是 SOC 估算的第一步。根据近年来的研究，现有模型大致可以分为基于参数的理论模型和基于数据的经验模型。从研究角度来看，目前最主要的模型共分为四种类型，分别是电化学模型、等效电路模型、分数阶模型和神经网络模型。

（1）电化学模型

电化学模型是依靠电化学理论的方法描述电流分布、电位变化和电极性能的一种模型，通常以常微分方程的形式给出，如 Nernst 模型。此类模型主要用于研究电池内部结构和反应机理。由于电池内部的电化学过程非常复杂，因此电化学模型并不适用于电化学储能电站的 SOC 估算。与电化学模型相关的参数对于测量的精度要求较高，因此测量的成本也高。为了获取某些参数，往往要对电池进行不可逆的破坏性实验，这并不符合 BMS 在线测试的应用环境。

（2）等效电路模型

等效电路模型的优点是计算简单，物理意义明确，因此应用非常广泛。此类模型不需要考虑电池内部的电化学反应，而是将电池简化为由电阻、电容、恒压源等元件组成的一套电路系统，来模拟电池的动态特性和容量衰减的特性。典型的等效电路模型共有 7 种，分别为 Rint 等效电路模型、阻容（RC）等效电路模型、Thevenin 等效电路模型、PNGV 等效电路模型、Randle 等效电路模型、GNL 等效电路模型和多阻容（RCs）等效电路模型，如图 5-9 所示。

Rint 模型是电池最基本的等效电路模型，由一个开路电压源（OCV）和一个串联内阻（R）组成。该模型认为电池的输出电压等于开路电压减去电流通过内阻所产生的压降，即 $U_L=U_{OCV}-I_LR$。其中，OCV 可反映电池的荷电状态（SOC），而内阻 R 则代表电池内部的欧姆损耗。该模型结构简单、易于实现，适用于静态特性分析或对动态精度要求不高的场合，但无法准确反映电池在动态充放电过程中的极化效应与滞后特性。

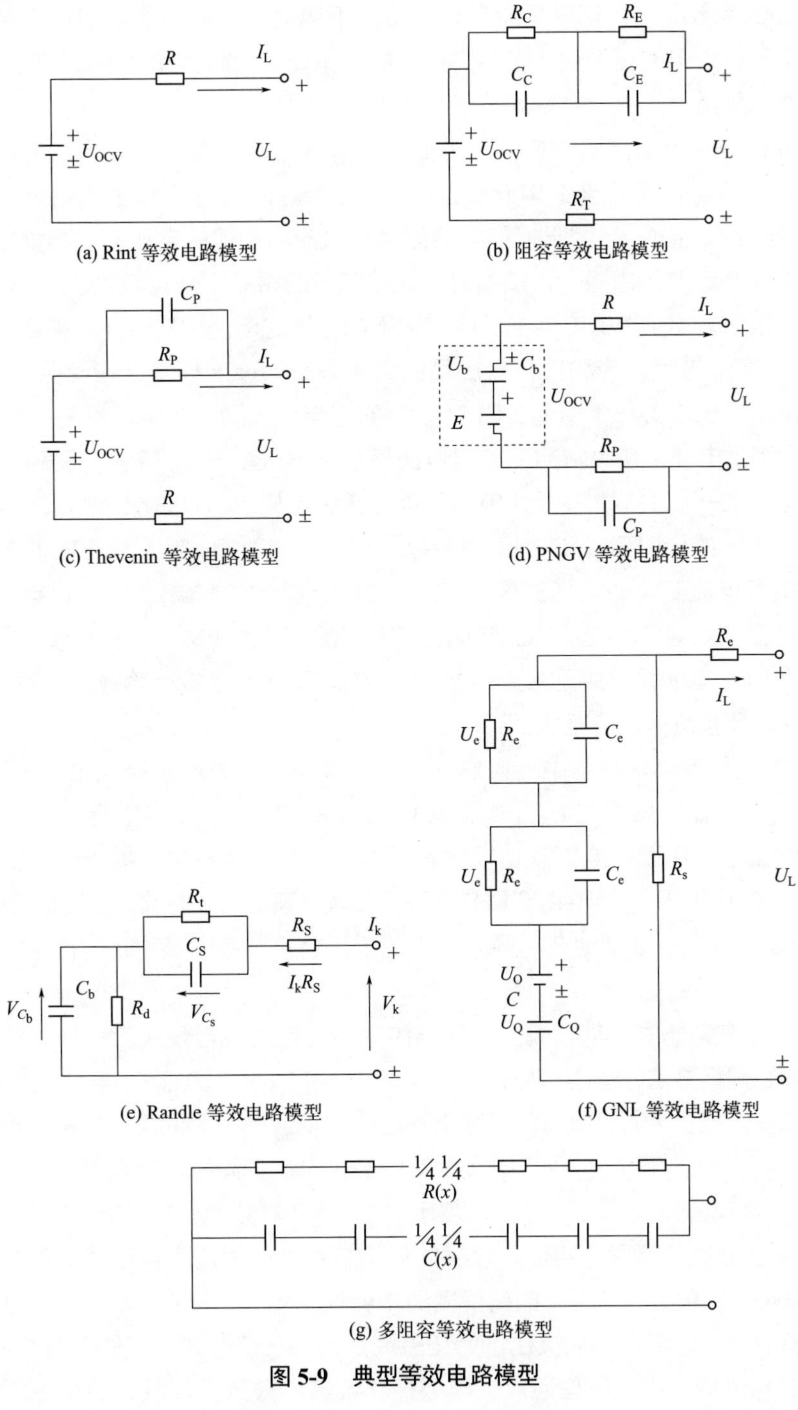

(a) Rint 等效电路模型　(b) 阻容等效电路模型

(c) Thevenin 等效电路模型　(d) PNGV 等效电路模型

(e) Randle 等效电路模型　(f) GNL 等效电路模型

(g) 多阻容等效电路模型

图 5-9　典型等效电路模型

阻容模型是在 Rint 模型基础上扩展的电池等效电路模型，用于更准确模拟电池的电压响应与热行为。其电学部分由开路电压源（OCV）、串联欧姆内阻（R_T 或 R_0）、一个并联的电阻 - 电容支路（极化电阻 R_C 与极化电容 C_C）组成，用于反映电池在充放电过程中的滞后效应和电压动态变化。模型输出电压 U_L 由 OCV、内阻压降与极化电压共同决定，电流为 I_L。此外，该模型还包含热模型部分，其中 R_E 表示电池与环境之间的热阻，C_E 表示环境等效热容。通过热等效回路，可以预见在一定电流下电池产生的热量如何在内部积聚或向外散发，从而用于模拟电池温度变化与热失控风险。整体上，阻容模型兼顾了电压精度和热行为，是电池建模中常用的中等复杂度方案。

Thevenin 模型是电池建模中广泛使用的一种等效电路模型，用于描述电池在动态充放电过程中的电压响应。该模型在 Rint 模型的基础上增加了一个并联的阻容网络（由极化电阻 R_P 和极化电容 C_P 组成），用于模拟电池因极化效应所引起的电压滞后和恢复过程。模型中的串联电阻 R 表示欧姆内阻，直接影响电池端电压的瞬时压降：而并联的 R_P-C_P 回路则产生缓变的极化电压，用于模拟电池在负载变化下的中短时电压响应特性。最终输出的端电压 U_L 是开路电压经过内阻压降和极化效应后的结果。Thevenin 模型结构简洁、计算效率高，适用于电池管理系统（BMS）中的实时 SOC 估算与电压预测。

PNGV 模型是电池建模中常用的等效电路模型之一，由一个开路电压源（OCV）、一个串联欧姆内阻 R 和一个并联的电阻 - 电容网络（极化电阻 R_P 与极化电容 C_P）组成。该模型能够同时反映电池的瞬时压降和中短期极化滞后行为。欧姆电阻 R 表示电池内部的直流电阻，决定了负载电流变化时电压的瞬时响应；极化支路中的 R_P 和 C_P 模拟电极 - 电解质界面的电化学过程，刻画电池在动态工作时的缓慢电压变化。PNGV 模型结构与 Thevenin 模型类似，但在汽车电池系统中已被广泛验证，兼具建模精度与计算效率，适合 BMS 中的 SOC、SOH、电压预测等功能模块。

Randles 模型是电化学系统中经典的等效电路模型，主要用于描述电极界面反应过程。它由欧姆电阻 R_S、双电层电容 C_S 和电荷转移电阻 R_t 构成基本架构，常与 Warburg 阻抗或扩展阻容网络组合，用以模拟扩散、极化等行为。在实际建模中，模型还可扩展包含电极体电容 C_b、电极体电阻 R_d、极化支路电压 V_{C_S} 和 V_{C_b} 等。通过电流 I_k 计算各元件的响应，Randles 模型能够准确反映电池在不同频率下的阻抗特征，特别适用于电化学阻抗谱（EIS）拟合与分析。

GNL 模型（广义非线性集总模型）是一种综合考虑电池电压响应、极化行为与热传导过程的热电耦合建模方法。模型中包括电池开路电压 U_O、负载电流 I_L 与端电压 U_L，通过电压极化支路和多个电容 - 电阻单元，刻画电池电化学响应的多时间尺度特征。电路中设有电压响应单元 U_Q、极化电容 C_Q，用于模拟缓变的极化电压。同时，模型热回路包含多个并联的热阻 - 热容网络（如 R_e、C_e、U_e），以表示电芯、壳体与环境之间的热传导、热积累与散热行为。GNL 模型具备高度非线性与较强的结构扩展性，适用于多物理场耦合建模与电池状态估算（SOC、SOH、SOT）中的高精度动态仿真。

多阻容模型是一种将电池的极化行为按空间或时间尺度分段描述的多阶阻容网络结构，广泛应用于高精度建模中。模型通过将电极极化或热扩散过程离散为多个等效的阻容子单元，每段单元包含一个电阻 $R(x)$ 和一个电容 $C(x)$，其中“1/4 $R(x)$”和“1/4$C(x)$”表示将一个完整的阻容单元按特定比例等效分布到前后两端，用以实现更逼近连续系统的仿真结构。该模型常用于将电极活性区、电极 - 电解质界面，或将电芯热结构剖分为多个小单元，从而精确描述电压衰减、热扩散或极化电压滞后的空间分布和动态响应。多阻容模型通常用于支持电化学 - 热 - 力耦合建模与在线状态估算，特别适用于大容量电池或大电流工况下的细节模拟。

（3）分数阶模型

分数阶模型则引入了一个恒相位元件（constant phase element，CPE），也称恒相位阻抗。CPE 可以通过分数阶演算的方法准确地呈现出来，因此该模型被称为分数阶模型。值得注意的是，CPE 并不是等效电路模型中的电容器元件。与理想电容器相比，CPE 可以更好地描述电池电极上发生的双电层行为，从而提高电极动力学模型的求解精度。在形式上，可以直接使用 CPE 对等效电路模型中的电容器元件进行替换。图 5-10 所示为改造后的一阶和二阶的 RC 模型。

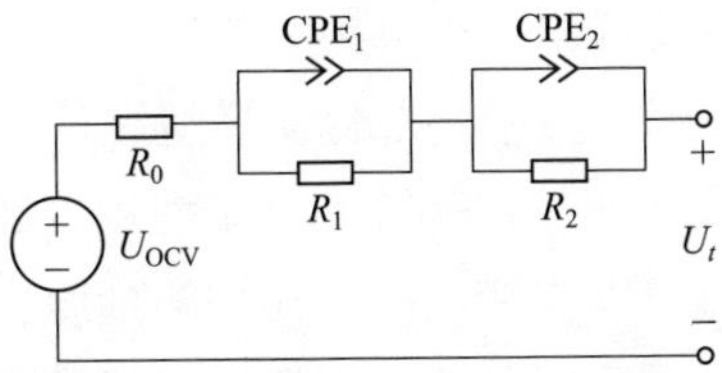

图 5-10　改造后的一阶和二阶的 RC 模型

使用分数阶模型可以更好地描述电池的非线性特征。与传统的等效电路模型相比，它们可以提高 SOC 的估算精度，涉及的参数更少，因此，分数阶模型越来越受到重视。

（4）神经网络模型

BP 神经网络的结构主要包括输入层、隐含层及输出层三个部分。在这个体系中，输入层扮演着收集和传输外界信息到网络内部的角色。具体来说，输入层将接收到的数据传递给隐含层，后者是网络的核心，负责处理输入数据。隐含层中的神经元会对接收到的信息进行加工，通常通过激活函数来转换信号，然后将处理后的信息发送到输出层。输出层的任务是将从隐含层传递来的信息与预期的输出进行比较，判断网络的输出是否符合期望。如果输出误差在一个可接受的范围内，网络就会产生最终的输出信号，反之如果误差过大，则系统会通过反向传播的方式发送反馈信号，对网络中的参数进行调整。神经网络图如图 5-11 所示。

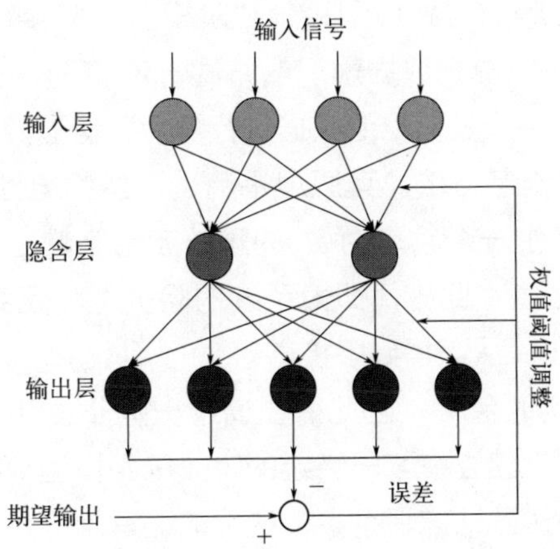

图 5-11　神经网络图

神经网络通过对大量的电池充放电数据进行“学习”，并通过多个训练过程，减小误差。神经网络的复杂程度，与求解精度要求和历史数据的结构有关。从某种意义上说，神经网络模型解决了基于电池电化学特性建模过于复杂的问题，但需要注意的是神经网络的准确性与训练集的数据结构有关。储能电池的数据量很大，各个研究机构都以“大数据”为名展开了广泛的研究。但是大数据并不等于大样本，如果前提是电池出问题为小概率事件，那么描述电池正常状态的数据量将远大于描述电池异常状态的数据量。也就是说从全样本空间上来看，描述异常电池状态的样本量只占很小一部分，因此从安全角度来说，电化学储能电站系统的数据特点是“大数据、小样本”。如何筛选（清洗或挖掘）数据，构建数据的训练集、测试集和验证集，是值得研究的工作。

四种模型的对比如表 5-4 所示。其中，电化学模型被认为具有最高的精度，然而应用并不方便，因此通常适用于电池设计环节。等效电路模型和分数阶模型非常相似，由于其模型中没有对温度的描述，因此当温度发生变化时，模型的精度会受到较大影响。神经网络模型是基于数据建立的，如果数据范围可以覆盖不同的温度状态，那么理论上该模型可以描述电化学储能系统的变温环境。因此，数据的范围和结构，是影响模型精度的关键因素。

表5-4　四种模型对比

模型	优点	缺点	应用领域
电化学模型	精度高	参数多，温度影响大，参数获得需要做破坏性实验	电池设计
等效电路模型	精度较高	参数多，当温度发生变化时其精度降低	恒温环境
分数阶模型	精度较高，参数简单	当温度发生变化时其精度降低	恒温环境
神经网络模型	精度较高	依赖于数据的范围	实际环境工况

5.5.3　模型参数的辨识

涉及参数的模型主要是等效电路模型和分数阶模型。其参数的辨识，是 SOC 估算过程中的关键点也是难点。概括地说，数据辨识的方式一般有两种：一种是基于电化学阻抗谱（EIS）测量获得参数；另一种是基于电池数据进行拟合获得参数。

EIS 是一种无损的参数测量方法。其原理是测试设备给电池一个频率为 ω_1 的小振幅正弦波电压信号，电池系统产生一个频率为 ω_2 的正弦波电流响应信号，测试设备通过测量交流电压信号与电流信号的比值（此比值即为系统的阻抗）随正弦波频率 ω 的变化，或者是阻抗的相位角 Φ 随 ω 的变化，从而得到阻抗谱。

电池的 SOC 通常要求实时监测，因此需要通过一些非线性变化特性的在线动态拟合来识别电池参数。这种方法通常建立在某一特定的等效电路模型或分数阶模型的基础上，模拟描述电池外部的特性，从而达到动态识别参数的目的。常用的拟合算法有两种：一种是基于数学的算法，如最小二乘法（LS）、卡尔曼滤波算法（KF）等；另一种是优化算法，如粒子群算法（PSO）、遗传算法（GA）、支持向量机（SVM）等。

5.5.4 SOC估算的方法

目前对于 SOC 的评估方法主要有库伦计数法、开路电压法、内阻法、卡尔曼滤波法、神经网络法等。

（1）库伦计数法

库伦计数法也称为安时积分法或电流积分法，由于其工程实现较为简单，是电化学储能电池 SOC 在线估计使用最广泛的方法。在库伦计数法中，通过对储能电池充放电的电流进行连续监测，利用充放电流与时间的积分得到电池吸收或释放的电量，从而得到电池的 SOC 值。库伦计数法的表达式为：

$$\mathrm{SOC}(t)=\mathrm{SOC}(0)-\frac{1}{Q_{\mathrm{n}}}\int_0^t I(\tau)\mathrm{d}\tau \tag{5-16}$$

式中　$\mathrm{SOC}(t)$——电池在t时刻的荷电状态；

$\mathrm{SOC}(0)$——电池在 t_0 时刻的荷电状态；

Q_{n}——电池的额定容量，A · h；

$I(\tau)$——电池在 τ 时刻的电流，A，充电为负，放电为正。

可以看出，用这种方法得到的 SOC 的准确性主要依赖于对电流的精确测量和对电池初始 SOC 的准确估计。然而，电池在充放电时存在损耗，导致在充放电循环时，可以释放的电量小于储存的电量，因此通过库伦计数法估算存在累积误差。除了充放电效率之外，电池温度、电流、寿命等都会影响库伦计数法的精度。

（2）开路电压法

电池的开路电压与 SOC 有固定的对应关系，因此利用电池开路电压与 SOC 的对应关系，可以有效地估算电池荷电状态。然而，对于不同电池，SOC 和开路电压的对应关系并不完全相同，这取决于电池的容量和材料。

例如，对于铅酸电池，SOC 与开路电压存在近似线性的关系：

$$V_{\mathrm{OC}}(t)=a_1\times\mathrm{SOC}(t)+a_0 \tag{5-17}$$

式中　$V_{\mathrm{OC}}(t)$——电池在t时刻的开路电压，V；

$\mathrm{SOC}(t)$——电池在 t 时刻的荷电状态。

从式（5-17）中可以看出，a_0 的值等于电池在 SOC = 0 时的开路电压，a_1 可通过 a_0 的值和 SOC = 100% 时的开路电压计算得出。

对于锂离子电池，SOC 与锂离子在活性材料中的嵌入量和静态热力学有关，因此 SOC 与开路电压也存在对应关系。与铅酸电池不同，锂离子电池的开路电压与 SOC 不是线性关系。

开路电压法的优点是简单且精度高，缺点也十分明显，电池达到平衡状态需要较长的静置时间。

（3）卡尔曼滤波法

使用卡尔曼滤波法估算动力电池的 SOC 时，电池以动力系统的形式被转化为状态空间模型，SOC 则变为了该模型内部的一个状态变量。卡尔曼滤波法能够根据采集到的电压、电流，由递推方法得到SOC的最小方差估计，解决 SOC 初值估计不准确和累积误差的问题，能有效地抑制系统噪声。随着科研人员的不断研究，提出了越来越多的改进算法，例如扩展卡尔曼滤波法、无迹卡尔曼滤波法等。

（4）神经网络法

反向传播（BP）神经网络是人工神经网络算法中最流行的类型。BP 神经网络因其良好的非线性映射、自组织和自学习能力，而应用于 SOC 的估计中。

$$net_{ij}=\sum_{i=1}^{3}x_i v_{ij}+b_j \tag{5-18}$$

式中 net_{ij}——隐藏层中第j个神经元；

x_i——输入层的输入参数；

v_{ij}——输入层和隐藏层之间的权重；

b_j——偏置。

激活函数选取：

$$h_j=f(net_{ij})=\frac{1-\mathrm{e}^{-2net_{ij}}}{1+\mathrm{e}^{-2net_{ij}}} \tag{5-19}$$

神经元 o 为：

$$net_o=\sum_{i=1}^{g}h_i w_i+k \tag{5-20}$$

式中 h_i——以隐藏层神经单元的输出作为神经元o的输入，h_i是第i个输入；

w_i——神经元 o 第 i 个输入的权重。

激活函数：

$$o=f(net_o)=\frac{1}{1+\mathrm{e}^{net_o}} \tag{5-21}$$

综上所述，SOC 估算并不是一个绝对成熟的技术。或者说，成熟的 SOC 估算技术，在储能规模越来越大、电芯数量越来越多的今天，并不能完全满足需求。而 SOC 估算，是防止电池发生过充电、过放电，指导系统均衡策略等的前提和基础，对电化学储能电站的安全运行非常重要。因此在电化学储能电站设计过程中，要尤其重视 SOC 估算的方法。

5.6 储能电站运行安全风险评估

近年来，储能电站在构建以新能源为核心的新型电力系统中，可以起到消纳新能源、削峰填谷、增强电网稳定性和应急供电等作用。而电化学储能也已经在电力系统中得到了充分应用，如在用户侧方面可通过峰谷价差套利进行需求响应以及电量平衡和负荷特性改善，而在电源侧方面可与火电场、风电场、光伏场站联合参与辅助服务，在电网侧主要用于电网削峰填谷。2022 年，国家发展改革委和国家能源局联合发布的《“十四五”新型储能发展实施方案》(发改能源〔2022〕209 号) 中提出，到 2025 年，新型储能由商业化初期步入规模化发展阶段，具备大规模商业化应用条件，到 2030 年，新型储能全面市场化发展。该方案中明确提出“突破电池本质安全控制、电化学储能系统安全预警、系统多级防护结构及关键材料、高效灭火及防复燃、储能电站整体安全性设计等关键技术，支撑大规模储能电站安全运行”，为推动电化学储能电站的安全运行提供了方向和指引。

众所周知，电化学储能电站由具有高能量密度的电池和相关电气设备组成，而电池本体有可能会发生燃烧、爆炸，电化学储能电站通常含有数以千计甚至万计的电池，其安全风险相对较高。与此同时，配套储能安全的相关法律法规和标准也存在不足，电化学储能电站在电池本体的安全质量管理和退役回收、电站的建设调试和运行维护等方面均存在事故风险，在众多因素的耦合加成下，电化学储能电站的事故常有发生。如 2019 年发生在美国亚利桑那州的 McMicken 电站和 2021 年北京丰台电化学储能电站的事故均是由于单个电芯失效，引发内部化学反应（放热反应），释放热量，温度持续上升，且传播到附近的电池和模块，引发火灾甚至爆炸。而在 2023 年仅韩国就发生了至少 30 起的储能电站失火事件，美国也有至少 20 起储能电站失火事件，发生在国内的锂离子电池储能事故也较多。

大量的储能电站事故说明，不管是建设单位还是运行维护单位，都对电化学储能电站的事故危险性认识不足。涉及电化学储能电站安全风险的因素有火灾、爆炸、中毒、窒息、触电、灼烫等，因此，开展电化学储能电站的风险评估研究为保障电化学储能电站的安全稳定运行提供了强有力的支撑，为构建新型电力系统提供了坚强的后盾。

5.6.1 电化学储能电站的风险特征

(1) 客观存在性

风险的客观存在性指风险是客观存在、无法避免且不可消除的。而对于具有本征安全特征的电化学储能系统，虽然基本上消除了电芯起火的安全隐患，但仍存在化学风险和电气风险。即使电芯不起火，也不能杜绝火灾发生的可能性，比如线路老化发生短路，引燃其他可燃物。因此，电化学储能电站的风险特点是风险必然存在，我们应做的是降低风险发生的概率。

(2) 高概率性

风险必然发生，只是概率不同，因此应明确电化学储能电站发生风险概率的高低。据 CESA 储能应用分会产业数据库不完全统计，2009 年 11 月至 2024 年 12 月，全球范围内共发生 117 起储能相关事故。2018 年以前，储能电站领域的事故较少进入公众视野，相关新闻报道也存在不同程度的空白。而到了 2021 年之后，随着储能系统的迅速推广应用，事故发生数量呈上升趋势。值得注意的是，在 2024 年的前 10 个月里，储能相关事故的发生量已超过了 2023 年全年的总量。可见随着电化学储能电站投运数量的增加，发生事故的数量也随之增多。进一步讲，我们看到的只是恶性储能事故的报道，而那些未酿成恶性后果的风险和隐患难以统计。综上，笔者认为电化学储能电站的风险是高概率事件，对于电化学储能电站的安全要尤其注意。

（3）多样性

电化学储能电站风险的多样性表现在风险源的多样性、安全事故的多样性以及风险源之间相互影响的复杂性。

风险源的多样性如电能变换和控制阶段出现的故障；电池电极活性材料随时间逐渐损失，电荷传递阻抗增大，电池性能衰退；电池内短路或外短路导致瞬间产生大量热量，引发正负极活性物质和电解液反应分解，导致电池起火甚至爆炸；电站设备因自身或外界干扰无法运行在适当工作温度；电压、电流以及温度传感器等发生故障，可能会导致电池等超出安全范围运行，热管理失效；变压器和变流器等设备处于超负荷运行状态，温度升高，加快绝缘老化，导致大面积故障；连接电网与储能电源的公共母线由于拓扑结构、线路老化等导致的故障；设备绝缘老化出现的过电压或过电流状态；火灾探测器无法探测到火灾信号或启动灭火，造成温升过高和损害设备；电池管理系统、储能变流器、能量管理系统故障造成的整站监控、分析、优化缺陷等。每个故障并不是独立的，它们之间会相互干扰，相互影响。如电气线路短路引起温度升高，不可避免地会引起附近的电芯温度上升。因此，引发的安全事故也是多样的。

（4）可评估性

电化学储能电站的风险是有规律的。从既往事故统计结果来看，导致电化学储能电站事故或风险的因素主要有五个：一是电池本体的安全问题，二是运行环境变化引发的安全问题，三是外部应激源产生的安全问题，四是管理系统产生的安全问题，五是人为因素造成的安全问题。

虽然风险的发生难以掌控，但事故的风险通过细致地研究是可以进行评估的，电化学储能系统的风险也不例外。储能电站是新兴事物，且规模越来越大，缺乏一定的项目评估风险先例，但可以参考相似项目的风险评估方法，如通过定性或定量法对风险进行度量。根据度量结果就可以进行风险控制，尽量减小风险发生的概率，降低风险造成的损失，把项目风险概率控制在最低点。

5.6.2 电化学储能电站的风险评估影响因素

影响电化学储能电站安全的因素涉及较多方面，结合实际与文献研究，得出人员、电池、设备、管理是影响电化学储能电站风险评估的四个重要因素。

（1）人员

习近平总书记多次强调：“人命关天，发展决不能以牺牲人的生命为代价，这必须作为一条不可逾越的红线。”因此，操作人员在电化学储能电站的安全运行中起到了至关重要的作用，操作人员本身不仅要具备安全意识，其身体素质和心理素质也需要过关，不然在遇到突发状况时很容易造成二次伤害。此外，储能电站的现场管理人员、监察巡视人员还需要具备过硬的技能素质，可以在发生事故时及时、正确、冷静地进行处理。

（2）电池

电池作为电化学储能电站的核心单元，其安全稳定是储能电站的重中之重。目前的电化学储能电站一般选用磷酸铁锂电池作为基本电芯，虽然安全性有所提高，但是电芯一旦过充很有可能会产生锂枝晶，进而导致电芯短路，在短时间内产生并聚集大量的热，使电芯发生热失控，甚至影响到周边的电芯，从而发生起火爆炸，因此，储能电站运行时电芯应尽量避免过充。此外，在设计、生产锂离子电池时需要尽量避免电池缺陷的产生。在锂离子电池成组时还需要对其状态进行实时监测，如电压、电流、温度等，成组后的电池还需要考虑其热安全性。

（3）设备

合理设置储能电站设备的巡视周期及要求，如烟雾传感器、火灾探测器、温度传感器、气体传感器、消防系统等的稳定性。此外，不同的设备也需要安装合适且能够满足安全要求的防护装置。

（4）管理

制定相应的人员培训管理方案、安全管理制度、安全操作规程以及应急预案。

5.6.3 电化学储能电站项目的风险识别

风险识别的过程主要包含以下三个环节。

① 识别并确定风险，即识别有哪些客观存在的风险。只有通过感知风险，才能在此基础上对项目发展变化中的各种风险进行分析，识别出潜在的各种风险，才能够进一步分析这些风险的性质和后果，为下一步拟定风险的处理措施和风险管理决策提供服务。

② 分析风险产生原因，即分析引起风险事故的各种因素，它是风险识别的关键。只有清楚了解风险产生的原因，才能全面分析风险，便于进一步确定风险所带来的影响。

③ 识别各类风险可能会引起的后果。这是项目风险识别的目标，在识别出项目各类风险后，还必须全面分析这些风险可能带来的后果以及后果的严重程度，风险识别的根本目的就是要减少和消除风险所带来的不利后果。

针对电化学储能电站，主要有三类风险源。

（1）环境带给电站的自然环境风险

自然因素主要是指电化学储能电站项目建设所在地的自然环境，比如异常天气的出现，异常天气如严寒冰冻、炎热酷暑、暴风雨雪、台风、地震、洪水等自然现象，以及其他影响储能电站运行的自然条件，都可能造成人员伤亡和财产损失。自然环境风险主要包括气候条件、地质条件、地理位置等几方面的风险。

（2）电站自身的安全风险

安全风险主要是指对电化学储能电站建设、运维人员的人身安全等可能造成威胁的因素，电化学储能电站项目面临的安全风险主要分为电网安全风险、设备事故风险以及人员伤亡风险。

电网安全风险指电化学储能电站对电网支撑能力不足造成的风险。

设备事故风险中，自然灾害、遭受外力破坏和设备制造工艺水平不高是电化学储能电站发生事故的主要因素。电化学储能电站的各个子系统、各个环节大量运用了新技术、新设备，设备制造过程中的隐患、运行维护过程中存在的问题，都会在电化学储能电站运行过程中暴露，从而造成设备故障，甚至造成安全风险。

关于人员伤亡风险，在电化学储能电站项目的运维过程中，存在着触电、物体打击、火灾、毒气等人员伤害因素，加之劳动保障设施、人员素质和生产技术方案的不足等，均可能会造成人身安全事故。

（3）电站带给环境的环境污染风险

电化学储能电站选址、建设、运行过程中均可能会造成环境污染。

5.6.4 储能电站风险控制

（1）建立健全安全生产管理制度体系

进一步完善现有针对电化学储能电站安全要求的标准体系和规范，加强对电芯、电池模块、电池簇的检测，提高安全门槛，从而促进整个储能行业安全水平的提升。

（2）加大储能电站安全管理力度

在建立健全安全管理制度的基础上，完善操作规程和制度，规范储能电站的日常运行和维护，增强对储能电站的巡视，加大对储能电站的监测力度，强化电站工作人员的安全意识，加强电站设计及电池选型管理，规范开展设备选型试验和到货抽检，加强电站验收管理，从源头上保障新型储能项目建设运行的全过程安全。

（3）加强储能安全技术研究

开展储能电站全生命周期内锂离子电池的安全预警技术、火灾特征、演变机制，以及抑制热蔓延阻隔防护技术和快速高效的清洁灭火技术的研究。开展电化学储能电站设备的故障诊断、故障预警以及故障定位技术研究。

（4）加大储能一线技术人员培养力度

一线技术人员须具备专业技能知识、理论知识和岗位所需要的操作能力，应提高其安全意识和处理突发状况的能力，同时培养其组织协调能力。

参考文献

[1] 曹文炅, 雷博, 史尤杰, 等. 韩国锂离子电池储能电站安全事故的分析及思考[J].储能科学与技术, 2020, 9(05):1539-1547.

[2] 杨夯, 黄小庆, 于慎仟, 等. 电化学储能电站主动安全研究[J].电力自动化设备, 2023, 43(08):78-87.

[3] 张文亮,丘明,来小康.储能技术在电力系统中的应用[J].电网技术,2008,32(07):1-9.

[4] 朱伟杰, 董缇, 张树宏. 储能系统锂离子电池国内外安全标准对比分析[J].储能科学与技术, 2020, 9(01):279-286.

[5] 靳文涛, 李煜阳, 贾学翠, 等. 储能电站电池一致性综合评估方法研究[J].电器与能效管理技术, 2022(05):23-28.

[6] 李允超, 宋华伟, 马洪涛, 等. 储能技术发展现状研究[J].发电与空调, 2017, 38(04):56-61.

[7] 喻航, 张英, 徐超航, 等. 锂电储能系统热失控防控技术研究进展[J].储能科学与技术, 2022, 11(08):2653-2663.

[8] 戴兴建, 邓占峰, 刘刚, 等. 大容量先进飞轮储能电源技术发展状况[J].电工技术学报, 2011, 26(07):133-140.

[9] 周建平, 李世东, 高洁.促进新能源开发的"水储能"技术经济分析[J].水力发电学报, 2022, 41(06):1-10.

[10] 骆妮, 李建林. 储能技术在电力系统中的研究进展[J].电网与清洁能源, 2012,28(02):71-79.

[11] 李先锋, 张洪章, 郑琼, 等. 能源革命中的电化学储能技术[J].中国科学院院刊, 2019, 34(04):443-449.

[12] 蔡晶菁. 锂离子电池储能电站火灾防控技术研究综述[J].消防科学与技术, 2022, 41(04):472-477.

[13] 贾蕗路, 刘平, 张文华. 电化学储能技术的研究进展[J].电源技术, 2014, 38(01):1972-1974.

[14] 赖春艳, 陈宏, 倪嘉茜, 等. 锂离子电池储能技术在电力能源中的应用模式与发展趋势[J].上海电力大学学报, 2021, 37(04):380-384.

[15] 孟祥飞, 庞秀岚, 崇锋, 等. 电化学储能在电网中的应用分析及展望[J].储能科学与技术, 2019, 8(S1):38-42.

[16] 李泓, 吕迎春. 电化学储能基本问题综述[J].电化学, 2015, 21(05):412-424.

[17] 吴静云, 黄峥, 郭鹏宇. 储能用磷酸铁锂（LFP）电池消防技术研究进展[J].储能科学与技术, 2019, 8(03):495-499.

[18] 张文建, 崔青汝, 李志强, 等. 电化学储能在发电侧的应用[J].储能科学与技术, 2020, 9(01):287-295.

[19] 方来华,时训先.储能安全：风险防控与安全监管[J].劳动保护, 2021(12):10-13.

[20] 王兴春,吴菲,郁颖蕾.电化学储能电站风险评估指标体系设计[J].化工安全与环境, 2022, 35(47):18-23.

[21] 赵北涛,郭洪昌.国内外电化学储能电站安全分析及展望[J].农村电气化, 2022(01):69-71.

[22] 周正,徐仕先,丁卫华,等.电化学储能安全性分析及预警技术进展[J].工业安全与环保, 2023, 49(02):54-56.

[23] 杨君涛,张永丰,张磊.电化学储能电站火灾风险分析与评估指南研究[J].现代职业安全, 2021(11):26-29.

[24] 贾超,赵霞,张妍.锂离子电池储能电站火灾风险分析与对策探讨[J].电力安全技术, 2022,24(06):23-26.

[25] 马俊宇,苗海青.电化学储能电站火灾事故处置对策研究[J].中国应急救援, 2023(03):36-39.

[26] 高云峰.电化学储能电站消防安全风险分析和对策[C]//广东省国科电力科学研究院.第三届电力工程与技术学术交流会议论文集, 2023.

第6章

储能电站建设

电化学储能电站建（构）筑包括综合楼、配电室、升压站、逆变器小室、大门及围墙等，应参照《光伏发电站施工规范》（GB 50794—2012）的有关规定，并符合设计要求。储能电站场内布置包括储能电池集装箱、PCS 集装箱（含干式变压器）、电气综合预制舱、储能电站综合自动化控制系统的建设，主要涉及土建工程、安装工程、消防工程及水环保工程。储能电站的建设质量对于电力系统的安全稳定运行具有重要的意义，本章重点从施工组织设计、土建工程及安装工程、储能系统调试等方面介绍储能电站的场内建设。

6.1 施工组织设计

6.1.1 工程概况

工程概况主要包括工程的基本情况，即地质条件、水文气象条件、交通条件、工期要求、工程类型、工程范围划分等，以及工程性质和作用、使用功能、建设目的、建成后的地位和作用。

6.1.2 施工现场组织机构

项目现场实行项目经理负责制，设置项目副经理、总工程师、安全总监等岗位，根据需要可设置常务副经理。项目部设置设计管控部、设备采购部、工程管理部、安全管理部、费用控制部、物资管理部、综合管理部等，具体结合各项目实际确定。项目管理机构及部门职责示例如图 6-1 所示。

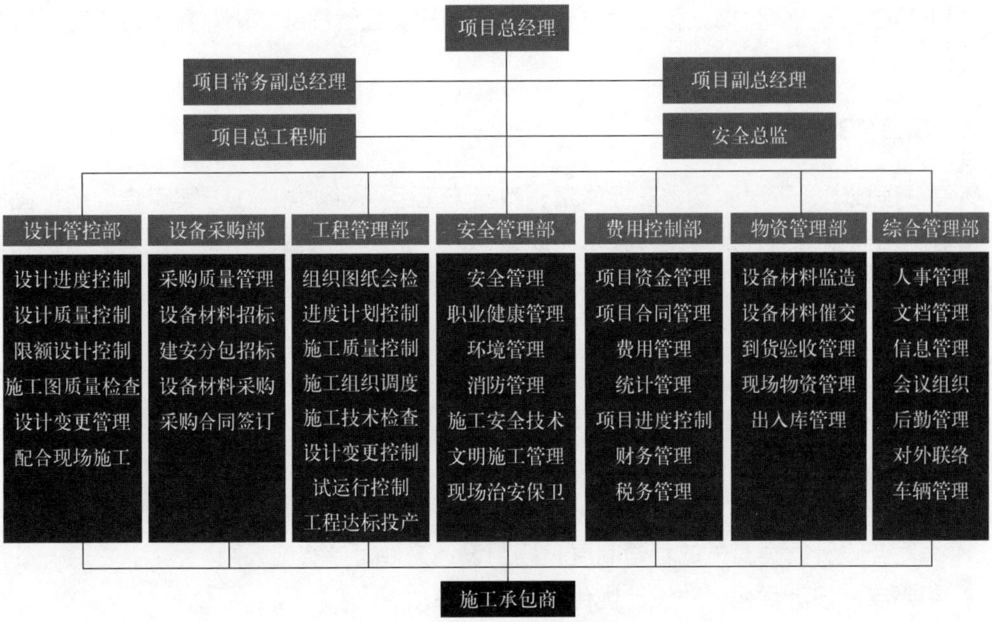

图 6-1　项目管理机构及部门职责示例

（1）项目总经理主要职责

负责项目总体管理，协调项目资源；经授权，代表工程总承包负责执行项目合同，负责项目实施的计划、组织、领导和控制，对项目的质量、安全、费用和进度全面负责；负责项目部项目管理体系和管理制度规划与评审。

（2）技术总负责项目副总经理

负责牵头开展勘察设计工程的总体设计方案、技术把关、技术协调，负责勘察设计、设备采购，负责设计和采购范围内的现场技术服务，对外协调政府有关部门、电网和工程技术等工作。

（3）分管设备采购管理的项目副总经理

负责本项目涉及的所有主设备采购工作，对采购工作负总责。具体负责勘察设计、设备采购工作，负责设计和采购范围内的现场技术服务及协调等工作。分管设备采购部。

（4）负责储能、升压变电站的项目副总经理

负责储能电站、升压变电站的勘察设计、设备采购工作，负责设计和采购范围内的现场技术服务及协调工作。

（5）分管生产的项目副总经理

负责施工组织规划与施工方案审查，负责项目一级网络计划管理，主持项目生产调度会，负责施工承包商和调试承包商的协调、监督和管理，负责物资管理，负责项目安全、职业健康和环境管理，分管物资管理部、工程管理部和安全管理部，协管费用控制部、综合管理部。

（6）项目总工程师

负责工程技术、工程质量、三标体系，负责施工组织规划与施工方案审查，组织图纸会审，负责施工质量检查，处理工程技术和质量问题，负责分部试运和联合试运的组织和方案审查，负责项目质量、职业健康安全、环境管理体系的运行，协管安全管理部。

（7）项目安全总监

负责项目安全、职业健康和环境管理，兼安全管理部经理。

（8）设计管控部

① 编写与设计管理有关的管理制度，编制设计文件管控实施细则；
② 组织实施设计优化，对设计优化结果进行评估；
③ 负责项目设计文件的协调，保证图纸供应；
④ 协助做好设计文件的整理、归档；
⑤ 参与工程结（决）算工作；
⑥ 参与工程创优及达标投产工作；
⑦ 编写项目设计管理完工报告。

（9）工程管理部

① 负责编写工程管理部有关管理制度；

② 负责项目全过程的质量管理、施工管理、调试管理和档案管理，编制施工、试运行质量计划；

③ 负责项目的建筑、安装施工、调试管理，保证施工进度、工程质量和施工费用，负责项目工程管理的施工组织与平衡，协调监理员、设备制造商、建筑商、安装承包商之间的关系；

④ 负责分部试运、整套试运和调试，组织机组（组件）移交生产达标等事宜，负责防洪、防风暴、防水等具体工作；

⑤ 核实并接收业主提供的施工条件及资料；

⑥ 编制项目总体施工进度计划（包括施工准备工作、施工质量和安全管理等），根据一级网络综合进度制定二级网络专业进度（如需），并协调设计进度，协助编制设计施工图交付进度及设备交付进度；

⑦ 负责现场“五通一平”规划，按照已审定的施工总平面布置，划分施工场地，安排施工水源、施工电源、施工通信、施工道路、排水防洪等主干线的建设与施工；

⑧ 参与编制施工组织总设计，审定与划分施工场地平面布置，审定施工承包商的施工组织设计；

⑨ 编制开工前的施工准备工作计划，在开工前 15 天组织施工准备全面检查；

⑩ 负责对分包单位的监督协调和管理，组织设备调试、性能测试，负责技术性能考核与评定工作；

⑪ 组织厂区施工方格网的设置；

⑫ 组织施工图纸会审，向施工承包商提供施工图纸及有关资料；

⑬ 组织工程调度会议，编写会议纪要；

⑭ 负责施工总平面管理，统筹安排施工场地使用，管理停水、停电、断路等情况；

⑮ 参加设备、材料的开箱验收、资料验收，协助办理制造方面的索赔手续，参与编写质量缺陷报告等工作；

⑯ 办理工程设计变更（专题另行商议），组织材料代用及设备缺陷处理工作；

⑰ 参与分部试运、整套试运，消除启动试运安全隐患和尾工缺陷；

⑱ 负责工程技术档案、竣工图纸和资料的档案管理和移交工作（专题讨论），参加竣工决算；

⑲ 配合监督检查；

⑳ 组织实施工程质量控制，严格做好质量管理和质量确认工作；

㉑ 定期开展施工计划执行情况检查，检查分析存在问题，研究处理措施，按月编制施工报告；

㉒ 检查施工承包商质量控制所用的相关设备、仪器仪表，并确认其精密度符合性；

㉓ 组织有关部门，审查施工承包商提交的施工技术组织措施中，有关工程质量保证的主要条款；

㉔ 负责实施隐蔽工程的现场监督、工程中间验收及最终验收；

㉕ 参加编制竣工资料，提出申请工程移交报告，协助办理手续移交；

㉖ 按档案管理要求完成工程施工文件、资料的整理和归档；

㉗ 审核项目施工、调试完工报告；

㉘ 负责项目有关工程管理文件的整理、归档；

㉙ 参与工程结（决）算工作；

㉚ 参与工程创优及达标投产工作；

㉛ 编写项目工程管理完工报告。

（10）安全管理部

① 负责项目安全和环境管理体系程序运行与监控，制定安全、健康的管理目标；

② 按照企业职业健康与安全、环境保护体系文件以及合同要求，负责制定职业健康与安全计划，并监督、检查计划的落实和实施情况，发现问题及时改进和报告；

③ 按职业健康与安全、环境保护计划，编制项目职业健康与安全的管理制度和计划实施措施；

④ 编制施工、调试和联合试运行职业健康与安全、文明施工管理程序；

⑤ 确定项目采用的职业健康与安全和环境保护标准、规范、法令、法规；

⑥ 审查和评估施工单位安全计划、安全体系、安全手册、安全程序和安全操作方法是否完善且符合项目部的安全管理规定，监督其严格执行；

⑦ 检查施工单位安全技术措施（防水灾、火灾、爆炸、人身伤害、设备损坏事故等），工业卫生技术措施（改善环境卫生条件、防治职业病和传染病、防毒、防尘、防暑、防冻、减轻噪声等），安全监督仪器，急救措施和设施（急救站、消防站等）等，监督其严格执行；

⑧ 审查特殊施工作业程序（如热作业、带电作业、爆炸危险区作业、有毒区作业等）；

⑨ 组织检查和评估施工承包商质量控制所用的相关设备、仪器仪表是否齐全，其精密度是否满足要求，组织检查施工承包商特种工种的资质是否满足要求；

⑩ 监督、检查施工、调试和联合试运行的安全、环境保护、文明施工程序执行情况，如发现问题，则按照规定及时处理；

⑪ 检查施工、分部试运行和联合试运行前的安全措施落实情况；

⑫ 组织和检查安全教育工作，包括安全思想教育、安全方针政策教育、安全技术知识教育、工业卫生知识教育等；

⑬ 建立安全检查、记录、安全处罚、安全奖励、安全会议制度；

⑭ 核对、汇总施工承包商提供的安全统计数据；

⑮ 定期向项目安全委员会报告工作，记录存在问题，提出建议；

⑯ 在紧急情况下行使与安全、卫生和环境保护有关的特殊权力，及时制止不安全行为；

⑰ 跟踪监督项目实施过程中，各部门、各岗位贯彻执行公司安全、健康、环境保护体系文件的情况，解决在项目实施过程中出现的问题；

⑱ 项目完工时提交安全、质量、环保、职业健康总结报告。

（11）设备采购部

① 编写设备采购有关管理制度，编制采购和物资管理质量计划；

② 负责设备材料的采买、催交、检验、运输、交接验收等工作，编制采购计划和采购详细进度计划；

③ 制定采购工作执行效果基准，测量、检查采购进展；

④ 组织督促厂商履行合同，按期提交供设计和最终确认的图纸和资料；

⑤ 按设计图纸、设备清单、工程总进度和实有库存等资料，编制年度、季度物资供应到场计划，并建立台账及报告制度；

⑥ 联系安排设备材料等的运输，确定集中收货和安排短途运输计划；

⑦ 参与超负荷设备运输技术方案及运输计划、卸货措施等审查工作；

⑧ 负责与施工承包商签订设备到货后卸货、接收、保管协议等工作；

⑨ 负责设备消缺、损坏设备的赔偿处理工作；

⑩ 负责选派、组织设备监造人员，参与设备制造过程中的检验、测试工作，同厂家联系设备安装时所需的设备厂代表等事宜；

⑪ 编制所负责采购设备、材料的年度、季度计划；

⑫ 负责项目有关采购文件的整理、归档；

⑬ 参与工程结（决）算工作；

⑭ 参与工程创优及达标投产工作；

⑮ 编写项目采购完工报告。

（12）物资管理部

① 编写与物资管理有关的管理制度，编制物资保管方案；

② 负责与安装施工承包商签订设备到货后卸货、接收、保管协议等工作；

③ 负责组织设备开箱验收工作；

④ 负责设备、材料和备品备件及专用工具的保管工作，并制定管理办法；

⑤ 根据施工分包合同要求，审查施工承包商按工程设计图纸提出的项目部供应的材料需用计划；

⑥ 审查施工承包商保管仓库是否符合物资保管要求，制定保管制度和措施；

⑦ 建立物资进库、出库及领料退料制度，建账建卡，做到账、卡、物相符，防止误收错发；

⑧ 负责进口设备（如有）的接货检验工作及资料整理工作；

⑨ 负责项目有关物资管理文件的整理、归档；

⑩ 参与工程结（决）算工作；

⑪ 参与工程创优及达标投产工作；

⑫ 编写项目物资管理完工报告。

（13）综合管理部

① 负责项目管理制度的归口管理；

② 负责编制行政办事规则（包括考勤、请假、会议、报告、文件管理等），负责文秘工作，接收及发送文件，起草相关报告；

③ 负责项目办公信息系统总体规划、建设、管理；

④ 负责组织项目行政文件、资料、报告、记录的收发、整理、编号等工作。保证文件资料的完整、有序、准确及有效运用；

⑤ 负责现场保卫、办公区消防、办公区卫生等具体工作，其工作程序纳入 HSE（健康、安全和环境）管理程序；

⑥ 收集综合资料，编制工程大事记，组织编写工程月报和工程相册；

⑦ 负责来宾接待和介绍工程概况；

⑧ 负责项目部宣传和项目部文化建设工作；

⑨ 负责与业主、地方机构联络，处理各方关系，进行涉外事务的管理；

⑩ 负责现场生活、办公、住宿及固定资产的管理；

⑪ 审核各部门考勤；

⑫ 安排人员调动及职工奖罚等事宜；

⑬ 负责签订现场临时用工聘用协议；

⑭ 负责现场邮寄、订阅书报、通信及汽车管理；

⑮ 负责项目经理办公会召集和准备工作，并起草会议纪要；

⑯ 按档案管理规定，组织对项目部行政文件、资料的整理归档等工作；

⑰ 完成项目部领导交办的工作。

（14）费用控制部

① 负责编写费用控制部有关管理制度；

② 负责项目的进度、费用的综合管理和控制，组织编制项目控制程序、项目控制计划和项目风险报告；

③ 对一级网络综合进度进行动态管理，并按照计划与工程实际，编制年度、季度基建投资计划，并监督、检查进度计划的实施情况；

④ 编写各阶段费用控制预算，对控制预算的准确度和不可预见费的建议进行评价，编写各阶段费用指标分解，并监督、检查费用控制计划的实施；

⑤ 审核材料和设备计划，负责财务年度、季度计划的平衡；

⑥ 编制项目进度执行效果测量基准，进行项目执行效果综合分析，提出项目进展情况报告；

⑦ 负责核定业主变更、内部变更和承包商变更对项目费用和进度的影响，提出处理意见；

⑧ 负责并组织合同全过程管理，处理工程欠款、拒付、索赔等事项；

⑨ 编制项目财务资金计划和资金平衡，包括年度、季度、月度资金计划和资金平衡；

⑩ 负责按合同和计划向业主催收各种款项；

⑪ 负责与项目有关的外部银行、税务、建设管理部门和地方等方面的协调，组织办理设备材料付款和施工工程付款，根据规定和需要办理各种保险、缴纳各种税款；

⑫ 协助进行财务结算，编制项目财务报告；

⑬ 负责项目分包单位工程结（决）算，办理财务竣工结（决）算及工程总决算，配合审计工作；

⑭ 组织对项目实施和控制文件的整理和归档；

⑮ 配合项目实施后的评估工作。

6.1.3 施工现场总平面布置

6.1.3.1 场地布置原则

施工总平面本着“节约用地、文明施工、方便运输、保证安全”的原则，进行合理规划布置，力求实用、紧凑、经济。综合进度按“先土建、后安装、再调试”的顺序进行。建筑、安装两大模块分别设置施工区，便于独立开展工作，避免交叉作业。处理好施工准备与开工、土建和安装等方面的关系。

根据工程高空作业多、作业地点分散、施工场地移动频繁及施工质量要求高等特点，遵循施工工艺要求和施工规范，在施工总布置中考虑以下原则。

（1）路通为先、线路跟进的原则

首先修建站内道路，与外界的主干道路对接，然后按施工设计要求架设线路。根据交通运输要求，尽量减少工种或工序之间的干扰，使施工的各个阶段都能做到交通方便、运输通畅。

（2）分区划片、合理交叉的原则

合理安排施工期限和先后顺序，在每个施工区中，根据施工难易程度及道路施工情况，合理安排工序交叉作业。材料与设备堆放场地，应与施工道路、施工通道相对分开。材料、设备堆放与现场临时堆放均应达到相应类型的库存标准，并必须与施工作业区相对分开。各区域实行职责明晰、标准化的区域划分，便于检查与考核。减少二次搬运，降低运输费用，大宗器材或半成品堆置场布设要分析和选取经济合理的运输半径，使反向运输和二次搬运总量最少。

（3）严控质量、安全至上的原则

在工程实施过程中，都要贯彻执行质量第一、安全至上的原则。

（4）文明施工、文明规范的原则

在施工建设中，注意施工场地洒水，防止扬尘，施工噪声不能扰民等。现场安全、质量及管理目标等标识牌与宣传牌必须统一规划，形成标准化、规范化的总平面管理。满足有关规程的防火、保卫、劳动保护和安全文明施工的要求。

（5）节能降耗、环保增效的原则

对于具体工程项目的实施，要遵循节约能源、保护环境的原则。

（6）模块建造、快速拆装的原则

全部建（构）筑物，除地下基础工程采用钢筋混凝土外，地面以上的承重支撑体系及围护结构尽量设计成易于加工和拆装的标准化构件，除能达到快速施工、节约能源的目的外，还能达到易于拆除、易于清理的目的。

（7）科学调度、压缩仓储周期的原则

精心安排各种物资的供货时间及存储计划，把堆放搁置时间压缩到最小限度，以节约材料及设备堆放场地。

（8）集约布局、提升周转效能的原则

能提供足够满足施工需要的生产能力，极大地加快工程进度，能适应日益先进的企业管理需要，满足当前生产生活的基本水平，做到平面上紧凑合理、工艺上符合流程、协调上快捷方便、用地上精简节约、感观上文明整齐。

6.1.3.2 施工总平面规划

施工总平面规划要求如下。

① 总平面采取模块式管理，各施工区域采用安全围栏分隔，各区域相对分开、独立，整齐划一，并挂醒目标识牌。

② 在进入施工现场前，根据合同所规定承建的工程范围，按照合同要求，根据施工总平面布置所划定的用地范围，结合工程实际情况，绘制其施工总平面图。施工总平面随同施工组织总设计报业主和监理部批准后实施。

③ 依据已经批准的施工组织总设计中的施工总平面布置图进行生产和生活临建的施工，大型机械的布置，水、电、气等的施工。施工用水、用电等临时设施的设计应报监理工程师批准后实施。在施工前，应仔细查看现场。

④ 在布置各加工场地、设备置场、材料存放场地时，充分考虑各施工项目的施工顺序，尽量避免设备、材料的多次移位给施工造成的影响。

⑤ 对于施工过程中所使用的大型机械，在施工及运输过程中应避免占用主道，影响现场交通。

⑥ 各类履带式机械、超重件运输车辆必须按批准的、指定的进场路线通行，并采取必要的防护措施。

⑦ 对所占用的施工场地范围内的安全、防火、防盗、卫生、道路、排水系统的畅通以及良好的施工环境负责。对建筑垃圾、生活垃圾及各种污水进行妥善处理，不可随意乱放、乱排。

6.1.3.3 临时设施及场地

根据站区总平面布置图和合同要求，本工程临建、加工区、设备物资存放区拟布置在站区北侧空地。施工临建严格按照合同对临时工程的规划布局、外观颜色以及功能等相关要求布置。施工临建应满足工程基建期对产能、功能、安全和工期的实际使用要求，建设格调一致、结构合理、质量合格、便于管理的临建设施。施工临时设施的建设应满足国家相关规程、规范的要求。

（1）办公场所布置

在站区附近租赁一处办公楼作为项目的临时办公场所。根据需求分配给项目部各职能部门办公室、会议室等，具体房间分配根据现场实际需求布置。

（2）环保

办公区污水排放系统加设化粪池，对污水进行处理，固体废物由当地环卫部门定期清理；施工现场、生活区设垃圾箱，对垃圾进行分类处理；环保措施应符合国家及当地法律要求。

6.1.3.4 施工总平面管理

施工总平面管理基本要求如下。

① 施工总平面按照不同施工阶段实行动态管理，必要时进行调整。

② 施工总平面确认后，实行模块化管理，各分隔区域均应挂牌，严格区分施工区域、加工区域、组合区域、仓储区域、办公区域，以保证各专业区域的相对独立，方便管理。并由总承包商统一协调和管理，各施工承包商应严格服从管理。

③ 施工道路、供水管路、通信线路、供气管路等公用设施，时刻保持良好的使用状态。如需临时切断、改路时，必须事先报请总承包商批准确认，而后实施。

④ 道路，给排水母管及配套设施，测量标准点、水准点、沉降观测点的仪器等公用设施由Ⅰ标段负责管理及维护。

⑤ 变压器、供电线路、配电装置、公用照明设施、防雷接地设施、通信线路等根据合同约定由各施工承包商负责维护和管理。

⑥ 所有施工场地的使用必须在总承包商的协调下实施，服从总承包商对场地使用的统一安排、协调。

⑦ 各施工承包商开挖动土工作应按项目程序文件执行，由总承包商批准后执行。各施工承包商必须严格按批准后的施工组织设计及施工总平面布置进行施工，各施工承包商应在划定的区域内设置施工生产临时设施，遵守施工现场的各项管理制度，服从总承包商的指挥与协调。

6.1.4 进度计划及管理

进度计划及管理如下。

（1）综合进度计划

按照现场实际情况明确一级进度计划、二级进度计划。

（2）进度计划管理

① 总承包商进度管理采用分级管理体系，共分三级：一级进度计划是根据总承包合同里程碑编制的里程碑计划；二级进度计划是对一级进度计划的分解，是总承包商对其总承包项目部进度考核的计划；三级进度计划包含图纸交付、设备到货及施工时间，是协调工程设计、采购、施工等工作间接口的进度计划，不涉及设计、采购、施工间的接口关系，主要用于指导专业内具体工作的实施。施工承包商应按总承包商的进度管理体系要求执行，按总承包商的要求上报各类进度计划及进度报告。

② 施工承包商应按总承包商下达的二级进度计划提前组织、落实施工所需资源，制定总体施工进度计划，并按照总承包商下达的二级进度计划进一步分解细化，形成施工月进度计划、周进度计划，并组织实施。

③ 施工承包商应按总承包商的要求反馈进度完成情况及其他相关信息。

④ 施工承包商应在进度出现偏差时采取赶工措施。

⑤ 总承包商有权根据现场实际进度对相应进度计划进行调整，但相应调整不能免除施工承包商所应承担的误期违约赔偿责任。

（3）进度计划编制

① 施工承包商需进一步细化本项目综合进度计划，编制深度要求达到分项工程的深度，包括所有专业的主要工作，界定清楚内部各专业间的接口、工序交接关系。

② 施工承包商负责编制施工月进度计划，进一步细化总承包商发布的本月二级施工进度计划或二级进度计划，编制深度要求至少达到分项工程的深度，经总承包商组织评审通过后并入工程月报中，由总承包商在月度生产会后发布实施。

③ 施工承包商负责编制施工周进度计划，根据总承包商发布的前一月的月度生产会及前一周的周例会纪要中进度计划的安排及执行情况，编制施工周进度计划，编制深度要求至少达到分项工程的深度，经总承包商组织评审通过后并入工程周报中，由总承包商在周例会后发布实施。

④ 施工承包商需按总承包商要求的内容和格式编制施工专项及其他进度计划。

（4）进度计划的实施与控制

① 进度计划的实施。施工承包商应严格按照总承包商发布的最新版本二级进度计划进行总体施工组织与安排，组织、落实施工所需的人力、机械、设备、材料等资源。根据总承包商发布的二级施工进度计划进一步分解细化，形成施工月进度计划、周进度计划，并安排现场施工，通过二级进度计划的按期完成，向上保证二级进度计划的实现。

② 进度计划完成情况的反馈。施工承包商应按照总承包商要求的格式（如工程周报、工程月报、专项进度报告等）定期向总承包商反馈进度计划完成情况，反馈的信息应真实、准确、完整、及时，若总承包商有其他要求则按总承包商要求补充其他相关材料。

③ 进度计划的偏差控制。项目实施过程中实际进度较进度计划出现偏差时，施工承包商应组织相关人员对偏差原因进行分析，采取相应的措施进行赶工，确保偏差可控、在控，并在后续的施工过程中弥补工期损失。对于重要项目的进度偏差，施工承包商应按总承包商提出的要求采取针对性措施进行赶工。

项目实施过程中实际进度与进度计划偏差较大或重要项目的进度不能满足进度计划要求时，施工承包商应进行分析，并提供分析报告。需要对进度计划进行调整时，必须编制详细的分析报告，明确建议调整进度的作业项目及时间，提出申请并报总承包商审批。

（5）施工进度的考核

施工过程中进度完成时间较计划（总承包商发布的二级施工进度计划、月进度计划、周进度计划等）时间延误时，按照总承包商在项目执行过程中发布的《项目施工进度考核管理办法》执行备用计划。

6.1.5 质量管理和质量保证措施

6.1.5.1 质量目标

（1）设计质量目标

方案优化、指标先进、严格评审、供图及时、设计变更率不大于 5%。

（2）设备质量目标

选型合理、技术可靠、严格监造、供货及时、设备缺陷率不大于 3%。

（3）施工质量目标

① 土建工程。单位工程合格率 100%，分项工程合格率 100%，钢筋焊接一检合格率 ≥ 95%，混凝土强度合格率 100%，混凝土生产水平为优良级。

② 安装工程。分项工程合格率 100%，分项工程优良率 ≥ 95%；分部工程合格率 100%，分部工程优良率 ≥ 95%；单位工程合格率 100%，单位工程优良率 ≥ 95%；受检焊接接头一检合格率 ≥ 98%。

③ 调试质量。保护装置、主要仪表投入率 100%，自动投入率 100%，试运项目验收优良率 ≥ 90%，整体投运一次成功。

6.1.5.2 施工质量保证措施

贯彻全员质量责任制、质量终身制，质量管理做到“人人有职责、人人有目标、人人有措施、人人有监督”。

全力做好承包商的招标工作，确保施工、调试的承包商资质、能力满足施工、调试质量目标实现的总体要求。对施工承包商的要求有如下几点。

① 施工承包方技术人员的数量及技术水平应满足本机组质量达标创优的要求。

② 施工承包方的施工设备、检测设备等进场设备状况应满足施工要求。

③ 对提供的施工组织设计、关键设备吊装方案和有特殊要求的施工技术方案等的施工管理、策划文件，进行审查、确认。

④ 施工承包方应对供方采购的主要原材料、构配件进行检查，具体检验方法应符合要求。

施工质量保证措施主要有如下几项。

（1）做好质量技术管理的前期策划工作

编制、收集、整理、下发关于质量技术管理的规定、措施、制度。项目部和各承包商认真学习、宣贯业主质量技术管理体系文件、质量技术管理的规定及制度，以及项目部和承包商的质量技术管理体系文件，做到质量技术管理有制度、有措施、有目标。项目部、各承包商编制年度质量目标和专业质量检验计划，并予以实施。

（2）加强对施工策划文件的管理工作

施工策划文件合规、具有可操作性。项目部编制《施工组织总设计》，并经评审通过；承包商编制的《施工组织设计》必须符合《施工组织总设计》要求和《施工组织设计导则》《光伏发电工程施工组织设计规范》《风力发电工程施工组织设计规范》《建筑施工组织设计规范》的深度要求，经项目部、监理单位和业主共同评审通过。重大危险施工项目的策划书严格按照住建部《危险性较大的分部分项工程安全管理规定》的要求，组织专家评审通过。

（3）切实做好工程开工管理

满足整体工程、单位工程开工条件，对工程开工应具备的“人、机、料、法、环”的各环节进行把关。不具备开工条件的坚决不准开工。开工前施工承包商应向项目部、监理单位和业主上报开工报告，并得到批准后开工。

合理制定工期计划，树立安全第一的理念，达到安全、质量和进度的和谐统一，在施工现场树立“一次做对不做贵，一次成优不浪费”“一次做对、一次做好、一次成优”的思想。对于重要施工项目，如混凝土凝固、砌筑墙体自然沉降、GIS 抽真空、主变油循环等，应留足时间，决不擅自、盲目压缩，尽量避免夜间施工、交叉施工，坚决杜绝疲劳施工，防止因抢工期造成的质量问题而返工。

（4）认真组织设计图纸、厂家图纸的交底、会审工作

设计图纸的交底由设计组人员负责，业主、监理及总包项目部、施工承包商参加；厂家图纸的交底由厂家代表负责，业主、监理及总包项目部、施工承包商参加。图纸交底、会审要达到以下目的：使技术人员、施工人员深入理解设计意图，力争把图纸问题消除在施工前。交底及会审均有记录，对于图纸会审中提出的问题，设计部应予以尽快答复。

（5）严把设备和材料进场关

严格执行 EPC（工程、采购和建设）总承包合同、设备缺陷处理和设备、材料验收等相关制度。争取把设备、材料缺陷消除在出厂或施工前。物资管理单位严格按照要求对物资进行分类入库，妥善保管。承包商采购设备、材料前，向项目部、监理单位和业主上报供货商资质，在采购的设备、材料入场使用前，向项目部、监理单位和业主上报进场材料报验单，经检查合格后方能使用。对发现的缺陷，由责任单位在施工前处理完毕，并经项目部、监理单位和业主验收。

（6）对管理体系进行核查

定期或不定期地对项目部、承包商的管理体系运行情况进行检查。迎接上级部门组织对管理体系的内审、外审，确保项目部、承包商管理体系运行处于受控、有效和持续改进的状态。

（7）加强施工前和施工过程中的技术交底工作

承包商技术交底应严格按照《电力建设工程施工安全管理导则》的要求执行。一般施工

项目，在开工前交底和施工中逐月交底；重要或危险施工项目，除开工前交底外，在施工中加大再交底的频率。对于重大施工项目的技术交底，应邀请项目部、监理单位和业主参加。

（8）定期召开质量例会，按需召开质量专题会

定期召开质量例会，除日常质量工作的总结、部署外，还重点突出强制性条文、反事故技术措施，洁净化施工，防治质量通病等专项活动的总结、部署。按需召开质量专题会，对质量难题进行分析，集中集体的智慧解决问题。

（9）严肃检查验收制度，严格按规范验收。

为确保工程达标投产，工程施工过程中应按照《风力发电工程达标投产验收规程》《光伏发电工程达标投产验收规程》《输变电工程达标投产验收规程》中专业质量过程控制点设置的要求，对质量进行过程控制。项目开工前，各标段承包商应根据《电力建设施工质量验收规程》各篇编制项目验收划分表，明确 *W* 点、*H* 点、*S* 点和隐蔽点。承包商内部组织班组自检、专业工地（队）复检及承包商项目部专检后，报总承包项目部进行验收，总承包项目部进行验收后报监理单位、业主进行验收。各次验收发现的不符合 / 不合格项按照总承包项目部相关制度闭环处理，并保留过程记录。

（10）过程质量管理资料、质量检验资料与工程实际进度同步

从工程开工开始，项目部、承包商就建立档案管理制度，对整个工程的档案管理进行规划，档案的收集、整理、分类、归档严格按照《建设工程文件归档规范》《重大建设项目档案验收办法》《电力工程竣工图文件编制规定》《风力发电工程达标投产验收规程》《光伏发电工程达标投产验收规程》《输变电工程达标投产验收规程》等国家和行业规范、标准、合同的要求，分类建档，加强日常监管，在规定时间内移交业主。

（11）充分发挥质量监督体系和第三方检验的作用

认真配合电力工程中心质监站、工程质监站、技术监督局，依法对工程质量进行监督检查工作。包括对重要工程节点（如主变压器吊芯或钻芯检查、主变压器及 GIS 耐压试验）、起重设施、消防设施、环保设施、金属进行监督，桩基检测，重要原材料检测等。对质量监督机构提出的质量问题应认真整改，形成闭环。

（12）例外放行、让步接收必须符合相关规定的要求

对于质量主控项目，不得例外放行和让步接收。发生质量事故后，按照质量事故处理程序处理，并及时上报监理单位、业主。

（13）洁净化安装要求

洁净化安装管理是指通过对安装设备的制造、运输、储存、安装环境、安装工艺、安装前后的检查以及成品保护等环节的控制和管理，消除可能影响设备及系统运行的杂质和污染物，以确保设备和系统安全运行的一系列工程管理活动。

为了贯彻“安全第一，质量为本”的建设工程管理理念，保障项目高标准达标投产，在施工过程中加强施工工艺质量控制，主变压器、GIS等电气装置以及35kV开关柜等必须严格落实洁净化安装措施，切实提高系统的洁净化安装水平。

（14）建立质量奖罚制度

建立质量奖罚制度，奖优罚劣。对质量先进单位、个人，及时进行精神和物质奖励；对质量落后单位、个人，进行处罚。

（15）创建企业质量文化，增强现场追求质量的氛围

现场张贴质量标语、提示和质量目标；加强质量制度、标准、强制性条文、细部工艺的宣贯、学习、培训；加强全员素质教育、精神文明教育和职业道德教育，培养职工敬业精神；组织质量知识培训讲座，举办“质量知识小竞赛”等有趣、有益的小活动，提高全员质量意识，丰富质量知识。

6.1.6 职业健康及安全保证措施

6.1.6.1 施工安全措施计划

在施工过程中，认真贯彻执行《中华人民共和国安全生产法》和《电力建设安全健康与环境管理工作规定》。遵守有关的安全管理规定，落实各级安全责任制，完善安全保障体系及安全施工措施，消除事故隐患，确保安全文明施工管理目标的实现，实现“安全管理制度化、安全设施标准化、现场布置条理化、机料摆放定置化、作业行为规范化、环境影响最小化”。

6.1.6.2 建立完善的安全保证体系和安全监督体系

成立由项目经理全权负责的安全生产委员会，定期召开安全会议，协调、解决安全施工的重大问题，指导开展安全工作。明确项目经理是本项目的安全第一责任人。根据“管生产必须管安全”的原则，落实各部门的安全职责，实现全员、全方位和全过程的安全管理，持续提高本项目整体的安全文明施工水平。

6.1.6.3 职业健康及安全管理措施

（1）编制安全文明施工总体规划方案

总承包项目部依据合同要求，结合项目实际，编制《安全文明施工总体策划书》，目的是全面提升项目安全文明施工管理水平，规范工程项目职业健康安全与环境管理，保障建设过程中人员、机械、设备及财务安全，创建安全文明施工现场新形象，达到省级安全文明施工工地的标准。

（2）推进安全生产标准化建设

严格按照安全生产标准化基本规范要求，加快推进安全生产标准化建设工作，全过程总体保持安全生产标准化水平。

（3）强化安全设施投入管理机制

① 要求施工承包商在开工前编制安全设施计划，并分阶段落实安全设施计划的实施。安全设施的投入作为对施工承包商月度工程款结算的依据，没有安监部门的审核签字，工程款无法按流程结算。

② 施工现场的标准化设施由总承包项目 QHSE（质量、健康、安全、环境）部负责定期检查考核，对不符合要求的设施，应依据合同和 HSE 管理协议的规定对相应施工承包商进行处罚。

③ 项目初期对各施工承包商在安全设施投入方面进行了严格要求，列出拟投用的安全设施及标识清单。

（4）实施全员安全教育培训制度

① 制定项目培训管理制度，制定项目 HSE 培训计划，开展有序的培训工作，确保所有人员都得到相应的岗位培训，并做好相关培训记录。

② 实行进入工程现场员工安全准入制度，工程开工前，组织全员进行一次安全工作规程、安全施工管理规定及本企业安全规章制度和文明施工规章制度的学习和考试，考试合格并取证后方可上岗工作，特种作业人员，必须进行专业操作技术培训和安全规程的学习，经有关部门考试合格并取证后方可上岗独立操作。

（5）完善安全风险分级管控和应急管理体系

① 在项目运行之初及每年年初开展项目危险源及危险因素辨识和评价，实施全过程分级控制，对重大危险源建立监控制度，重点实施管控。

② 开展作业安全分析，提高全员参与安全风险管理的意识，作业危险告知应挂牌公示。

③ 建立项目应急管理机构，明确组织指挥体系及职责，编写《项目部应急预案汇编》，定期进行演练和培训，形成集预防、物资、演练、监视、控制、管理、抢险、处置、善后于一体的应急准备和响应体系。

（6）构建隐患排查治理与安全监督体系

① 安全监督检查实行分级管理制度，建立总承包项目级、分包单位项目级、专业工程处级、班组级四级检查体系。各级监督检查部门均应按照其安全生产职责，以安全生产标准化达标为依据，组织开展工作。

② 按月组织召开安全分析会议，提出改进措施并监督实施。每周召开一次安全监督会议，了解和掌握安全文明施工动态，解决问题。

③ 建立完善的隐患排查治理体系。定期开展隐患排查活动，可结合综合检查、专业检查、季节性检查等同时进行，对隐患进行分析评估，确定隐患等级，登记建档，及时采取有效的治理措施。

④ 每周、每月对常规性监督检查情况进行总结分析，形成 HSE 绩效评价指标和趋势分析图，量化评价各施工承包商的 HSE 绩效情况。

（7）严格规范作业安全管理制度

① 做好安全技术措施管理，按照安全管理规定履行相关审批手续。

② 项目部建立作业许可安全管理制度，明确许可证办理手续和审批流程。

③ 项目部建立重大作业、特殊作业、重要施工工序、重要临时设施及季节性施工的监管工作程序，明确主要管理流程和控制要点，各项作业均应严格遵守安全操作规程。

④ 落实消防责任制，严格执行动火作业管理制度。

⑤ 加强对车辆的维护和保养，加强交通安全知识培训，杜绝交通安全事故发生。

⑥ 规范施工用电管理，严格履行用电申请程序，用电设施由专人统一管理。

（8）职工健康管理

① 项目部员工必须体检合格，进场后办理人身保险，并按照国家和地方规定接种疫苗。

② 项目部建立职工和劳工档案，保存所有员工和劳工的履历记录，同时敦促各施工承包商建立职工健康档案，并随工程进展和人员变更及时更新。

③ 密闭作业场所应有良好的通风、除尘及防止中毒的措施。

④ 施工现场和办公区域均应设置职业健康安全标识。

⑤ 与项目当地医疗资源形成联动，保证现场患病员工可以得到及时治疗。

6.1.7 文明施工及环境管理措施

文明施工及环境管理具体措施如下。

（1）文明施工总体策划

考虑工程现场实际，按照施工总平面布置规划要求，安全文明施工总体策划重点对现场道路、施工用电、施工用水、道路照明、消防设施、厂区安全隔离、责任区划分、安全标识等进行统一规划，内容涵盖以下几个方面：

① 实体工程：脚手架搭设、建（构）筑物区域定置化管理、特种作业环境、地下设施保护、成品保护等。

② 资源应急：人力资源保障、现场机械设备保障、应急物资保障等。

③ 安全文化：现场宣传、安全活动、安全检查、标准化管理等。

④ 整体形象：坚持文明施工，严格按照施工总平面布置图进行施工平面管理，明确责任区负责人，物品堆放做到定置管理，作业面施工做到“工完、料尽、场地清”，现场工业垃圾应及时清理。

（2）安全设施、标识、标志标准化

现场安全设施、标识、标志的设置除严格执行国家有关规定外，还应严格按照总承包合同、《安全文明施工标准化配置手册》的统一规定，设置现场安全设施、标识、标志，以实现标准化管理。

（3）环境管理措施

① 施工现场所有设备、材料、机械、车辆等全部实行定置化管理。所有进入总平面区域的车辆必须保持干净整洁，道路上未经批准不得随意停车和装卸货物。

② 施工现场每天安排专人打扫卫生，每天定时洒水。

③ 在施工区域、办公区域按设计图设置停车场、自行车棚。

④ 承包单位的工具间实行工器具定置放置。

⑤ 现场办公区域设施统一规范，办公桌椅、文件柜等办公用品整洁统一。

⑥ 施工现场设置吸烟室，现场设置自动冲水厕所，并落实专人清扫管理。

⑦ 建筑垃圾和生活垃圾及时清运到指定地点，集中处理，防止对环境造成污染。

⑧ 施工现场有规划地进行适当绿化，创造一个良好的施工、生活环境。

⑨ 严格依据国家有关法律法规的规定，做好空气污染、水污染、噪声污染、固体废物等的控制工作。

6.2 土建工程及安装工程

6.2.1 测量控制

在项目法人及监理单位的主持下，会同勘察、设计单位现场做好交接手续，使用前要对提供的红线坐标桩进行测定复核，复测闭合，检查无误后，方可使用。

施工测量平面控制网的布网原则：

① 遵循“先总体、后局部，先整体、后细部”的原则，布置施工测量控制网；

② 控制桩选在安全、易保存的位置，相邻点之间应通视良好。

高程控制点在甲方提供的基点上，导测出施工用高程控制点，保证每个区域不少于 3 个点，以便施工使用和复核。

测量控制桩制作采取混凝土桩的形式，作为平面和标高控制桩。施工人员要妥善保护好控制桩，定期巡视控制桩的保护情况。

施工过程中，测量施工要坚持测量复核、步步校核的原则。测量误差遵循平均分配的原则，测量放线、标高抄测在确保其误差在规定范围内后进行平均分配，避免误差累积。

所有在工程中使用的仪器、钢尺，要有检定证书，并在合格有效期内方可使用。在工程开工前，要将仪器、钢尺等测量设备的计量档案及证书报监理单位审核，通过后再使用。测量人员必须熟悉并严格遵守施工测量操作规程，精密仪器在雨天、烈日下测量应打伞以防误差。

6.2.2 土方工程

土方工程过程如下。

（1）土方开挖

挖土前，应提前与建设单位取得联系，确认地下没有障碍物、电缆等方可开挖，如遇到上述情况应和建设单位及设计部门共同研究，制定出解决问题的办法和措施，经建设单位批准后方可实施。

除需要零星土方采用人工开挖外，其他基坑应采用机械开挖，挖土深度超过 1.6m 时，应根据土质情况进行放坡，每边预留 0.8m 宽的工作面。地下池井较深时，每边预留 1m 的工作面。土方开挖时考虑到土方平衡，回填土堆至距离槽边 1.5m 以外，多余土方全部运到亏方地点回填。

机械开挖土方，在基坑底面设计标高留出 20 ～ 30cm 厚的土层，进行钎探，采用人工挖土修整，土方开挖完后，通知监理单位、设计单位、业主、质检站验收，验收合格后立即进行基础垫层混凝土施工。

（2）钎探验槽

① 基槽开挖后判定地基土的类型，与地质勘查报告做比较并进行钎探；

② 按照设计图纸设计尺寸绘制钎探点位布置图，钎探点位间距 1.5m，梅花形布置；

③ 基坑挖至设计标高后，将表面人工修平，按钎探点位图用白灰撒出钎探点位；

④ 钎探探孔采用梅花形布置，机械打钎，钢钎每被锤入土层 300mm 记录一次锤击数，做好钎探记录；

⑤ 按钎孔顺序编号，将锤击数统一填入表格内，字迹清楚，再经过打钎人员和技术人员签字后归档；

⑥ 根据钎探结果，在钎探布置图上标明土质软硬情况；

⑦ 钎探遇不良土质应予以清除，确保地基承载力 P 大于等于 100kN，否则应做地基处理，地基处理方案需经设计部门和地质勘查人员确认。

（3）土方回填

土方回填前应办好隐蔽检验手续，基坑回填土采用分层回填和夯实，大面积回填使用压路机分层碾压，局部回填使用蛙式打夯机分层夯实，每层铺土厚度不超过 250mm，至少夯打三遍，打夯应一夯压半夯、夯夯相连。深浅基坑相连时，应先填深基坑，与浅基坑相平后全面分层填夯。如采取分段回填，交接处应填成阶梯状。

回填土的干容重按施工规范分层分段检查，并随时用核子密度仪现场检查压实密度，保证不低于设计标准。

6.2.3 钢筋工程

钢筋工程过程如下。

（1）钢筋进货检验

钢筋进货应具有核准证、产品合格证、出厂检验报告。进场以后应查对标志，做外观检查，钢筋应平直，表面不得有裂纹、结疤、油污和老锈。从每批钢筋中任选两根钢筋，每根取两个试样分别进行拉伸试验（包括屈服点、抗拉强度和伸长率）和弯曲试验。如有一项检验不符合要求，则从同一批中另取双倍数量的试样重新做各项试验，如仍有一个指标不合格，则该批钢筋为不合格品。抽样人员必须具有抽样员证方可上岗操作。

物资人员在钢筋复试合格后，及时将原材料证明及复试报告原件送交工程管理部。

钢筋堆放在钢筋场内，应用枕木将钢筋垫高 300mm，并按贯标要求做好标识牌，要求分清钢筋的品种、规格、数量、检验状态（已检合格、待检、未检、不合格品等）、进货日期。

（2）钢筋加工制作

钢筋在现场加工，加工地点在现场东侧。工作程序为：确定用料→除锈（除污迹）→调直→切断→弯曲成型。

确定用料严格按翻样单上要求的规格、数量加工配置。钢筋表面如有油渍、铁锈、泥土等杂质，应在使用前清理干净，锈迹采用钢丝刷人工清除。

钢筋加工完成后，由专人进行钢筋的检查验收，对不合格品，严禁使用到工程中。钢筋加工的成品、半成品应有明确标识，并分区域码放整齐。

（3）钢筋绑扎

钢筋工程必须达到设计图纸要求及《混凝土结构工程施工质量验收规范》（GB 50204—2015）的要求。

钢筋垫块采用硬塑 H 形、环形垫块。钢筋的绑扎一定要牢固，脱扣和松扣的数量一定要符合要求。钢筋绑扎前要先弹出钢筋位置线，确保钢筋位置准确，进行绑扎技术交底后即可施工。

6.2.4 预埋件施工

预埋件施工过程如下。

（1）施工准备

按施工图纸要求，对预埋平板埋件、套管的材质、规格、形式、数量及焊接提出要求，并画出加工图。埋件提出时必须参照相关水工、电气专业图纸，防止预埋件与孔洞的遗漏，并按设计要求搜集相关图集。

所有埋件原材料必须符合设计要求，并有材质证明资料。同时观感质量必须合格，表面无明显锈蚀现象。

（2）预埋件的加工

预埋件加工采用场内加工或外围加工，对小型、小批量预埋件可采取场内加工的方式，对大批量、加工要求高的预埋件采取外围加工的方式。

对于焊条和焊剂型号的选定，需根据图纸设计要求及其使用要求和不同性能来进行选择，严格按图纸控制焊缝高度及其他要求。

切割下料原则全部采用机械加工，严禁使用火焊切割，保证埋件的边角规整，不得出现毛边、锯齿现象。预埋件锚筋和吊环不得采用冷加工钢筋。平板埋件应注意锚筋的弯钩长度、角度等规定。

检查埋件的用料、外形尺寸、焊缝、锚筋弯曲半径及长度是否符合设计要求，切割边角是否规整，数量是否满足要求。对平板大埋件检查其表面平整度，是否有翘曲现象，有没有焊接变形。对存在以上现象的埋件，必须进行整修，对焊接咬边、气孔、夹渣、钢板焊穿、钢板凹陷等焊接质量不合格的埋件，必须消除焊接缺陷，进行补强处理或返工重做。对验收合格的埋件，分类码放整齐，并做好标识。

（3）预埋件安装

① 基础顶面埋件。小型埋件可在混凝土施工完成后，混凝土初凝前再埋设。关键是埋设前在模板上做好埋件定位标记，并控制好埋设时间，防止埋设过早导致埋件下沉，造成标高降低，埋设过晚，造成埋件埋不进混凝土的情况。

对于大型埋件，需在混凝土施工前提前固定，埋设方法是在垫层上预埋100mm×100mm的小埋件或钢筋头，作为大埋件的固定焊接点，埋件采用钢筋或型钢作为支架固定。大埋件按图纸要求在中间（不妨碍使用）开孔，以利于混凝土施工时排气。

② 侧壁埋件。当预埋件位于混凝土侧面时，必须保证埋件紧贴模板，拆模后埋件与混凝土表面齐平，不得出现凹入混凝土内造成错台的情况。

预埋件面积不大时，可用普通铁钉或木螺丝将预先打孔的埋件固定在模板上，当混凝土断面较小时，可将预埋件的锚筋接长，绑扎固定。预埋件面积较大时，可在预埋件内侧焊接螺母，用螺栓穿过锚板和模板与螺母连接并固定。

预埋件的固定位置要求预埋件不得与主筋相碰，且应设置在主筋内侧，预埋件不应突出于混凝土表面，也不应大于构件的外形尺寸。

（4）其他要求

① 模板拆除后，预埋铁件上全部刷两道防锈漆，并喷上相应的埋件编号。

② 套管在其附近的混凝土面上喷上其规格编号，其内部也应刷防锈漆保护，防止锈迹污染混凝土面。

③ 顶面埋设的埋件严禁出现下沉现象。

④ 预埋件在混凝土施工中的保护如下：

混凝土在浇筑过程中，振动棒应避免与预埋件直接接触，在预埋件附近，需小心谨慎，边振捣边观察预埋件，及时校正预埋件位置。保证其不产生过大位移。

混凝土成型后，需加强混凝土养护，防止混凝土产生干缩变形引起预埋件内空鼓，同时，拆模要先拆周围模板，放松螺栓等固定装置，轻击预埋件处模板，待松动后再拆除，以防拆除模板时因混凝土强度过低而破坏锚筋与混凝土之间的握裹力，从而确保预埋件的施工质量。

6.2.5 模板工程

模板工程的相关要求如下。

（1）施工原则

依据项目的质量控制目标、成本控制目标确定该项目的模板选用。

模板体系的选型依据：按照设缝合理、均匀对称、长宽比例协调的原则，确定各分项工程结构模板排模方案。模板尽量做到定型化拼装，加工精度高，操作简便，节省用工。

对拉螺栓全部采用 PVC 套管，所有模板拼缝全部使用海绵条密封，对混凝土表面质量要求高的特殊拼缝处使用玻璃胶密封。

（2）施工工艺

为保证拼模的严密，木模板切割必须保证切口整齐，不允许出现毛边及蹦边现象，切割后要采用封边漆密封，防止切口受潮，木模板变形。钢模板必须保证边角棱角完好，对棱角呈圆形的模板不得使用。贴海绵条要顺直，不得里出外进，海绵条边应距模板内口 2mm。脱模剂（油）要在安装前再涂刷一次，提前涂刷时要苫盖好，防止灰尘污染模板面。

（3）质量标准

1）主控项目

① 模板及其支架必须有足够的强度、刚度和稳定性，其支架的支承部分必须有足够的支承面积。如安装在基土上，基土必须坚实并有排水措施。

② 安装现浇结构的上层模板及支架时，下层楼板应具有承受上层荷载的能力，否则应加设支架；上、下层支架的立柱应对准，并铺设垫板。

③ 在涂刷模板脱模剂（油）时，不得玷污钢筋与混凝土的交接处。

2）一般项目

① 模板的接缝处不应漏浆；在浇筑混凝土前，木模板应浇水湿润，但模板内不应有积水；模板与混凝土的接触面应清理干净并涂刷隔离剂，但不得采用影响结构性能或妨碍装饰工程施工的隔离剂；浇筑混凝土前，模板内的杂物应清理干净。

② 对跨度不小于 4m 的现浇钢筋混凝土梁、板，其模板应按设计要求起拱；当设计无要求时，起拱高度宜为跨度的 1/1000 ～ 3/1000。

③ 现浇结构模板安装的偏差及检验方法见表 6-1。

表6-1 现浇结构模板安装的偏差及检验方法

项目		允许偏差/mm	检验方法
轴线位置		5	钢尺检查
底模上表面标高		±5	水准仪或拉线钢尺检查
截面内部尺寸	基础	±10	钢尺检查
	柱、墙、梁	4，−5	钢尺检查
层高垂直度	不大于 5m	6	经纬仪或吊线、钢尺检查
	大于 5m	8	经纬仪或吊线、钢尺检查
相邻两板表面高低差		2	钢尺检查
表面平整度		5	2m 靠尺和塞尺检查

（4）成品保护

① 坚持模板每次使用后清理板面，涂刷脱模剂。方木也要清理掉钉子、落灰等，按长短规格码放整齐。

② 按楼板部位，对应层层安装，减少损耗。

③ 钢木模板材料应按原料、半成品、成品分类堆放整齐，并做好防雨淋、防污染措施。

④ 拆除的模板应及时修理。

6.2.6 混凝土工程

混凝土工程的相关要求如下。

（1）技术准备

① 完成图纸会审。

② 根据设计混凝土强度等级、混凝土性能要求、施工条件、施工部位、施工气温、浇筑方法、水泥、骨料、掺合料及外加剂，确定各种类型混凝土强度等级所需的坍落度和初凝、终凝时间，委托有资质的专业试验室完成混凝土配合比设计。

③ 编制混凝土施工方案，明确流水作业划分、浇筑顺序、混凝土的运输与布料、作业进度计划、工程量等，并分级进行交底。

④ 确定浇筑混凝土所需的各种材料、机具、劳动力的需用量。

⑤ 确定混凝土施工所需的水、电，以满足施工需要。

⑥ 确定混凝土的搅拌能力能否满足连续浇筑的需求。

⑦ 确定混凝土试块制作组数是否满足标准养护和同条件养护的需求。

（2）混凝土供应

为满足本工程混凝土需求，通过对本工程混凝土日需求量的分析，拟采用自建商混站。浇筑前由技术部门提供具体供应时间、混凝土强度等级、所需车辆及其间隔时间、特殊要求

（如防腐、抗渗、防冻剂、入模温度、坍落度）、电力部门对外加剂的要求及预防混凝土碱集料反应所需提供资料等。

（3）混凝土技术关键要求

① 每一工作班正式称量前，应对计量设备进行零点校验。

② 运送混凝土的容器和管道，应不吸水、不漏浆。容器和管道在夏季最高气温超过45℃时，应有隔离措施。

③ 混凝土拌合物运至浇筑地点时的温度，最高不宜超过35℃，最低不宜低于5℃。

④ 在浇筑混凝土时，应经常观察模板、支架、钢筋、预埋件和预留孔洞的情况，当发现有变形、移位时，应立即停止浇筑，并在已浇筑的混凝土凝结前修整完好。

⑤ 在浇筑与柱、墙连成整体的梁和板时，应在柱和墙浇筑完毕后停歇1～1.5h，使混凝土初步沉实后，再继续浇筑，或者采取二次振捣的方法进行。

⑥ 在浇筑混凝土时，应制作供结构拆模、张拉、强度合格评定用的标准养护试件和与结构混凝土同条件养护的试件。需要时还应制作抗冻、抗渗或其他性能试验用的试件。

⑦ 对于有预留洞、预埋件和钢筋密集的部位，应采取技术措施，确保顺利布料和振捣密实。在浇筑混凝土时，应经常观察，当发现混凝土有不密实等现象时，应立即予以纠正。

⑧ 水平结构的混凝土表面，应适时用木抹子磨平（必要时可用铁筒辊压），搓毛两遍以上，且最后一遍宜在混凝土收水时完成。

⑨ 应控制混凝土处在有利于硬化及强度增长的温度和湿度环境中。

（4）质量关键要求

① 进场原材料必须按有关标准规定取样检测，并符合有关标准要求。

② 生产过程中应测定骨料的含水率，每一工作班不应少于一次，当含水率有显著变化时，应增加测定次数，依据检测结果适时调整用水量和骨料用量。

③ 宜采用强制式搅拌混凝土。

④ 搅拌混凝土时，原材料应计量准确，上料顺序正确。混凝土的搅拌时间、原材料使用时间、原材料计量、上料顺序，每一工作班至少应抽查两次。

⑤ 混凝土拌合物的坍落度应在搅拌地点和浇筑地点分别取样检测。所测坍落度值应符合设计和施工要求。每一工作班不应少于一次，评定时应以浇筑地点为准。在检测坍落度时，还应观察混凝土拌合物的黏聚性和保水性。

⑥ 混凝土从搅拌卸出后到浇筑完毕的延续时间应符合规范中的规定。

⑦ 混凝土运送至浇筑地点后，应立即浇筑入模。如混凝土拌合物出现离析或分层现象，应对混凝土拌合物进行二次搅拌。

⑧ 浇筑混凝土应连续进行。如必须间歇时，其间歇时间宜缩短，并应在前层混凝土凝结之前，将次层混凝土浇筑完毕。混凝土运输、浇筑及间歇的全部时间不得超过混凝土初凝时间，当超过规定的时间时，必须设置施工缝。

⑨ 混凝土应振捣成型，根据施工对象及混凝土拌合物性质选择适当的振捣器，并确定

振捣时间。

⑩ 混凝土在浇筑及静置过程中，应采取措施防止产生裂缝，应在混凝土终凝前予以修整。

⑪ 施工现场应根据施工对象、环境、水泥品种、外加剂以及对混凝土性能的要求，提出具体的养护方法，并应严格执行规定的养护制度。

6.2.7 砌筑工程

砌筑工程的相关要求如下。

（1）材料要求

① 砌块使用前必须具备合格证并经现场复试合格后出具试验报告。

② 砌筑砂浆用水必须符合现行国家标准的规定。

③ 水泥进场使用前，应分批对其强度、安定性进行检验。当在使用中怀疑水泥有质量问题或水泥出厂超过 3 个月时，应进行复查试验，并按其结果进行使用。

④ 钢筋的材质应有出厂合格证和质量证明单及复试报告。

（2）技术要求

① 砌筑前，墙底部应砌筑普通砖或多孔砖，或现浇混凝土坎台，其高度不宜小于 200mm。

② 框架柱、剪力墙侧面等结构部位应预埋 ϕ 6mm 的拉结筋及芯柱、圈梁的插筋，或者在结构施工后植上钢筋。

③ 砌体每天的砌筑高度不宜超过 1.8m，填充墙上不得留设脚手眼，搭设脚手架。

（3）质量要求

① 砌体灰缝砂浆的饱满度应≥ 80%，尤其是外墙，防止因砂浆不饱满、假缝、透明缝等引起墙体渗漏，以及防止内墙的抗剪切强度不足引起质量通病。

② 填充墙砌至接近梁底、板底时，应留一定的空隙，待填充墙砌筑完毕并至少间隔 7d 后，再将其补砌挤紧，防止上部砌体因砂浆收缩而开裂。方法为：当上部空隙小于等于 20mm 时，用 1∶2 水泥砂浆嵌填密实；稍大的空隙用细石混凝土镶填密实；大空隙用烧结标准砖或多孔砖呈 60° 角斜砌挤紧，但砌筑砂浆必须密实，不允许出现平砌、生摆（填充墙上部斜砌时出现的干摆或砌筑砂浆不密实形成孔洞等）等现象。

③ 为使砌体与砂浆之间黏结牢固，砌筑时应提前 2d 浇水湿润，含水率宜控制在 5% ~ 8%。

④ 砌筑过程中，应经常检查墙体的垂直平整度，并应在砂浆初凝前用小木锤或撬杠轻轻进行修正，防止因砂浆初凝而造成灰缝开裂。

⑤ 砌体施工应严格按施工规范的要求进行错缝搭砌，避免因墙体形成通缝削弱其稳定性。

6.2.8 装饰装修工程

装饰装修工程过程如下。

（1）抹灰工程

1）工艺流程

基层清理→浇水湿润→吊垂直、套方、找规矩、抹灰饼→抹水泥砂浆→抹水泥窗台→墙面充筋→抹底灰→修补预留孔洞、电箱槽、电箱盒等→抹罩面灰→刮腻子基层→刮腻子面层。

2）工艺要求

根据设计图纸要求的抹灰质量和基层表面平整垂直情况，以一面墙为基准，吊垂直、套方、找规矩，确定抹灰厚度，抹灰厚度不应小于7mm。当墙面凹度较大时应分层衬平，每层厚度不超过9mm。操作时应先抹上灰饼，再抹下灰饼。抹灰饼时应根据室内抹灰要求，确定灰饼的正确位置，再用靠尺板找好垂直与平整。灰饼宜用1：3水泥砂浆抹成5cm见方形状。

房间面积较大时应先在地上弹出十字中心线，然后按基面平整度弹出墙角线，随后在距墙阴角100mm处吊垂线并弹出铅垂线，再按地上弹出的墙角线往墙上引，弹出阴角的两面墙上的墙面抹灰层厚度控制线，以此作为灰饼，然后根据灰饼充筋。

3）技术关键要求

① 抹灰前基层处理必须经验收合格，并填写隐蔽工程验收记录。

② 不同材料基体交接处表面的抹灰，应采取防止开裂的加强措施，加强网与各基体的搭接宽度不应小于100mm。

（2）建筑地面

所有板块地面在施工前均需做好排版图，经审核批准后，再实施。

1）工艺流程

基层处理→找面层标高、弹线→抹找平层砂浆→弹铺砖控制线→铺砖→勾缝、擦缝→养护→踢脚板安装。

2）工艺要求

① 基层处理：将混凝土基层上的杂物清理掉，并用錾子剔掉楼地面超高、墙面超平部分及砂浆落地灰，用钢丝刷刷净浮浆层。如基层有油污，应用10%的火碱水刷净，并用清水及时将其上的碱液冲净。

② 找面层标高、弹线：根据墙上的+50cm（或1m）水平标高线，往下测量出面层标高，并弹在墙上。

③ 抹找平层砂浆步骤及要求如下。

洒水湿润：在清理好的基层上，用喷壶将地面基层均匀洒一遍水。

抹灰饼和标筋：从已弹好面层水平线下量至找平层上的标高（面层标高减去砖厚及黏结层的厚度），抹灰饼间距1.5m，灰饼上平面高度就是水泥砂浆找平层的标高，然后从房间一侧开始抹标筋（又叫冲筋）。有地漏的房间，应由四周向地漏方向呈放射形抹标筋，并找好坡度。抹灰饼和标筋应使用干硬性砂浆，厚度不宜小于 20mm。

装档（即在标筋间装铺水泥砂浆）：清理干净抹标筋的剩余浆渣，涂刷一遍水泥浆（水灰比为 0.4 ～ 0.5）黏结层，要随涂刷随铺砂浆。然后根据标筋的标高，用小平锹或木抹子将已拌合的水泥砂浆（配合比为 1∶3 ～ 1∶4）铺装在标筋之间，用木抹子摊平、拍实，小木杠刮平，再用木抹子搓平，使铺设的砂浆与标筋找平，并用大木杠横竖检查其平整度，同时检查其标高和泛水坡度是否正确，24h 后浇水养护。

④ 弹铺砖控制线：当找平层砂浆抗压强度达到 1.2MPa 时，方可在作业面施放平面位置控制线。预先根据设计要求和砖板块规格尺寸，确定板块铺砌的缝隙宽度，当设计无规定时，紧密铺贴缝隙宽度不宜大于 1mm，虚缝铺贴缝隙宽度宜在 5 ～ 10mm。

在房间分中，从纵、横两个方向排尺寸，当尺寸不足整砖倍数时，将非整砖用于边角处，横向（平行于门口）的第一排应为整砖，将非整砖排在靠墙位置，纵向（垂直于门口）应在房间内分中，非整砖对称排放在两墙边处，尺寸不小于整砖边长的 1/2。根据已确定的砖数和缝宽，在地面上弹纵、横控制线（每隔 4 块砖弹一根控制线）。

⑤ 铺砖：为了找好位置和标高，应从门口开始，纵向先铺 2 ～ 3 行砖，以此为标筋拉纵横水平标高线，铺砖时应从里向外后退操作，人不得踏在刚铺好的砖面上，每块砖应跟线。

⑥ 勾缝、擦缝：面层铺贴应在 24h 内进行擦缝、勾缝工作，并采用同品种、同强度等级、同颜色的水泥。宽缝一般在 8mm 以上，采用勾缝。若纵横缝为干挤缝，或小于 3mm，应采用擦缝。

⑦ 养护：铺完砖 24h 后，洒水养护，时间不应少于 7d。

⑧ 踢脚板安装：踢脚板用砖，一般采用与地面块材同品种、同规格、同颜色的材料，踢脚板的立缝应与地面缝对齐，铺设时应在房间墙面两端头阴角处各贴一块砖，出墙厚度和高度应符合设计要求，以此砖上楞为标准挂线，开始铺贴，砖背面朝上抹黏结砂浆（1∶2 水泥砂浆），以砂浆粘满整块砖为宜，及时粘贴在墙上，砖上楞要跟线并立即拍实，随之将挤出的砂浆刮掉。将面层清理干净，在粘贴前，砖块材料要浸水晾干，墙面要刷水湿润。

（3）涂料工程

1）质量要求

① 残缺处应补齐腻子，用砂纸打磨到位。应认真按照规程和工艺标准操作。

② 基层腻子应平整、坚实、牢固，无粉化、起皮和裂缝。

③ 涂料应避免流坠、起皮、起粒、皱皮、透底、泛碱、刷纹。

2）内墙涂料施工

① 工艺流程：基层处理→修补腻子→刮腻子→施涂第一遍乳液薄涂料→施涂第二遍乳液薄涂料→施涂第三遍乳液薄涂料。

② 各步的工艺要求如下。

a. 基层处理：首先将墙面等基层上的起皮、松动及鼓包等清除凿平，将残留在基层表面上的灰尘、污垢、溅沫和砂浆流痕等杂物清除扫净。

b. 修补腻子：用水石膏将墙面等基层上磕碰的坑凹、缝隙等处分遍找平，干燥后用 1 号砂纸将凸出处磨平，并将浮尘等扫净。

c. 刮腻子：刮腻子的遍数可由基层或墙面的平整度来决定，一般情况下为三遍，腻子的配合比为质量比。适用于室内的腻子，其配合比为聚醋酸乙烯乳液（即白乳胶）：滑石粉或大白粉：2% 羧甲基纤维素溶液 =1 ∶ 5 ∶ 3.5。具体操作方法为：第一遍用胶皮刮板横向满刮，一刮板紧接着一刮板，接头不得留槎，每刮一刮板最后收头时，要注意收得干净利落，干燥后用 1 号砂纸打磨，将浮腻子及斑迹磨平磨光，再将墙面清扫干净；第二遍用胶皮刮板竖向满刮，所用材料和方法同第一遍，干燥后用 1 号砂纸磨平并清扫干净；第三遍用胶皮刮板找补腻子，用钢片刮板满刮腻子，将墙面等基层刮平刮光，干燥后用细砂纸磨平磨光，注意不要漏磨或将腻子磨穿。

d. 施涂第一遍乳液薄涂料：施涂顺序是先刷顶板后刷墙面，刷墙面时应先上后下。先将墙面清扫干净，再用布将墙面粉尘擦净。乳液薄涂料一般用排笔涂刷，使用新排笔时，应注意将活动的排笔毛清理掉。乳液薄涂料使用前应搅拌均匀，适当加水稀释，防止头遍涂料施涂不开。干燥后复补腻子，待复补腻子干燥后用砂纸磨光，并清扫干净。

e. 施涂第二遍乳液薄涂料：操作要求同第一遍，使用前要充分搅拌，如果不是很稠，则不宜加水或尽量少加水，以防露底。漆膜干燥后，用细砂纸将墙面小疙瘩和排笔毛打磨掉，磨光滑后清扫干净。

f. 施涂第三遍乳液薄涂料：操作要求同第二遍乳液薄涂料。由于乳胶漆膜干燥较快，应连续迅速操作，涂刷时从一头开始，逐渐涂刷向另一头，要注意上下顺刷互相衔接，后一排笔紧接前一排笔，避免出现干燥后再处理接头的情况。

3）外墙涂料工程

① 工艺流程：基层处理→腻子打底→涂刷涂料。

② 工艺要求如下。

a. 基层处理：外墙涂料施工待基层处理完毕后进行，要求基层表面必须坚固、无酥皮、脱皮、起壳、粉化等现象，基层表面的油污、灰尘必须清除干净。孔洞和不必要的沟槽应提前进行修补。

b. 腻子打底：待基层干燥，清理干净后，即可满刮腻子，第一遍要求横面刮抹平整、均匀、光滑。待干透后用粗砂纸打磨平整，清扫干净，再满刮第二遍腻子，刮抹方向与第一遍垂直，尽量刮薄，不得漏刮，接头不得留槎。基层干燥、清洁后即可涂刷底层涂料，不得漏涂，涂层应均匀，一般要干燥 4h 以上。

c. 涂刷涂料：涂饰工程采用滚涂法施工，第一遍涂料应稍稀，用涂料滚子蘸取涂料，少蘸、勤蘸，避免流挂。先上后下，从左到右，先远后近，先边角、棱角小面，后大面，厚薄均匀。干燥后（一般不少于 6h），用细水砂纸打磨，打磨时用力要轻而匀，并且不得磨穿涂层，磨后将表面清扫干净。第二遍涂料应比第一遍稠，其余工序与第一遍施工相同。若遮盖差，则打磨后再涂一遍。涂刷要均匀，不宜太厚，防止漏刷，色调一致，无明显刷痕。对泛碱、析盐的基层应先用 3% 的草酸溶液清洗，然后用清水冲刷干净或在基层上满刷一遍耐碱底漆，待干燥后刮腻子，再涂刷面层涂料。

（4）吊顶施工

1）吊顶骨架安装施工要点

① 根据设计要求选用龙骨主件及配件并准备好固结材料和施工工具。

② 在结构基层上，按设计要求弹线，确定龙骨及吊点位置。主龙骨端部或接长部分增设吊点。确定吊顶标高。在墙面和柱面上，按吊顶高度要求弹出标高线。弹线应清楚，位置准确，其水平允许偏差为±5mm。

③ 吊件加工与固定。在吊点处固定膨胀吊杆，用吊杆连接固定龙骨。吊杆端头螺纹部分长度大于等于30mm，以便有较大的调节量。所有吊筋应整齐一致，符合明配安装要求。

④ 木制拱廊部分吊筋间距应小于1m，微孔铝板部分、石膏板部分吊筋间距应小于等于1.2m。

⑤ 龙骨的安装与调平如下。

龙骨安装顺序为先安装主龙骨后安装次龙骨，特殊情况时主、次龙骨一次安装；用一吊环将龙骨箍住；先将主龙骨与吊杆连接固定，与吊杆固定时，用双螺母在螺杆穿过部位上下固定；然后按标高线调整主龙骨的标高，使其在同一水平面上；主次龙骨的位置，一般应按装饰板材的尺寸在主龙骨底部弹线，用挂件固定，并使其固定严密，不得有松动。

⑥ 为防止主龙骨向一边倾斜，吊挂件安装方向应交错进行，次龙骨垂直于主龙骨；横撑下料尺寸要比名义尺寸大2～3mm，其中距离视装饰板材尺寸决定，一般安置在板材接缝处。

⑦ 吊顶施工过程中，土建与电气设备等安装作业应密切配合，特别是预留孔洞、吊灯等处的补强应符合设计要求，以保证安全。

2）板块安装

铝合金板块与龙骨架的安装，主要有吊钩悬挂式安装或用自攻螺丝固定，也可采用钢丝扎结，安装时按弹好的板块安排布置线，从一个方向开始依次安装，并注意吊钩先与龙骨固定，再钩住板块侧边的小孔。铝合金板块在安装时应轻拿轻放。保护板面不受碰撞或刮伤。用M5自攻螺丝固定时，先用手电钻打出直径为4.2mm的孔位后再上螺钉。

（5）门窗安装

1）工艺流程

清理→确定安装位置→安固定片→定位安装→检查验收。

2）操作工艺

① 门窗安装前应划定中线，检查保护膜完好情况并及时补贴好保护膜。

② 根据设计图及门窗扇开启方向，确定门窗框的安装位置，然后将门窗框装入洞中，并调整垂直、水平和直角，然后可靠固定。

③ 门窗用拼樘料和紧固件双向扣紧与墙体连接时，其两端必须与洞口墙体固定牢固。

④ 门窗框与洞口间的伸缩缝内腔应采用闭孔泡沫塑料等弹性材料分层填实。

⑤ 门窗洞内外侧与门窗间缝隙应先用水泥砂浆填实抹平，水泥砂浆硬化后，外侧用密封胶处理前，密封口处应清理干净，然后认真进行密封处理。

⑥ 玻璃安装前应检查其质量、厚度是否符合设计规范，安装应固定紧密。当采用镀膜玻璃时，要注意镀膜的朝向。

⑦ 门锁、执手、铰链等五金配件应安装固牢、位置正确、开关灵活。

3）钢质防火门安装工程

安装之前，选择 1 樘样板门作为样板安装，完成工序后，报请甲方、总包、监理单位验收和评审，然后再继续按要求安装其他产品。

6.2.9 屋面工程

屋面工程施工流程为：基层清理→找坡层→保温层→找平层→卷材防水层。

层面工程具体施工工艺如下。

（1）基层清理

现浇混凝土的基层表面，将尘土、杂物等清理干净。基层不平整处，采用水泥乳液腻子处理。

（2）找坡层

找坡材料为 1：6 水泥焦渣，坡度 2%。弹线找坡，按设计坡度及流水方向，找出屋面坡度走向，确保保温层的厚度在合适范围内。

（3）保温层

① 保温层保温材料为聚苯乙烯泡沫塑料板。

② 铺设保温层材料的基层应平整、干净、干燥。

③ 保温板材须完整无损坏，铺设时遇到掉角等破损情况的，应锯平后拼接使用，板缝间缝隙采用同类材料嵌填密实。

④ 平整保温层，保证保温板铺设平整牢固。

⑤ 保温层铺设完毕立即进行找坡层施工，避免长时间暴露而被破坏，影响保温效果。

⑥ 封闭式保温层，在屋面与墙的连接处，隔汽层应沿墙向上连续铺设，并高出保温层上表面，且不得小于 150mm。

（4）找平层

1）工艺流程

基层清理→管根封堵→找平层施工→养护→验收。

2）工艺要求

① 基层清理。将结构层、保温层上表面的松散杂物清扫干净，突出基层表面的灰渣等黏结杂物要铲平，且不得影响找平层的有效厚度。

② 管根封堵。大面积做找平层前，应先将出屋面的管根、变形缝、屋面暖沟墙根部处理好。

3）找平层施工

① 贴点标高、冲筋。根据坡度要求，拉线找坡，按 1 ~ 2m 贴点标高（贴灰饼）铺抹找平砂浆时，先按流水方向以间距 1 ~ 2m 冲筋，并设置找平层分格缝，找平层分格缝可兼做排气屋面的排气道。排气道应纵横连通并与排气孔相通。排气孔可设在檐口下或屋面排气道交叉处，排气孔应做防水处理。分格缝宽度一般为 12 ~ 15mm，并且应将缝与保温层连通，分格缝最大间距不宜大于 6m。放置分格缝木条的方法：在已定分格缝的位置上放置分格缝木条，木条上平与灰筋上皮一致，同时用水泥砂浆固定牢固，然后使用与灰筋同类的水泥砂浆进行装档抹灰，以灰筋和木条为准，木杠搓平，待收水后用铁抹子压实抹平，终凝前去除分格木条。

② 铺抹水泥砂浆。按分格快速装灰铺平，用刮杠冲筋条刮平，找坡后用木抹子搓平，用铁抹子压光；待浮水沉失后（人踏上去有脚印，但不下陷为准），再用铁抹子压第二遍即可完工。找平层水泥砂浆一般体积比为 1：2.5 ~ 1：3，拌合稠度控制在 7cm。在抹找平层的同时，凡基层与突出屋面结构的连接处、转角处，均应做成半径为 30 ~ 150mm 的圆弧或斜长为 100mm 的钝角。立面抹灰高度应符合设计要求但不得小于 250mm，卷材收头的凹槽内抹灰应呈 45° 角。排水口周围应做成半径为 500mm 和坡度不小于 5% 的环形洼坑。

4）养护

找平层抹平、压实后 12h 可浇水养护或喷冷底子油养护，一般养护期为 7d，经干燥后铺设防水层。

（5）卷材防水层

1）工艺流程

基层表面清理、修补→喷、涂基层处理剂→节点附加增强处理→定位、弹线、试铺→铺卷材→收头处理、节点密封→清理、检查。

2）施工方法

① 基层检查验收。基层要求表面干燥，其含水率按规定不应超过 8%，或通过覆盖黏结试验。要求表面平整，保证基层坚硬、不出现起砂、裂缝、松动、起鼓、不平等现象。表面平整检查应采用 2m 长直尺检查，直尺与基层的间隙不应超过 5mm，只允许平缓变化，每米长度内不得多于一处异常情况，表面无积水，排水坡度应符合设计要求。

防水基层若有缺陷或积水等现象，必须进行处理，合格后方可进行防水层的施工。

② 冷底子油施工。先将验收合格的基层进行清理，并在基层上涂喷处理剂，要求处理剂涂喷均匀，待基层处理干燥后，再进行防水卷材的铺设施工。

③ 防水卷材的铺设。防水卷材的铺设应按规范要求平行或垂直于屋脊方向铺设。按顺水方向由低向高平行于屋脊方向或垂直于屋脊方向进行铺设。

施工前应将验收合格的基层清理干净，并将棱角处尘土吹净。然后涂刷基层处理剂，要均匀一致。待基层处理剂干燥后，应按设计要求对屋面防水工程做附加层的部位进行处理。

然后确定卷材铺贴顺序和铺贴方向，并在基层弹线，然后铺贴卷材。铺贴时用火焰喷枪或喷灯烘烤卷材的底面和基层的夹角，喷灯距交界处300mm左右，使卷材表面的沥青层液化，边烘烤边向前滚卷材，随后用压辊辊压，使其与基层或卷材黏结牢固。注意烘烤温度和时间以使沥青层呈融熔状态为度。

（6）保护层施工

防护层铺贴完毕，清扫干净，经淋（蓄）水检验，检查验收合格后，方可进行保护层的施工。

6.2.10 预制舱运输及到货检查

储能电站与其他电站形式的主要区别在于预制舱，预制舱内设备由厂家安装到位，设备之间接线由厂家负责；预制舱吊装卸货、外部接线与电气试验由施工方负责。

（1）预制舱运输

储能电站一般采用预先集成为集装箱系统，而后整体进行运输的方案。运输采用预制舱专用挂车；吊装好之后，检查预制舱是否摆放平整，角件是否有悬空现象。调整完后，将预制舱角件与平板车连接限位；电池附件包装若放在预制舱内部，应固定牢固，不得晃动。若直接在挂车上运输，应固定牢固，并铺设防雨布。预制舱箱壁上的防雨罩因运输尺寸限制，需先拆下后单独运输，且必须做好防护。箱壁上的进出风口应用封板封堵，并在四周打密封胶，避免雨水进入。预制舱在运输过程中有以下注意事项：

① 使用专业运输车；

② 用卡扣等工具将其固定在运输车上，锁好门；

③ 装有储能控制柜的一侧应朝向车头方向；

④ 运输车在高速公路上的速度不得超过80km/h，普通公路上不得超过50km/h。

（2）到货检查

集装箱、预制舱到达现场后应进行仔细检查，并符合下列规定：业主、监理单位、施工方、供货商（厂家）共同参加检查；产品装箱清单、质保书、合格证、出厂试验报告、安装说明书、备品备件及专用工器具件应齐全；箱内外外观应完好；按装箱清单核查附件，应齐全、无锈蚀及机械损伤；舱内所有设备及配件应与底座固定牢固，无倾斜或堆放。

6.2.11 预制舱吊装施工

（1）吊装前准备

① 设备周围及进出路面应硬化，站内道路应满足设备车辆行驶及吊车作业时的承重需要。

② 储能设备基础浇筑完成后进行土建交付安装工作，并符合设计要求。

③ 施工区域照明充足。

④ 吊车按照方案要求组装好后就位，检查吊钩起升、限位、回转等，确保工况良好。在厂家指导下组装好预制舱专用吊具（图 6-2、图 6-3）。

⑤ 厂家服务人员应随预制舱设备到达现场，并对施工人员进行吊装培训。

⑥ 在安装工作开始前，要确认辅助设备的准备情况，并进行必要的技术交底。

⑦ 吊装前对吊装区域设立警戒区，由警戒人员维持吊装秩序，并对吊装人员进行工序交底，统一吊装信号。

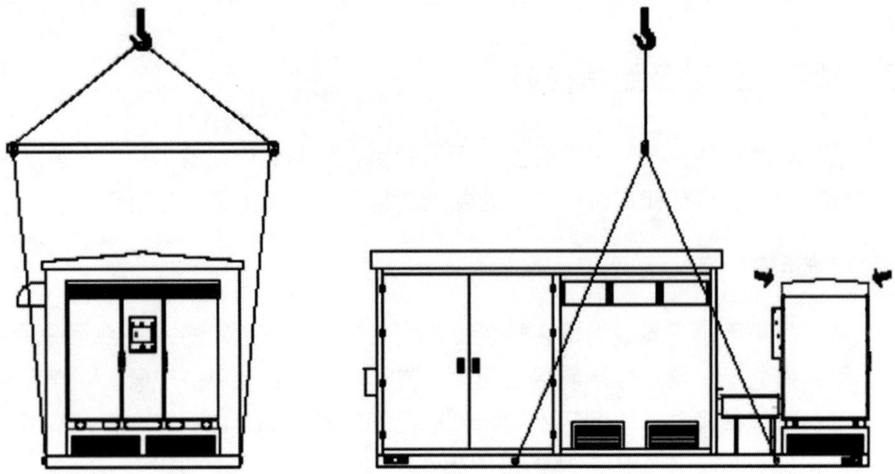

图 6-2　PCS 预制舱吊具组装图

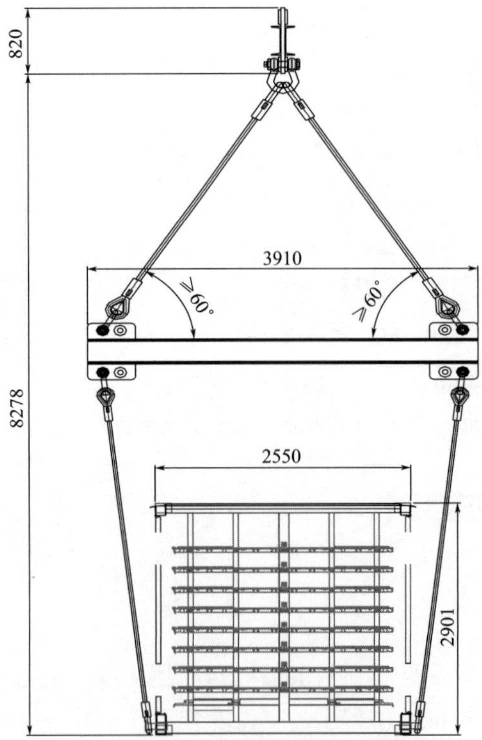

图 6-3　电池预制舱吊具组装图

（2）基础及轴线检查

预制舱到场前，应对其基础埋件及预埋件进行一次全面复测，并符合以下要求：
① 根据基础图核对各基础埋件，确保均已埋设完毕。
② 确保场地及周边无影响设备进场的障碍物。
③ 混凝土强度应达到设备安装要求。
④ 基础的中心距离及高度的偏差不应大于 10mm。
⑤ 预留孔或预埋件中心线偏差不应大于 10mm。
⑥ 基础预埋件上端高出混凝土表面应符合设计和厂家要求，长度一致。

（3）试吊

吊具组装完成后，在厂家指导下，将钢丝绳固定在预制舱底部吊杠上，预制舱上绑好溜绳。吊车缓慢起钩，至预制舱抬高 10 ~ 15mm，停止起钩，检查所有索具情况、吊车负荷情况、地基变化情况、吊耳及壳体情况。试吊如出现问题则应及时放回原位，针对这些问题进行整改，直至正常。

（4）正式吊装

在箱体进行吊装时，应采用四点吊装，保证箱体平稳起吊平移，根据箱体的质量、吊点和吊装示意图进行吊装。吊装时应注意：钢丝绳起吊质量不得小于工具清单中的质量；钢丝绳抗拉强度必须满足 6 倍以上安全系数；吊装设备必须满足 2 倍以上安全系数；吊装前必须试吊本舱体，处于完全安全状态后，方可进行吊装作业；起吊时，必须保证舱体平稳；起吊运输前保证所有门锁处于上锁状态；项目现场起吊时，需在对角做绳牵引，避免设备起吊过程中失控产生吊机重心不稳的现象，从而导致舱体或吊机倾覆而发生事故。

（5）舱体的就位及检查

吊装就位后，应观察舱体的水平度和垂直度，检查舱体中线是否与基础中线处于同一条线。舱内屏柜开箱检查：应检查舱体外壳有无破坏，盘、柜面是否平整，门销开闭是否灵活，照明装置是否完好，盘、柜前后标识是否齐全、清晰。吊装就位后必须对底座需要焊接的地方进行找正并可靠焊接，舱体与基础预埋件接地良好，可开启柜门用软铜导线可靠接地。

6.2.12 沟道施工、井池施工、道路施工

6.2.12.1 沟道施工

站区沟道具有路线长、标高不一、接口多的特点，因此其对防水功能要求很高。如果施工不好，将来会给运行带来很多不利的影响。因此要求沟壁和底板混凝土一起浇筑成型。

沟壁使用定型钢模板和外加脚手管支撑加固的方式施工。

沟道应根据现场实际条件分段进行施工，分段处应留施工缝处理。

（1）施工缝的处理方法

施工缝采用中埋式橡胶止水带的施工方法（图 6-4）。中埋式橡胶止水带代替传统的金属止水片做防水处理，施工简单、效果良好。

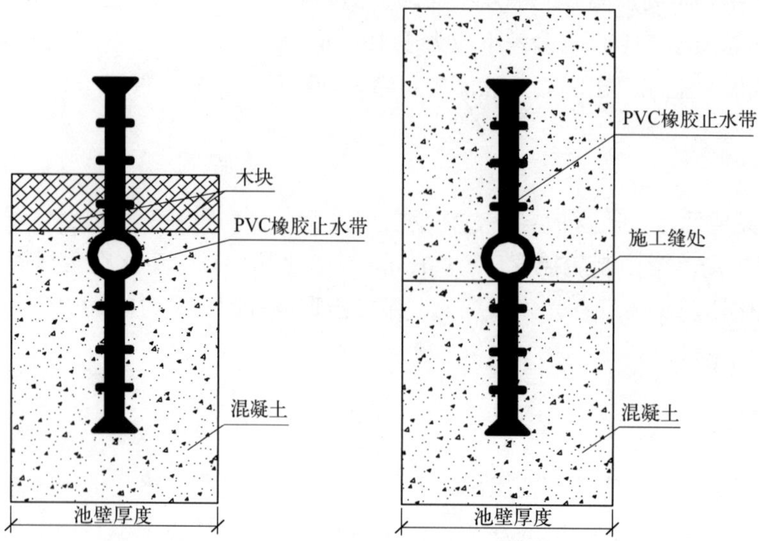

(a) PVC橡胶止水带　　(b) 施工缝处PVC橡胶止水带

图 6-4　中埋式橡胶止水带示意图

在施工缝上浇筑混凝土前，应将施工缝处的混凝土表面凿毛，木块剔出，清除浮粒和杂物，用水冲洗干净，保持湿润，然后浇筑混凝土。

（2）沟壁混凝土施工

浇筑混凝土时，从沟壁的某一点开始浇筑，形成两个混凝土面，要求两个施工面均衡发展，任何一个混凝土面的停滞时间都不得超过混凝土的终凝时间，以防产生混凝土冷缝，从而影响抗渗效果。

（3）混凝土的养护

防水混凝土的养护对其抗渗性能影响极大，因此，当混凝土进入终凝（浇筑后 4 ～ 6h）后即开始浇水养护并采用保水措施，养护时间不少于 14d。

防水混凝土不宜过早拆模，拆模时混凝土表面温度与周围气温之差不得超过 15 ～ 20℃，以防混凝土表面出现裂缝。

拆模验收后要及时回填土，以利于混凝土后期强度的增长，并获得预期的抗渗性能。

6.2.12.2　井池施工

考虑到工期和回填的影响，井池的施工分两步进行：底板、支墩、池壁以上 300mm 施工；池壁施工。

第一步，井池基础施工时，在没有工作面的部位，局部采用以砖代模的方式。即在基础垫层上用普通砖砌筑 240mm 厚的砖墙，砖墙内侧抹灰并刷一层沥青漆，作模板使用。底板与池壁的水平施工缝，设在离底板 300mm 处，并要求此部分混凝土也要和底板一起浇筑成型。

第二步，池壁使用现场定型加工制作，采用木模板或钢模板作为池壁的模板，围檩采用 50mm × 100mm 木方子、M16 对拉螺栓拉结和外加脚手管支撑加固的方式。

6.2.12.3 道路施工

（1）施工顺序

素土夯实→级配砂石→水泥混凝土路面。

（2）材料要求及准备

① 水泥采用强度高、收缩小、耐磨性强、抗冻性好的硅酸盐水泥或普通硅酸盐水泥。砂子采用洁净、坚硬、符合规定的级配，应采用细度模数在 2.5 以上的粗、中砂。石子应质地坚硬，并符合规定级配，最大粒径不超过 40mm。混凝土掺用的外加剂，应经配合比试验符合要求后方可使用。

② 混凝土配合比，应满足混凝土的设计强度、耐磨、耐久和混凝土拌合物和易性的要求，混凝土最大水灰比不应大于 0.50。

③ 模板采用槽钢支设，槽钢的高度应与混凝土路面厚度一致，立模的平面位置与高程应符合设计要求，并应支立准确稳固，接头紧密平顺，不得有离缝和高低不平等现象。模板接头、模板与基层接触处不得漏浆。模板与混凝土接触的表面应涂刷隔离剂。混凝土拌合物摊铺前，应对模板的间隔、高度、润滑、支撑情况和基层的平整、润湿情况，以及钢筋的位置和传力杆装置等进行全面检查。

（3）施工工艺

① 路面混凝土施工。混凝土一次摊铺，摊铺厚度应考虑振实预留高度，采用人工摊铺，应用锹反扣，严禁抛掷和耧耙，防止混凝土离析。混凝土靠边角处应先用插入式振捣器顺序振捣，再用功率不小于 2.2MW 的平板振捣器纵横交错全面振捣。纵横振捣时，应重叠 100 ~ 200mm，然后用振动梁振捣拖平。振捣器在每一位置振捣的持续时间，应以混凝土停止下沉，不再冒气泡并泛出水泥砂浆为准，不能过振。当配合使用插入式与平板式振捣时，应先用插入式，后用平板式。振捣时应辅以人工找平，并应检查模板。如有下沉、变形或松动，应及时纠正。混凝土整平时，填补路面应选用砾石较细的混凝土，严禁用纯砂浆填补找平。用振动梁整平后，再用铁滚筒进一步整平。整平时必须保持顶面整洁，接缝处板面平整。

② 混凝土道路面层施工。在烈日或干旱风吹时，压面应在遮荫棚下进行；压面时严禁在混凝土上洒水、撒水泥粉。压面分两次进行：先找平抹平，待混凝土表面无泌水时，再进

行第二次抹平。混凝土路面应平整、密实。

③ 接缝施工。胀缝应与路面中心线垂直，缝壁必须垂直；缝隙宽度必须一致，缝中不得连浆；缝隙上部浇灌填缝料，下部设置胀缝板；胀缝传力杆的活动端，可设在缝的一边或交错布置。固定后的传力杆必须平行于板面及路面中心线，传力杆的固定，可采用顶头木模固定或支架固定安装的方法。

④ 缩缝施工。应采用切缝法，当混凝土强度达到设计强度的 25% ~ 30% 时，应采用切缝机进行切割。切缝用水冷却时，应防止切缝水渗入基层或土基。

⑤ 施工缝的位置应与胀缝或缩缝设计位置吻合，施工缝应与路面中心线垂直，施工缝传力杆长度的一半应锚固于混凝土中，另一半应涂沥青，允许滑动，传力杆必须与缝壁垂直。

道路施工完毕，应及时用苫盖养护。养护应根据施工情况及条件，选用塑料薄膜进行养护。路面在养护期间和填缝前，应禁止车辆通行。在达到设计强度的 40% 以后，方可允许行人通行，养护时间不少于 14d。

6.3 储能系统调试

电化学储能发电站系统调试应包含设备调试、系统联合调试两个阶段，设备调试不合格时不应进入系统联合调试。调试前完成单位工程验收，设备应具备调试条件；调试前制定调试大纲，调试作业应满足现场安全要求，并符合现行国家标准《电力安全工作规程　发电厂和变电站电气部分》（GB 26860—2011）的相关规定；调试完成后由具备资质的调试单位出具调试报告；调试用仪器仪表应在校准、鉴定的有效期内，并符合调试要求。

6.3.1 储能系统的设备调试

储能系统及设备调试主要包含储能单元的输变供电部分、储能变流系统部分、储能电池单元以及辅助设备部分等的调试，包含空调、通风、消防、电缆等，储能设备调试前应具备下列条件：设备应安装就位完毕，安装记录等资料齐全，现场应提供调试用的电源，并确认临时供电设备的电压、频率和容量符合调试要求，调试现场应无其他大型作业活动，设备随机文件、备品备件应齐备，调试方案和安全环保措施已编制评审完毕。因目前大部分电池储能系统中箱体结构、控制器、电气设备、电池簇、通风空调、消防等主要部件由系统厂家集成，工厂集成度较高，一般在工厂内完成储能集成设备的组装、检验、调试，调试除带负荷功率测试外，还有各项目模式转换、功能测试与通信测试等工作，现场主要完成设备到场安装检查、电气装置安装就位、线缆连接施工、电气设备交接试验、二次系统及保护传动、通信联调等工作。本节主要对厂内及现场调试依据标准及现场送电前检查等内容进行介绍。

6.3.1.1 储能系统电气设备安装与调试的依据标准

储能系统电气设备集成安装主要是指高压开关柜、变压器、低压开关柜、变流器、直流汇流柜及电池等电气设备在集装箱或户外柜中的机械定位紧固、主电路连线、二次回路连线及检验等过程，遵循的主要标准和规范见表 6-2。

表6-2 主要标准和规范

标准名称	标准号
《电气装置安装工程 高压电器施工及验收规范》	GB 50147—2010
《电业安全工作规程 第 1 部分：热力和机械》	GB 26164.1—2010
《电力建设安全工作规程 第 3 部分：变电站》	DL 5009.3—2023
《电气装置安装工程 电气设备交接试验标准》	GB 50150—2016
《电气装置安装工程 盘、柜及二次回路接线施工及验收规范》	GB 50171—2012
《电气装置安装工程 电力变压器、油浸电抗器、互感器施工及验收规范》	GB 50148—2010
《电气装置安装工程 接地装置施工及验收规范》	GB 50169—2016
《风光储联合发电站调试及验收标准》	GB/T 51311—2018
《电化学储能电站接入电网技术规定》	GB/T 36547—2024
《电化学储能电站接入电网测试规程》	GB/T 36548—2024
《电力储能用电池管理系统》	GB/T 34131—2023
《电化学储能系统储能变流器技术要求》	GB/T 34120—2023
《电池储能功率控制系统 变流器 技术规范》	NB/T 31016—2019
《电化学储能电站监控系统技术规范》	NB/T 42090—2016
《电化学储能电站监控系统与电池管理系统通信协议》	DL/T 1989—2019
《电化学储能电站并网运行与控制技术规范》	DL/T 2246.1～2246.9—2021

6.3.1.2 电化学储能系统电气设备部分带电前的基本要求

电化学储能系统电气设备部分带电前的基本要求如下。

① 调试前升压变压器、变流器柜、汇流柜、电池柜应与接地网导通良好。

② 储能设备环境采暖通风与空气调节系统、消防系统应符合现行国家标准《电化学储能电站设计规范》（GB 51048—2014）中的相关规定。

③ 储能运行单元带电前应检查汇流柜、变流器、电池组及其辅助设备，并确保符合下列要求。

a. 汇流柜母排正极和负极对地绝缘电阻应大于 1MΩ。

b. 变流器直流侧和交流侧对地绝缘电阻应大于 1MΩ，断路器、接触器应正常动作。

c. 各电池柜内电池管理系统与电池相连的带电部件和外壳之间的绝缘电阻应大于 2MΩ，且外壳与柜体的接地引线应导通良好。

d. 各电池组外观、接线应正常。

④ 储能单元二次回路供电电压应符合设计要求。

⑤ 电池管理系统之间通信应正常，电池管理系统电压、温度等监测数据应完整、正确，报警阈值设置应正确。

⑥ 电池组通风、散热等温度调节系统应按设定值正确启停。

⑦ 变流器就地启停机、紧急停机功能应正常，人机界面显示功能和操作功能应正常。

⑧ 变流器及电池管理系统保护定值应符合设计要求。

6.3.1.3 储能升压变压器及开关设备检查及送电

储能升压变压器及开关设备检查及送电要求如下。

① 高压开关柜、储能升压变压器控制回路等安装完毕，内、外部电缆敷设、接线完毕。

② 已完成所有设备单体的校验，包括电测量仪表校验、电流互感器试验、电压互感器试验、高压开关试验、避雷器试验、变压器试验、电力电缆试验等。以上均须提供出厂测试报告和高压设备测试报告，相关测试项以技术协议为准，并应验收合格。储能运行单元的升压变压器和连接电缆绝缘应符合现行国家标准《电气装置安装工程 电气设备交接试验标准》（GB 50150—2016）中的相关规定。

③ 储能单元调试前汇集线（路）应具备空充条件，储能运行单元的升压变压器冲击试验应连续进行 3 次，每次试验间隔不得小于 5min，升压变压器无异常噪声，无短路或故障现象，保护装置应无异常动作。

④ 储能运行单元的升压变压器保护测控装置调试包括与远程监控系统的通信调试以及遥测、遥信、遥控功能的检查，应符合下列规定。

a. 升压变压器保护测控装置电压、电流等遥测量以及开关状态、告警和故障信息等遥信量应显示正确。

b. 升压变压器保护测控装置与远程监控系统应通信正常。

c. 远程监控系统中的遥测量和遥信量应与测控装置显示一致。

d. 远程操作升压变压器的高、低压侧开关时，操作机构应可靠动作，传动满足要求。

e. 升压变压器开关设备以就地方式运行时，远程监控系统应闭锁遥控指令。

f. 升压变压器保护定值计算完毕，定值单已提供现场调试单位，调试人员现场校核传动完毕且合格。

6.3.1.4 储能变流器送电检查

储能变流器是连接于电池系统与电网（和 / 或负荷）之间的，能实现电能双向转换的设备，是储能装置和电网中间的关键器件，用于控制蓄电池的充电和放电过程，进行交流、直流的变换，在无电网情况下可以直接为交流负荷供电。PCS 由 DC/AC 双向变流器、控制单元等构成，PCS 控制器通过通信接收后台控制指令，根据功率指令的符号及大小控制变流器，对电池进行充电或放电，实现对电网有功功率及无功功率的调节。储能变流器功能较为复杂，集成度较高，一般在工厂实现集成成套设备。现场吊装完成后，送电前需对以下项目进行检查：

① 检查接地铜排、直流正负极铜排、交流侧铜排是否正确连接、紧固安全；

② 检查电缆地沟支架安装是否完好，电缆布线是否符合要求；

③ 机柜中没有遗落工具、外部物体和钻孔的碎屑等物品；

④ 蓄电池输出电压与储能变流器一致，正负极性正确；

⑤ 交流侧电压符合设计及现场实际要求，相序正确，线缆无破损、划痕，通风口的滤网完好，变流器的急停开关放开；

⑥ 交流、直流侧断路器及电池启动开关均已断开，即全部处于“OFF”位置；

⑦ 启动电池，通过绝缘测试对蓄电池及蓄电池连接到变流器直流输入侧的整个通路进行检测，确保没有接地故障；

⑧ 内部挡板已经全部安装，所有设备外盖已就位；

⑨ 操作手册、安装手册、合格证齐全，出厂实验报告、现场调试报告等技术资料齐全，满足技术协议要求。

6.3.1.5 电池预制舱送电检查

储能电池舱送电前确保所有设备安装与各送电部位的连接部位均处于安全状态，为了保证操作人员以及储能系统的安全，所有参与系统装配与测试工作的人员都必须严格遵守厂家指导书中提及的各项注意事项和现场调试作业方案。

① 操作人员必须穿戴绝缘手套、绝缘鞋及安全帽等安全防护用品。

② 检查确认测量设备是否在有效校验期内，确保测试设备线缆无破损或裸露在外。

③ 检查确认电池舱直流设备开关处于断开状态，并且对送电开关采取挂牌上锁措施，对测试区域进行隔离，禁止无关人员进入。

④ 检查接地铜排、直流正负极铜排是否正确连接、紧固安全，直流电缆交接试验测试合格。

⑤ 检查控制柜、配电柜供电是否正常，所有供电、控制电缆连接是否完好，线缆是否无破损、划痕。

⑥ 检查空调及通风系统运行是否正常。

⑦ 检查确保储能电池预制舱消防系统交接试验完毕，系统已投入正常运行。

⑧ 检查确保照明、应急照明系统运行正常，电池舱应急逃生门开闭正常，通道中无影响调试及出入的物品。

6.3.1.6 储能系统单元测试

储能运行单元整体测试应包括监控功能、功率调节性能、电池组串性能的检查和调整，应包含以下内容：

① 就地设置 10% 额定有功功率，检查就地监控电池管理系统和变流器人机界面，确保电压、电流、温度等运行参数显示正确。

② 设置 20%、40%、60%、80%、100% 额定充放电功率，有功功率实测值与设定值相对偏差不宜大于 5%，且电池管理系统应无告警。

③ 设置无功功率时，无功功率实测值与设定值相对偏差不宜大于 5%，且电池管理系统应无报警。

④ 应检查电池组串 SOC 一致性、单体电压一致性、单体温度一致性，其中锂离子电池单体温度差异应小于 5℃，全钒液流电池单元充满电静置 30min 后，电堆之间静态开路电压最大值、最小值与平均值的偏差不应超过平均值的 2%。

⑤ 标定储能单元容量时，初始充电能量不应小于额定充电能量，初始放电能量不应小于额定放电能量，锂离子电池储能单元能量转换效率不宜低于 92%。

⑥ 多变流器并联储能运行单元以额定功率并列运行时，变流器交流侧电流不均衡度应符合设计要求。

⑦ 按照 20%、40%、60%、80%、100% 额定充放电功率远程设置储能运行单元运行参数时，有功和无功功率的实测值与设定值相对偏差不宜大于 5%，功率因数应按照《储能变流器检测技术规程》（GB/T 34133—2023）的试验方法进行测试，储能变流器在并网运行模式下不参与系统无功调节，且输出功率大于额定功率的 50% 时，功率因数不应小于 0.98（超前或滞后）。

6.3.2 集装箱系统辅助设备静态调试

6.3.2.1 集装箱及户外柜检验及调试要求

目前还没有专门的储能系统用安装集装箱或户外柜的通用检测标准和规范，在具体的集装箱或户外柜的检验验收过程中，可借鉴的相关技术标准包括《外壳防护等级（IP 代码）》（GB/T 4208—2017）、《色漆和清漆　划格试验》（GB/T 9286—2021）、《电力系统继电保护及安全自动装置户外柜通用技术条件》（GB/T 34125—2017）、《通信系统用户外机柜》（YD/T 1537—2015）、《通信系统用室外机柜安装设计规范》（YD/T 5186—2021）及设备采购技术协议等。主要检验项目包括外观、环境适应与防护等级、机械安全性、相关形式试验报告。

6.3.2.2 储能温控系统安装与调试要求

电池储能系统内部温控系统主要分为风道或风墙、空调机组两个部分。其中，风道或风墙一般由集装箱制作厂家按照图样制作并预装完成，随集装箱整体交付系统集成商后，由系统集成商进行空调机组及其他附件的安装、调试。针对风道或风墙，可依据标准《通风与空调工程施工质量验收规范》（GB 50243—2016）进行外观检查。风道外观应折角平直、圆弧均匀、两端平行、无翘角、无划痕，表面凹凸不大于 5mm；当矩形风道大边长在 630 ~ 800mm 时，每隔 1m 应采取加固措施，当矩形风道大边长大于 1m 时，每隔 800mm 应采取加固措施，确保牢固、整齐、均匀对称；当风道直角弯头或边长大于 500mm 时，应考虑在弯头处增加导流片，使气流顺利通过，降低风阻；按照设计要求进行结构定位与安装，水平安装最大允许偏差 3mm/m，最大允许总偏差 20mm，垂直安装垂直度最大允许偏差 2mm/m，最大允许总偏差 20mm；采用焊或咬接形式进行风道连接时，要求焊接表面无裂纹、气孔、夹渣、凹陷，咬口缝结合应紧密，不应有半咬口或张裂现象，咬口宽度应均匀。

运行测试：漏风量测试完毕后进行空调机组运转测试，检测其是否正常运行，分别对风量、转速、温度、振动、噪声、电流进行测试；额定电压情况下，稳定运转 5min，停止运行，重复 3 次无异常；总风量实测值不低于额定值的 95%；单个机组额定风量为 2000 ~ 5000m/h 时，机组噪声不超过 65dB。

6.3.3 储能系统联合调试

电化学储能系统联合调试应包括基本监控功能调试、有功自动控制功能调试、自动电压控制功能调试。联合调试前应具备下列条件：

① 联合监控系统硬件设备的数量、型号、额定参数应符合设计要求，软件功能应完成现场测试，且满足设计要求。

② 变电站、储能分系统与监控系统通信应正常，实时性和准确性应符合相关标准的规定。

③ 有功 / 无功自动控制功能和性能调试时，发电单元应为远方控制方式，不受控的发电单元容量不宜超过总装机容量的 10%。

6.3.3.1 基本监控功能调试

储能监控系统与变电站监控系统调试应满足以下要求。

① 变电站设备状态显示应完整正确。

② 变电站设备遥测量、遥信量应传送正确，实时性符合现行行业标准《变电站监控系统设计规程》（DL/T 5149—2020）的相关规定。

③ 储能发电单元遥测量、遥信量传送应正确，实时性应符合设计要求。

④ 可远方操作设备遥控功能和远方调节设备遥控、遥调功能，并应可靠正确。

⑤ 无偿装置投入 / 退出遥控指令、无功 / 电压遥调指令应正确执行。

⑥ 有功控制、无功控制功能试验的试验方法及技术指标，应符合《电化学储能电站接入电网技术规定》（GB/T 36547—2024）、《电化学储能电站接入电网测试规程》（GB/T 36548—2024）以及地方电网的相关规定和要求。

6.3.3.2 有功自动控制功能调试

通过储能和有功自动控制系统监控界面测试有功自动控制功能，应符合下列相关要求。

① 场站就地 / 调度远方、开环 / 闭环工作方式切换正常。

② 计划跟踪、平滑波动、频率调节等控制目标切换正常。

③ 储能发电切换方式正常。

④ 有功控制监控系统的有功自动控制工作方式设置为场站就地，分别在跟踪计划平滑波动、频率调节控制目标下依次进行储能发电单元有功控制的开环、闭环模式调试：a. 设置控制目标；b. 设置发电方式；c. 设置功率曲线波动率、频率偏差等控制参数；d. 记录储能监控或者有功功率控制系统数据，并计算控制性能指标，开环方式下指令分配应合理，闭环方式下储能发电单元应正确执行指令，控制性能应满足设计指标及上级调度机构的要求；e. 进行储能监控系统的通信中断、接收有功指令不合理等异常情况下的安全性测试，储能监控及功率控制系统应告警并闭锁，被控设备应自动切换到就地控制方式。

⑤ 将有功控制系统自动控制工作方式设置为调度远方，与上级调度机构的调控主站进行跟踪计划频率调节等功能的联合调试，并应包括以下内容：a. 执行调控主站的指令，记录监控系统数据并计算控制性能指标，控制目标应满足上级调度机构的要求；b. 进行通信中断、接收有功指令不合理等异常情况下的安全性测试，储能监控或有功控制系统应告警并自

动切换到场站就地控制方式。

6.3.3.3 自动电压控制功能调试

检查储能监控或有功控制系统自动电压控制功能，应符合下列相关要求。

① 场站就地 / 调度远方、开环 / 闭环工作方式切换应正常。

② 电压、无功以及功率因数等控制目标切换应正常。

③ 无功补偿装置投入 / 退出状态切换应正常。

④ 储能监控或无功功率控制系统自动电压控制工作方式设置为场站就地，分别在并网点电压、无功、功率因数控制目标下依次进行各种发电方式的开环、闭环模式调试：a. 设置控制目标；b. 设置发电方式；c. 设置电压曲线、无功曲线、功率因数曲线等控制参数；d. 设置无功补偿装置受控状态；e. 记录储能监控或无功功率控制系统数据，并计算控制性能指标，开环方式下指令分配应合理，闭环方式下发电单元及无功补偿装置应正确执行指令，站内母线电压分布应满足限值约束，并网点控制目标应满足精度和调节速度的要求。

⑤ 进行储能监控或无功功率控制系统通信中断、接收电压指令不合理等异常情况下的安全性能测试，无功控制监控系统应告警并闭锁，被控设备应自动切换到场站就地控制方式。

⑥ 将储能监控或者无功控制系统自动电压控制工作方式设置为调度远方，与上级调度机构的调控主站进行电压跟踪联合调试，并应包括下列内容：a. 执行调控主站的指令，记录储能监控或无功控制系统数据，并计算控制性能指标，控制目标应满足上级调度机构的要求；b. 进行通信中断、接收电压指令不合理等异常情况下的安全性测试，储能监控或无功控制系统应告警并自动切换到场站就地控制方式。

6.3.4 消防系统调试

6.3.4.1 调试内容

电化学储能升压变电站消防系统主要由常规升压变电站消防系统和储能设备消防系统组成，包含储能电池预制舱固定消防系统、室外消防给水系统、火灾探测报警及控制系统，以及消防供电和其他消防措施。电化学储能消防系统及与电池相关的消防系统调试内容见表 6-3。

表6-3 消防系统调试内容

序号	产品名称	验收内容
1	储能抑制主机	主机 UPS 是否正常；主机上电后按钮是否亮起，功能是否正常
2	储能系统显控主机	上电后是否屏幕亮起，液位、显控备电、主机备电显示是否正常；运行、报警、故障灯是否能亮
3	储能系统中继模块	上电后是否灯亮
4	监测模块	上电后是否灯亮；数据读取是否正常
5	输入输出模块	上电后是否灯亮；联动干接点、CAN 数据内容是否准确
6	电动球阀	手动给信号后能否启动

续表

序号	产品名称	验收内容
7	气体释放灯	给通信信号后能否亮起
8	火灾声光报警器	给通信信号后能否亮起，能否发出声音报警
9	紧急启停按钮	手动给信号后能否启动与停止主机
10	烟感火灾探测器	上电后是否灯亮；数据读取是否正常
11	温感火灾探测器	上电后是否灯亮；数据读取是否正常

6.3.4.2 调试步骤

消防系统调试步骤如下。

（1）分步检测各模块功能是否正常运行

安全要求：上电检查过程的目的是确保上电前所有设备安装与连接均处于安全的状态，是消防系统上电操作的安全保障。

① 设备功能检测。主机上电，市电转换器上电，显控上电，设备正常通电。

② 检查确保显控平台通信正常，数据上传正常。主机电量、液位量、显控电量正常。

③ 监测模块功能检测。查看显控平台上每个分区下监测模块数据上传是否正常，若正常，则说明监测模块功能完好。

④ 声光报警器功能检测。主机二级报警状态下，集装箱外前后声光报警器工作，说明声光报警器功能正常。

⑤ 放气勿入灯功能检测。主机三级报警状态下，集装箱门外前后放气勿入指示灯工作，说明放气勿入灯功能正常。

⑥ 烟感、温感功能检测。改变烟感、温感探测器拨码，此时显控平台会发出一级红外报警信号。说明烟感、温感探测器功能正常。

⑦ 电磁阀功能检测。主机三级报警状态下，对应分区电磁阀打开，说明电磁阀功能完好。

⑧ 紧急启停按钮功能检测。按下紧急启动按钮后放气勿入灯工作，区域电动球阀启动，主机内电动球阀启动，泵启动，按下停止按钮后放气勿入灯停止工作，区域电动球阀停止工作，主机内电动球阀停止工作，泵停止工作，说明紧急启停按钮功能正常。

⑨ 风机启停功能测试。二级报警信号输出后，主机联动风机启动，主机三级报警信号输出后，主机联动风机停止，说明系统联动功能正常。

（2）分级检测报警功能是否正常

系统正常运行后，测试报警等级在一级、二级、三级状态下功能是否正常。安全要求：拔掉液位计，防止误喷。

① 一级故障测试：将液位计拔掉，用万用表测量故障干接点，此时故障干接点处于闭合状态。

② 二级故障测试：模拟监测模块二级报警，显控平台对应分区显示二级报警，并发出报警声音，此时风机已打开。用万用表测量预警干接点是否处于闭合状态。

③ 三级故障测试：模拟监测模块三级报警，显控平台对应分区显示三级报警，显控发出急促报警声音，此时若风机关闭，随后放气勿入灯、声光报警器工作，分区球阀和泵组启动。用万用表测量喷淋干接点处于闭合状态，说明系统运行正常。所有中继模块均应使用此方法逐个调试中继模块功能。

（3）光纤模块调试

① 光纤模块按照设置的 IP 地址安装在对应集装箱内，光纤形成环网模式连接至后台站级主机内的交换机上。

② 调试好光纤模块，使 CAN 数据正确上传，通过报文和交换机上的 CAN 数据交换，确认数据正确上传至站级主机。

（4）站级主机调试

① 确认现场设备通信状态，通信状态灯为绿灯时表示通信正常，红灯时表示通信中断，并且观察每一簇的状态信息。

② 模拟监测模块二级、三级报警，查看站级主机信号反馈。

③ 远程控制现场风机启停，在该电池舱的二级界面点击启动风机，确认选择，现场观察风机能否启动，百叶能否打开。点击停止风机，现场风机停止，百叶关闭。

④ 远程控制喷淋，点击喷淋阀启动按钮，确认选择，现场观察电磁阀启动；点击喷淋阀关闭按钮，现场喷淋关闭；点击喷淋复位按钮，现场喷淋关闭按钮取消，喷淋阀复位。

⑤ 柜体按钮控制现场喷淋阀，按下按钮时，现场喷淋阀启动，并且声光报警；按钮复位，现场喷淋停止，声光报警复位。

6.4 项目验收

电化学储能电站项目验收主要分为单位工程验收、工程启动验收及试运行、工程移交生产验收、工程竣工验收等阶段的检查验收。根据《电气装置安装工程　高压电器施工及验收规范》（GB 50147—2010）、《电气装置安装工程　电气设备交接试验标准》（GB 50150—2016）、《电气装置安装工程　接地装置施工及验收规范》（GB 50169—2016）、《电气装置安装工程　盘、柜及二次回路接线施工及验收规范》（GB 50171—2012）、《风光储联合发电站调试及验收标准》（GB/T 51311—2018）、《电化学储能电站并网运行与控制技术规范》（DL/T 2246.1 ～ 2246.9—2021）等标准和规范的要求，工程启动验收和试运行应成立工程启动验收和试运行委员会并负责验收工作，工程移交生产验收应由工程移交生产验收组负责，工程竣工验收应由工程竣工验收委员会负责，各阶段验收结论应由验收组（委员会）审查通过。验收资料一般分为必查档案资料和备查档案资料，提供的相关验收资料要真实、准确、完整，验收资料目录可参考表 6-4 和表 6-5，并根据实际工程情况需要进行增减。

表6-4 ××电化学储能电站项目工程验收必查档案资料目录（样表）

序号	资料名称	分项工程验收	分部工程验收	单位工程验收	工程启动验收及试运行	工程移交生产验收	工程竣工验收	提供单位
1	工程建设总结报告				√	√	√	建设单位
2	工程竣工报告						√	建设单位
3	工程概预算执行情况						√	建设单位
4	水土保持、环境保护方案执行情况						√	建设单位
5	工程预算报告						√	建设单位
6	工程决算报告						√	建设单位
7	拟验工程清单	√	√	√	√	√	√	建设单位
8	未完工程清单						√	建设单位
9	工程建设监理工作报告	√	√	√	√	√	√	监理单位
10	工程设计工作报告			√	√	√	√	设计单位
11	工程施工管理工作报告			√	√	√	√	施工单位
12	运行管理工作报告					√	√	运行单位
13	工程质量与安全监督工作报告				√	√	√	质量与安全监督单位
14	工程启动计划文件				√			参建单位
15	工程试运行工作报告				√			参建单位
16	重大技术问题专题报告						*	参建单位

注：“√”表示应提供；“*”表示宜提供或根据需要提供。

表6-5 ××电化学储能电站项目工程验收备查档案资料目录（样表）

序号	资料名称	分项工程验收	分部工程验收	单位工程验收	工程启动验收及试运行	工程移交生产验收	工程竣工验收	提供单位
1	前期工作文件及批复文件			√	√	√	√	建设单位
2	主管部门批文			√	√	√	√	建设单位
3	招标采购文件			√	√	√	√	建设单位
4	合同文件			√	√	√	√	建设单位
5	工程项目划分资料	√	√	√	√	√	√	建设单位
6	分项工程划分质量评定资料	√	√	√	√	√	√	建设单位
7	分部工程划分质量评定资料		√	√	√	√	√	建设单位
8	单位工程划分质量评定资料			√	√	√	√	施工单位
9	工程外观质量评定资料			√	√	√	√	施工单位

续表

序号	资料名称	分项工程验收	分部工程验收	单位工程验收	工程启动验收及试运行	工程移交生产验收	工程竣工验收	提供单位
10	工程质量管理有关文件	√	√	√	√	√	√	参建单位
11	工程安全管理有关文件	√	√	√	√	√	√	参建单位
12	工程施工质量验收文件	√	√	√	√	√	√	施工单位
13	工程监理资料	√	√	√	√	√	√	监理单位
14	施工图及设计文件资料	√	√	√	√	√	√	设计单位
15	工程设计变更资料	√	√	√	√	√	√	设计单位
16	竣工图纸			√	√	√	√	施工单位、设计单位
17	征地有关文件			√	√	√	√	建设单位
18	重要会议纪要	√	√	√	√	√	√	建设单位
19	质量缺陷备案表	√	√	√	√	√	√	监理单位
20	安全、质量事故资料	√	√	√	√	√	√	建设单位
21	竣工结算及审计资料						√	建设单位
22	工程建设中使用的技术标准	√	√	√	√	√	√	参建单位
23	工程建设标准强制性条文	√	√	√	√	√	√	参建单位
24	专项验收有关文件						√	建设单位
25	安全技术鉴定报告						√	建设单位

6.4.1 单位工程验收

电化学储能发电工程的单位工程主要是对土建工程、安装工程、消防工程及水环保工程进行划分。单位工程可由若干个分部工程构成，单位工程完工后，施工单位应及时向建设单位提出验收申请，单位工程验收组应及时组建各专业验收组进行验收。单位工程验收由建设单位组织，在分部工程验收合格的基础上进行。分部工程由若干个分项工程构成，分部工程的验收应由总监理工程师组织，并在分项工程验收合格的基础上进行。分项工程的验收应由监理工程师组织，并在施工单位自行检查评定合格的基础上进行。

6.4.1.1 单位工程的验收条件

单位工程的验收条件如下。

① 质量控制资料应完整；

② 单位工程所含分部工程有关安全和功能的检测资料应完整；

③ 主要功能项目的抽查结果应符合相应规程规范及技术协议的要求；

④ 观感质量验收应符合要求。

6.4.1.2 单位工程验收组及其职责

单位工程验收组概况及其职责如下。

（1）单位工程验收组概况

单位工程验收组应由建设单位组建，由建设、设计、监理、施工、调试等有关单位负责人及专业技术人员组成。

（2）单位工程验收组主要职责

① 应负责指挥和协调分部工程、分项工程、施工安装各阶段、各专业的检查验收工作；

② 及时组织相关单位的相关专业人员成立相应的验收检查小组，负责分部、分项工程的验收；

③ 听取工程施工单位有关工程建设和工程质量评定情况的汇报；

④ 对检查中发现的缺陷提出整改意见，并督促有关单位限期整改；

⑤ 对单位工程进行总体评价，签署“×× 工程项目单位工程验收意见书”等。

6.4.1.3 单位工程验收的主要工作内容

单位工程验收的主要工作内容如下。

① 检查单位工程是否符合批准的设计图纸、设计更改联系单及施工技术要求；

② 检查施工记录及有关材料合格证、检测报告等是否齐全；

③ 检查各主要工艺、隐蔽工程监理检查记录与报告等是否齐全；

④ 应按单位工程验收要求检查其形象面貌和整体质量是否符合要求；

⑤ 对验收中发现的遗留问题提出处理意见；

⑥ 应对单位工程进行质量评定；

⑦ 签署“×× 工程项目单位工程验收意见书”等。

6.4.1.4 土建工程验收

电化学储能电站土建工程的验收内容应包括储能和升压站设备基础、场地及地下设施和建（构）筑物等分部工程的验收，土建隐蔽工程验收文件、质量控制情况、自检验收记录等有关资料。

（1）电化学储能设备基础的验收要求

① 按照现行国家标准《混凝土结构工程施工质量验收规范》（GB 50204—2015）的有关规定，对混凝土独立（条形）基础进行检查验收；

② 按照现行国家标准《建筑地基基础工程施工质量验收标准》（GB 50202—2018）的有关规定，对基础进行检查和验收；

③ 检查外露的金属预埋件（预埋螺栓）是否已进行防腐处理；

④ 检查确保屋面支架基础的施工不损害建筑物的主体结构，不破坏屋面的防水构造，

其与建筑物承重结构的连接应牢固、可靠。

（2）储能区域场地及地下设施的验收内容及要求

① 储能区域场地、道路的验收应满足《电化学储能电站设计规范》(GB 51048—2014)中的要求；

② 电缆沟的验收应符合设计要求，电缆沟内应无杂物，盖板齐全，堵漏及排水设施应完好；

③ 储能区域给排水设施的验收应符合设计要求。

（3）储能升压站建（构）筑物的验收要求

储能升压站建(构)筑物变流器或箱变室、电池室、配电室、综合楼、主控楼、升压站、围栏(围墙)等分项工程的验收应符合现行国家标准《建筑工程施工质量验收统一标准》(GB 50300—2013)、《钢结构工程施工质量验收标准》(GB 50205—2020)中的有关规定。

6.4.1.5 安装工程验收

安装工程验收包括如下几步。

① 安装工程验收应包括对预制舱安装、防雷与接地安装、线路及电缆安装等分部工程的验收；

② 设备制造单位提供的产品说明书、试验记录、合格证件、安装图纸、备品备件和专用工具及其清单等应完整齐备；

③ 设备抽检记录和报告、安装调试记录和报告、施工中的关键工序检查签证记录、质量控制情况、自检验收记录等资料应完整齐备。

6.4.2 工程启动验收及试运行

电化学储能电站工程启动验收及试运行应包括储能升压变电站系统、储能系统的工程启动验收和试运行工作。设备达到试运行条件的，由设备厂家申请进入试运行，经建设单位相关电力生产机构审批同意后通过试运行。

（1）储能变电站启动验收前应具备的条件

① 取得政府有关主管部门批准文件及并网许可文件。

② 设备单体安装调试完成，根据相关标准或制造厂有关文件试验合格，出具试验、调试报告。

③ 电气设备的外观、结构、标识和安全性应符合《建筑物电气装置　第5-51部分：电气设备的选择和安装　通用规则》(GB/T 16895.18—2010)的规定。

④ 单位工程验收完毕，且验收结果合格。

⑤ 通过并网工程验收，主要包括下列内容：

a. 涉及电网安全生产管理体系验收；

b. 电气主接线系统及站用电系统验收；

c. 继电保护、安全自动装置、自动化及信息系统、电力通信系统、电能量信息采集系统、直流系统、监控系统、防误操作系统等验收；

d. 二次系统安全防护验收；

e. 对电网安全、稳定运行有直接影响的其他设备及系统验收；

f. 通信系统与电网调度机构连接正常，传输数据正确；

g. 电力线路已经与电网接通，并已通过冲击试验；

h. 保护开关动作正常；

i. 保护定值无误。

（2）电化学储能电站工程启动验收和试运行的主要工作内容

① 对工程建设总结报告所列内容进行审查。

② 编制启动验收和试运行大纲，并按照大纲要求进行启动验收和试运行。

③ 对电站试运行期间的试运行情况、故障明细、可利用率、功率曲线等进行记录，形成相关过程资料。

④ 对验收和试运行中发现的缺陷提出处理意见。

⑤ 对通过工程启动验收和试运行项目的签署确认文件。

（3）储能变电站启动验收检查技术资料

① 设计书、合同技术协议、出厂试验报告、监造报告、安装记录、调试报告、运行维护手册、设备及系统调试报告、单位工程验收记录等验收材料齐备。

② 设备的规格、数量和技术参数等应与合同技术协议相符。

③ 符合现行国家标准《电气装置安装工程　电气设备交接试验标准》（GB 50150—2016）要求的高压电气设备交接试验报告。

（4）储能变电站消缺

查明和消除调试过程中出现的缺陷和故障报警，变电站应通过 24h 试运行，系统运行参数应正常。

（5）储能系统试运行前应具备条件

① 储能升压变压器运行正常，开关、避雷器无异常动作情况。

② 储能发电单元安装验收完成且验收结果合格。

③ 储能发电单元调试完毕并出具调试报告，且调试结果合格。

④ 储能发电单元的规格数量和技术参数等与合同技术协议相符。

⑤ 设计书、技术协议书、出厂试验报告、监造报告、安装记录、厂内调试报告、运行维护手册等技术资料齐全。

⑥ 储能汇集线受电完成。

（6）电化学储能电站试运行的验收要求

① 电化学储能变电站启动验收完成，且验收结果合格。

② 储能变电站监控系统调试完成，性能指标应符合现行行业标准《地区电网调度自动化设计规程》（DL/T 5002—2021）、《电力系统调度自动化设计规程》（DL/T 5003—2017）和《变电站监控系统设计规程》（DL/T 5149—2020）的相关规定，完成设计书、技术协议书、出厂试验报告、安装记录、运行维护手册，以及基本监控、有功自动控制、无功自动控制功能和性能调试报告等资料的验收。

（7）电化学储能电站试运行的主要工作内容

① 试运行期间，储能发电设备无故障连续并网试运行时间不低于 168h。

② 试运行期间累计充放电量不低于 5 倍额定充放电容量。

③ 根据实际需求进行削峰填谷、跟踪计划发电、平滑波动等功能试验，各功能连续运行时间不少于 24h。

④ 试运行期间储能设备出现 3 次及以上故障或单次故障处理时间超过 24h 时，该单元应重新开始试运行。

⑤ 有功和无功电压自动控制均应在调度远方方式下工作，连续并网试运行跟踪电网指令时间不应低于 168h。

⑥ 试运行期间变电站及储能汇集线路一、二次设备和系统应正常无故障，因变电站设备故障导致储能发电设备无法继续进行试运行时，储能发电设备试运行不影响已试运行的时间。

⑦ 有功电压自动控制功能的投运率不宜低于 99.9%，调节合格率不宜低于 99%。

⑧ 无功电压自动控制功能的投运率不宜低于 99.9%，无功调节合格率不宜低于 99%，电压调节合格率不宜低于 99%。

⑨ 试运行过程中出现的缺陷均应消除。

（8）签发启动验收和试运行鉴定书

“××电化学储能电站工程启动验收和试运行鉴定书（样表）”见表 6-6。

表6-6　××电化学储能电站工程启动验收和试运行鉴定书（样表）

××电化学储能电站工程
启动验收和试运行（样表）

（合同编号）

鉴

定

书

××××年××月××日

续表

验收主持单位（签字）： 设计单位（签字）： 施工单位（签字）： 监理单位（签字）： 调试单位（签字）： 电网调度管理单位（签字）： 质量和安全监督机构（签字）： 验收时间： 验收地点：

前言（验收依据、验收组织结构和验收过程）

一、工程概况

（一）工程名称及任务

（二）工程主要建设内容

（三）工程建设过程情况

二、验收范围：

三、概算执行情况：

四、单位工程验收情况：

五、工程质量评定：

六、工程存在的问题及处理意见：

七、意见和建议：

八、验收结论：

包括工程工期、质量、技术要求是否达到批准的设计标准，工程档案资料是否符合要求，以及是否同意交工等。

九、验收委员会委员签字：

十、参建单位代表签字：

×× 电化学储能电站工程启动验收和试运行主持单位（盖章）	×× 电化学储能电站工程启动验收和试运行组组长（签字）
×××× 年 ×× 月 ×× 日	×××× 年 ×× 月 ×× 日

6.4.3 工程移交生产验收

电化学储能电站工程启动验收和试运行完成后，建设单位应及时向项目法人单位提出移交生产验收申请，项目法人同意后，应及时筹办工程移交生产验收。

电化学储能电站工程移交生产验收组应由建设单位组建，由项目法人单位、生产单位、建设单位、监理单位组成，并且设计单位、施工单位、调试单位和制造厂商应列席工程移交生产验收会。

（1）工程移交生产验收应具备条件

① 单位工程验收和启动验收均应合格，电化学储能电站试运行完成，主要设备各项试验全部完成且合格，设备状态良好，安全运行无重大事故。

② 安全、消防设施齐全良好，安全防护措施落实到位且验收合格。

③ 运行规程、操作规程、管理制度、设备台账等制度文件完整齐备，且经过审核批准，运行维护人员取得上岗资格。

④ 备品备件及专用工具齐全，生产准备工作完成。

（2）电化学储能电站工程移交生产验收所需资料

① 建设总结、设计报告、施工总结、调试报告、生产准备报告、监理报告、质量监督报告、施工记录。

② 监理和质量监督检查记录及签证文件。

③ 各阶段设计与审批文件。

④ 设备产品技术说明书等资料。

（3）工程移交生产验收的主要工作内容

① 审查工程设计、施工、设备调试、生产准备、监理、质量监督等方面的总结报告。

② 检查工程启动验收中发现的问题是否整改完成，检查关键设备启动验收及试运行的相关报告和记录，确认各项性能指标达到设计要求。

③ 检查各监控和数据采集系统是否达到设计要求。

④ 运行单元连续并网试运行时间不应低于 168h，试运行期间累计充放电容量不应低于 5 倍额定充放电容量，检查无故障连续并网运行记录是否完备。

⑤ 确定工程移交生产期限。

（4）签发工程移交生产验收鉴定书

“×× 电化学储能电站工程移交生产验收鉴定书（样表）”如表 6-7 所示。

表6-7　××电化学储能电站工程移交生产验收鉴定书（样表）

×× 电化学储能电站工程移交生产验收（样表）

（合同编号）

鉴

定

书

××××年××月××日

续表

验收主持单位（签字）： 生产运行单位（签字）： 设计单位（签字）： 监理单位（签字）： 电力主管部门（签字）： 质量和安全监督机构（签字）： 验收时间： 验收地点：

续表

一、前言（验收依据、验收组织结构和验收过程）

二、工程概况

（一）工程名称及任务

（二）工程主要建设内容

（三）工程建设有关单位

（四）工程建设过程情况

三、生产准备情况：

四、设备备品备件、工器具、专用工具、资料等清查交接情况：

五、工程存在的问题及处理意见：

六、意见和建议：

七、验收结论：

八、验收组成员签字：

九、交接单位代表签字：

××电化学储能电站工程移交生产验收　　××电化学储能电站工程

移交生产验收委员会

主持单位（盖章）　　组长（签字）

××××年××月××日　　××××年××月××日

6.4.4 工程竣工验收

目前无专门针对电化学储能电站工程竣工验收的相关规范，现阶段可参照《风光储联合发电站调试及验收标准》（GB/T 51311—2018）中的相关要求进行验收。电化学储能电站工程竣工验收应在移交生产验收后进行，当完成工程决算审查后，建设单位需向项目法人单位申请竣工验收，项目法人单位上报工程竣工验收主持单位审批后，开展相关验收工作。

（1）成立竣工验收组织

电化学储能电站工程竣工验收阶段应成立竣工验收委员会，竣工验收委员会应由政府相关主管部门、电力行业相关主管部门、项目法人单位、生产单位、质量监督单位等单位代表和专家组成，建设、设计、施工、监理单位应作为被验收单位列席会议。

（2）工程竣工验收前应具备的条件

① 应在移交生产验收完成后进行。

② 按照施工图纸全部完成工程，并提交建设、设计、监理、施工等相关单位签字、盖章的总结报告，建设单位与生产单位对工程遗留的缺陷和问题应在协商后达成一致意见。

③ 消防、环境保护、档案、劳动安全、卫生设施、水土保持等专项工程，应通过政府有关主管部门的审查和验收。

④ 工程验收委员会已批准验收程序。

⑤ 工程投资项全部到位。

（3）电化学储能电站工程竣工验收所需资料

① 工程竣工决算报告及其审计报告。

② 工程竣工图纸。

③ 工程概预算执行情况报告。

④ 水土保持及环境保护方案执行报告。

⑤ 工程竣工报告。

（4）工程竣工验收的主要工作内容

① 检查竣工资料是否完整齐备。

② 审查工程竣工报告。

③ 审查竣工决算报告及其审计报告。

④ 审查工程决算执行情况。

⑤ 发现重大问题时，验收委员会应给出相关意见和建议，停止验收或者停止部分工程验收，并督促相关单位限期处理。

（5）签发竣工验收鉴定书

形成工程竣工验收结论，并签发“×× 电化学储能电站工程竣工验收鉴定书”，其样表见表 6-8。

表6-8　××电化学储能电站工程竣工验收鉴定书（样表）

××电化学储能电站工程竣工验收

（合同编号）

鉴

定

书

××××年××月××日

验收主持单位（签字）：
设计单位（签字）：
建设单位（签字）：
监理单位（签字）：
施工单位（签字）：
主要设备制造厂商（签字）：
电网调度单位（签字）：
质量和安全监督机构（签字）：
验收时间：
验收地点：

续表

一、前言（验收依据、验收组织结构和验收过程） 二、工程概况 （一）工程名称及任务 （二）工程主要建设内容 （三）工程建设有关单位 （四）工程建设过程情况 三、概算执行情况及投资效益预测： 四、单位工程验收、工程启动验收和试运行、工程移交生产验收情况： 五、工程质量鉴定： 六、存在问题和处理意见： 七、验收结论： 八、验收委员会委员签字： 九、参建单位代表签字： ××电化学储能电站工程竣工验收　××电化学储能电站工程竣工验收委员会 主持单位（盖章）　　　　　　　　组长（签字） ××××年××月××日　　　　　　　××××年××月××日

参考文献

[1] GB 50203—2011.砌体结构工程施工质量验收规范[S].

[2] GB 50204—2015.混凝土结构工程施工质量验收规范[S].

[3] GB 50924—2014.砌体结构工程施工规范[S].

[4] GB 50345—2012.屋面工程技术规范[S].

[5] GB 50202—2018.建筑地基基础工程施工质量验收标准[S].

[6] GB 50666—2011.混凝土结构工程施工规范[S].

[7] GB 50209—2010.建筑地面工程施工质量验收规范[S].

[8] GBJ 97—1987.水泥混凝土路面施工及验收规范[S].

[9] CJJ 1—2008.城镇道路工程施工与质量验收规范[S].

第 7 章

储能电站运行维护

在“双碳”目标和建设新型电力系统的背景下，储能作为电力系统的重要调节手段迎来了发展的黄金时期。随着储能规模的大幅提升，储能电站面临的风险也随之加大，同时也考验着储能电站的运行维护水平。储能电站的运行维护不仅影响储能电站的安全稳定运行，也决定了储能电站的盈利能力，是至关重要的。运行维护环节既包含了基本的巡检、维护、保养，以及不断积累的运行数据，还可以对当前电池的性能和状态等进行实时跟踪，进而不断调整控制策略，甚至可能会涉及设备硬件层面的改动等。本章主要针对储能电站的运行维护进行说明，内容包括储能电站的投运前准备、运维管理、异常运行及故障处理，并列举了一些案例进行分析。储能电站全景如图 7-1 所示。

图 7-1　储能电站全景示例图

7.1 投运前准备

根据《储能电站运行维护规程》（GB/T 40090—2021）的要求，储能电站运行前应通过并网调试及验收，设计应符合《电化学储能电站设计规范》（GB 51048—2014）的要求，接入电网应符合《电化学储能电站接入电网技术规定》（GB/T 36547—2024）的要求，电站设备应符合《电力系统电化学储能系统通用技术条件》（GB/T 36558—2023）的要求。接入 10（6）kV 及以上公用电网的储能电站应与电网调度机构签订并网调度协议，并网调度协议的内容应符合《电网运行准则》（GB/T 31464—2022）的要求。《电化学储能电站并网运行与控制技术规范》（DL/T 2246.1 ~ 2246.9—2021）也对并网运行作了相关规定。本部分就投运前的准备工作做简要概述，供研究人员和工作人员参考。

7.1.1 并网运行验收

7.1.1.1 总体要求

通过 10（6）kV 及以上电压等级接入，由电网调度机构调度管理的电化学储能电站，应开展并网运行验收，包括一致性验收、一次设备验收、二次设备验收、功能验收，验收合格后方可并网运行。

7.1.1.2 验收应具备的条件

（1）电站单位职责

向所在地区电网企业负责部门提供涉网设备技术资料；与电网企业签订并网调度协议、购售电合同；依据电力监控系统安全防护等要求，开展电力监控系统网络安全防护、信息安全等级保护测评（简称等保测评）、网络安全风险评估相关工作；组织相关单位（勘察设计单位、施工单位、调试单位、监理单位、运行维护单位、设备制造单位、电网企业等）参与各阶段验收，协调处理验收过程中出现的问题。

（2）验收程序中的时间顺序

电化学储能电站并网运行验收程序中的时间顺序应符合表 7-1 中的规定。

表7-1 并网运行验收程序中的时间顺序

并网日前最少天数/d	应完成的工作
90	新、改、扩建的发、输、变电工程首次并网 90 日前，拟并网方应向相应电网的电网调度机构提交相关资料，并报送并网运行申请书
	新、改、扩建的发、输、变电工程首次并网 90 日前，拟并网方应向电网调度机构提出一次设备命名、编号申请，提交正式资料
60	电网调度机构在收到一次设备命名、编号申请 30 日内，以书面方式通报拟并网方将要安装的一次设备的接线图、编号及命名

续表

并网日前最少天数/d	应完成的工作
55	电网调度机构应在收到并网申请书后35日内予以书面确认。如不符合规定要求，电网调度机构有权不予确认，但应书面通知不确认的理由
50	拟并网方在收到一次设备的命名、编号后如有异议，应于10日内以书面形式回复电网调度机构，逾期将被视为确认
35	拟并网方在收到并网确认通知后20日内，与电网调度机构商定首次并网的具体时间和工作程序
30	电网调度机构在首次并网日30日前，向拟并网方提交并网启动调试的有关技术要求
	电网调度机构在首次并网日30日前向拟并网方提供通信电路运行方式单，双方共同完成通信系统的联调和开通工作
	在不违背相关法律及法规的前提下，首次并网日30日前电网使用者可从电网调度机构获得相关数据
7	在首次并网日7日前，双方共同完成调度自动化系统的联调
5	电网调度机构在首次并网日（或倒送电）5日前向拟并网方提供继电保护定值单；涉及实测参数时，则在收到实测参数5日后，提供继电保护定值单
	首次并网日5日前，组织开展拟并网方并网条件认定。拟并网方不具备并网条件的，电网调度机构应拒绝其并网运行并发出书面整改要求。拟并网方应按有关规定要求进行整改，符合并网条件后方可并网

（3）验收前应提供的技术资料

① 电化学储能电站并网运行验收前应按要求向所在地区电网企业提交相关资料（表7-2），并且需要按照GB/T 36547进行接入电网测试和评估，且满足DL/T 2246其他部分的规定，并向电网调度机构或相关管理部门提供有资质单位出具的并网测试报告。

表7-2 并网前需提交的参考资料清单

资料类别	并网前需提交的参考资料清单
项目核准	（1）企业投资项目备案信息（备案证）； （2）电网企业出具的项目接入系统审查意见； （3）项目可研报告
电站资料	（1）项目营业执照、税务登记证、组织机构代码证等生产经营证照。 （2）电站情况（电站基本情况，包括场站名称、建设地点、业主单位名称等；储能单位情况，包括电池、PCS、BMS型号等；同时注明并网计划时间、联系人等相关信息）。 （3）一次设备命名、编号申请。 （4）并网调度协议示范文本初稿
设备资料	（1）储能系统主要设备（电池组、PCS、BMS等）基本参数及相关形式试验报告（含电能质量评估报告）、GPS坐标图，储能电站电气主接线图； （2）能量管理系统、继电保护系统、电能质量监测系统、安全自动装置等设备及系统的技术规范、技术参数、技术说明书和图纸
继电保护	继电保护图纸资料、参数资料和实测参数
模型数据	储能所用变流器电磁暂态和机电暂态仿真模型与模型验证报告，以及模型验证数据

② 电化学储能电站接入电网测试应按照GB/T 36548或其他相关的标准或规定进行，内

容包括但不限于：电能质量测试（包括但不限于三相电压不平衡测试、谐波测试、直流分量测试）；功率控制测试[包括但不限于有功功率调节能力测试（升、降功率测试）、无功功率调节能力（充电模式测试、放电模式测试、功率因数调节能力测试）]；电网适应性测试（包括但不限于频率适应性测试、电压适应性测试、电能质量适应性测试）；保护及安全自动装置测试（包括但不限于涉网保护功能测试、非计划孤岛保护功能测试）；通信与自动化测试；低电压穿越测试、高电压穿越测试；充放电响应时间测试、充放电调节时间测试、充放电转换时间测试；额定能量、额定功率能量转换效率测试；电网企业要求的其他并网测试项目。并于并网前与有资质的检测机构签订并网后检测合同，检测项目见表 7-3，报调控中心备案。

表7-3　并网检测项目要求

序号	内容
1	功率控制能力测试
2	电能质量测试
3	充放电响应时间测试
4	充放电调节时间测试
5	充放电转换时间测试
6	额定能量测试
7	额定功率能量转换效率测试
8	电网适应性、低电压穿越、高电压穿越、防孤岛保护能力核查

（4）验收准备

① 电化学储能电站已经获得有关部门签发的必要许可文件。

② 接入电网前，电化学储能电站的储能变流器等主要部件应通过性能测试，测试由具备相应资质的单位或部门进行，并按照规定完成工程质量验收、并网前调试且提供完善的电力工程质量监督报告。

③ 电化学储能电站已与电网企业签订并网调度协议、购售电合同，调度自动化、通信系统联调结束。

④ 电化学储能电站运行值长及接收调度命令的值班人员，应经过调度部门培训并取得上岗证书。

⑤ 电化学储能电站应有满足安全生产需要的运行规程、事故处理规程和反事故预案等技术资料。

⑥ 电化学储能电站已经完成网络安全防护方案备案，并开展网络安全等级保护测评等网络安全防护工作，满足《中华人民共和国网络安全法》《电力监控系统安全防护规定》《电力监控系统安全防护总体方案》及 GB/T 36572 的要求。

7.1.1.3　并网运行验收内容

为更好地开展并网运行验收工作，电化学储能电站业主单位应于并网前组织相关单位成

立工作组，开展并网运行验收。并网运行验收内容如下:

① 电气一次系统并网运行验收内容应包括但不限于高压开关设备、电压互感器及电流互感器、主变压器、储能变流器等。

② 电气二次系统并网运行验收内容应包括但不限于继电保护及安全自动装置、计量装置、通信设备、调度自动化系统等。

③ 验收应包括一次系统、二次系统、通用技术条件的现场确认。电化学储能电站并网运行验收内容见表 7-4。

表7-4 电化学储能电站并网运行验收内容

序号	项目		验收项目
1	一致性验收	与并网调度协议一致	电化学储能电站的调度命名、主接线方式、并网线路电压等级、并网回路、并网点等应与并网调度协议一致
2		与购售电合同一致	计量点、计量装置技术参数等应与购售电合同一致
3	一次设备验收	断路器及隔离开关	电化学储能电站应在并网点设置易于操作、可闭锁、具有明显断开指示的并网断开装置
4			升压站高压断路器、隔离开关安装调试报告
5		电压互感器及电流互感器	电压互感器和电流互感器说明书、出厂试验报告
6			电压互感器、电流互感器安装以后的调试报告
7		主变压器	主变压器的类型、容量等铭牌参数
8		储能变流器	储能变流器型式试验、出厂试验、安装调试的报告
9	二次设备验收	继电保护及安全自送装置	电化学储能电站涉网保护配置和整定应满足 DL/T 2246.4 的要求
10			保护及安全自动装置的调试、传动试验报告
11		电能计量	电能计量应满足 GB/T 36547 的要求
12			关口计量装置、电量采集装置应按照要求配置、安装、检定、调试完毕，并能够向电网电能量采集系统正常传送数据
13		通信设备	电化学储能电站通信技术条件应满足 DL/T 2246.6 的要求
14			电化学储能电站与电力系统直接连接的通信设备的型式试验、安装调试和测试（包括光缆纤芯、光路）报告
15		调度自动化	调度自动化系统的形式试验报告和安装调试报告，包括计算机监控系统、电能计量装置及相应的电能量远方终端、电力调度数据网接入设备和二次系统安全防护设备、相量测量装置 (PMU)、调度管辖设备供电电源
16			数据采集与监控应满足 GB/T 36558、GB/T 36547 的要求
17			电力监控系统网络安全防护应满足电网调度机构的要求
18	功能验收	有功功率控制	电化学储能电站应配置有功功率控制系统
19		无功功率控制	电化学储能电站应配置无功功率控制系统
20		高、低电压穿越	储能变流器或电化学储能电站应具有高、低电压穿越能力测试 / 评估报告
21		电网适应性	储能变流器或电化学储能电站应具有电网适应性测试 / 评估报告
22		电能质量	储能变流器或电化学储能电站应具有电能质量测试 / 评估报告

7.1.2 建章立制

为了使电化学储能电站在投运后可以安全、稳定、高效地运行，按照 GB/T 40090—2021 的要求，应根据电站设备及功能定位，编制并发布电力生产运行管理制度、检修管理制度、工器具管理制度、钥匙管理制度、备品备件管理制度、安全管理制度与环保制度等。同时还需要准备技术文件，如编制电气运行规程、事故处理规程和反事故预案，并上报电网调度机构，以及编制检修规程、作业指导书，并满足电站安全管理规定要求。需要强调的是，规程、预案应与本站实际相符，内容完整无误。

7.1.3 定岗定编及人员培训

电化学储能电站的健康、经济运行离不开运行维护，根据 GB/T 40090—2021 的要求，储能电站应配备能满足电站安全可靠运行的运行维护人员，运行维护人员上岗前应经过培训，掌握储能电站的设备性能和运行状态。

7.1.3.1 人员岗位及数量

电站生产人员主要分为运行人员和检修维护人员，运行人员主要负责下辖场站的电力运行工作，检修维护人员主要负责各场站的维护、检修、预试和疑难故障处理等工作以及备品备件的管理。

（1）运行人员

若场站独立运维，则运行人员需执行 24h 值班，可配置 4 ～ 5 个运行值，每值 1 ～ 2 人，并结合实际工作需要确定运行值数及运行倒班方式；若场站接入集中监控系统，则可配置若干值守人员，按正常工作时间值守。

（2）检修维护人员

根据电站实际，通过维护检修工作量核定配置若干检修维护员（包含电气一次系统、电气二次系统、通信自动化系统等专业检修人员）。

7.1.3.2 人员取证及培训

人员取证及培训要求如下。

① 电站运行值长及接收调度指令的值班人员，需经过电网调度机构培训并取得上岗证书，至少三人持证，每值至少一人持证。

② 及时准确维护 OMS（运维管理系统）中值班人员名单及联系方式。

③ 运行维护人员必须上岗并熟悉本岗位的职责、运行规程和各项管理制度。

④ 利用调试机会对电池管理系统（BMS）、能量管理系统（EMS）等进行学习，了解控制原理、控制策略、保护机制，学会如何排查缺陷。

⑤ 储能单元完成调试后，组织生产人员对《电化学储能电站运行指标及评价》标准进行学习，制定符合储能电站运行要求的日报，同时对运行指标数据进行分析。

7.1.4 物资准备

需准备的物资如下。

（1）办公用品

电站运行前应将所需办公用具，如档案柜、办公桌、打印机、常用办公文具等采购到位，方便生产人员使用。

（2）安全工器具

电站运行前所有工器具（包括安全工器具、仪器仪表、常用工具等）检验、编号、登记工作全部完成，并按规定放置。

（3）应急物资

电站根据应急救援工作的需要组建和完善应急救援机构，配备必要的应急救援装备。应急管理机构应检查并掌握相关应急救援力量的建设情况和装备配备情况。

7.2 运维管理

本节主要针对储能电站的整体运维进行介绍，内容包含运行监视、运行操作、运行记录、巡视检查、继电保护管理、设备维护以及人员培训，以供研究人员和工作人员参考。

7.2.1 基本原则

运维管理的基本原则如下。

① 储能电站运行维护应坚持安全第一、预防为主的原则。监测设备的运行，及时发现和消除设备缺陷，预防运行过程中不安全现象和设备故障的发生，杜绝人身、电网和设备事故。

② 新、改（扩）建的储能电站投入运行前应有设备试验报告、调试报告、交接验收报告及竣工图等，设备验收合格并经系统调试合格后方可投入运行。

③ 新、改（扩）建储能电站投入运行前一周应有经过审批的《××储能电站现场专用运行规程》。

④ 储能电站运行和维护人员应经岗位培训且考试合格后上岗。应掌握储能电站的一次设备、二次设备、直流设备、站用电系统、消防设备等的性能及相关线路、电池系统情况。掌握各级调度管辖范围、调度术语和调度指令。

⑤ 储能电站应对设备运行状态、运行操作、异常及故障处理和维护等进行记录，并对运行指标进行分析。

⑥ 储能电站运行维护应建立技术资料档案，对运行维护记录等进行归档。

⑦ 储能电站应根据储能应用需求，结合实际设备状况，合理确定储能电站运行方式，

调节设备运行参数，确保储能电站的安全运行，提高储能电站的经济效益。

7.2.2 一般规定

运维管理一般规定如下。

① 储能电站运行工作如下：

a. 运行状态的监视、调节、巡视检查；

b. 生产设备操作、参数调整；

c. 生产运行记录；

d. 数据备份、统计、分析和上报；

e. 工作票、操作票、交接班、巡视检查、设备定期试验与轮班制度的执行；

f. 储能电站内生产设备的原始记录、图纸及资料管理；

g. 储能电站内房屋建筑、生活辅助设施的检查、维护和管理；

h. 制定对策预防储能站安全事故。

② 接受电网调度机构调度的储能电站的运行控制模式分为调度控制和场站控制，切换操作应执行电网调度机构指令。

③ 接受电网调度机构调度的储能电站储能系统的并网、解列以及功率控制，应执行电网调度机构指令。

④ 接受电网调度机构调度的储能电站因继电保护或安全自动装置动作导致储能电站解列的情况，储能电站不应自动并网，应得到调度机构许可后方可再并网。

⑤ 运行值班人员应严格按照《储能电站运行维护规程》的规定进行相应的操作。

⑥ 应根据储能电站安全运行需要，制定储能电站各类突发事件应急预案。

⑦ 新、改（扩）建的储能电站投入运行前，应满足《电池储能电站设备及系统交接试验规程》（Q/GDW 11220—2014）的要求。

⑧ 电网侧储能系统接入电力系统运行应满足《电化学储能系统接入配电网技术规定》（NB/T 33015—2014）的要求。

⑨ 当生产设备在运行过程中发生异常或故障时，属于电网调度管辖范围的设备，运维人员应立即报告调度，再按照调度命令执行操作。

7.2.3 运行监视

储能电站运行人员应实时监视电站运行情况，监视方式可采用就地监视和远程监视。可通过监控系统监视储能电站的运行模式和运行状况，检查储能电站的遥信、遥测量是否正常；监视设备运行状态和参数的变化，如电池、电池管理系统（BMS）、储能变流器（PCS）、监控系统、继电保护及安全自动装置、通信系统等设备的运行工况和实时数据，变压器分接头档位、断路器、隔离开关、熔断器等的位置状态。此外，还应对异常告警信号、故障信号、保护动作信号等进行监视，并定期检查火灾报警及灭火系统完好性，以及环境控制系统等的状态及信号。储能电站运行监视画面如图 7-2 所示。

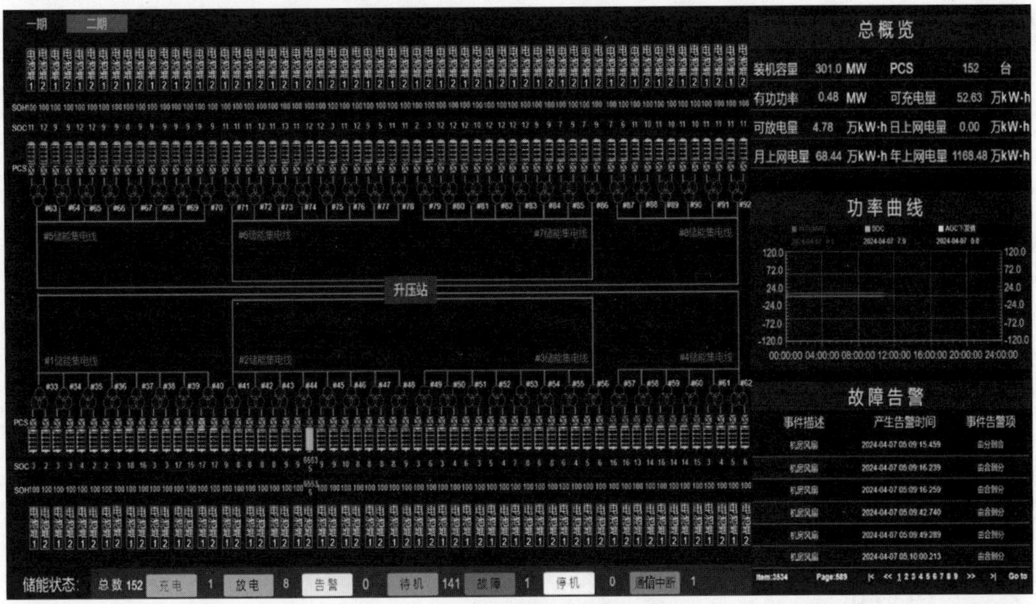

图 7-2　储能电站运行监视画面

7.2.4　运行操作

储能电站运行人员操作项目主要包括：储能系统并网和解列操作，储能系统运行模式选择，储能系统运行工况切换。储能系统的并网和解列操作应符合《电力安全工作规程　发电厂和变电站电气部分》（GB 26860—2011）的要求。同时，运行人员定期对储能系统自动发电控制、自动电压控制、计划曲线控制、功率定值控制等运行模式和优先级进行选择，各储能系统运行模式和优先级选择宜保持一致。另外，运行人员可对储能系统启动、充电、放电、停机、热备用、检修等运行工况进行相互切换。涉网设备发生异常或故障时，运行人员应及时上报电网调度机构，并按现场运行规程和电网调度机构要求对故障设备进行隔离及处理。

（1）储能单元就地启动操作顺序

复位储能变流器所有故障信号，依次合入电池组串接触器或断路器、储能变流器直流侧刀闸和交流侧刀闸，确认变流器处于就地控制模式，按下储能变流器启动按钮，自动合入储能变流器直流侧和交流侧接触器，并启动储能变流器。

（2）储能单元就地停机操作顺序

确认储能变流器处于就地控制模式，按下储能变流器停止按钮，停止储能变流器，断开储能变流器交流侧和直流侧接触器。

（3）储能单元远程启动操作顺序

储能变流器为远程控制模式，储能单元所有故障复位，处于冷备状态，从储能分系统中的监控系统点击储能单元启动按钮，远程合入储能变流器交、直流侧接触器，并启动储能单元并网。

（4）储能单元远程停机操作顺序

储能变流器为远程控制模式，储能单元处于启动状态，从储能分系统中的监控系统点击储能单元停止按钮，停止储能变流器，远程断开储能变流器交、直流侧接触器，并停止储能变流器。

（5）储能单元紧急停机操作顺序

除储能单元因故障自动执行紧急停机过程外，运维人员如发现储能单元出现异常需要紧急停机时，应直接快速按下储能变流器的急停按钮，储能变流器停止运行后，断开储能变流器直流侧和交流侧接触器。

7.2.5 运行记录

储能电站运行人员应对运行数据（有功功率、无功功率、有功电量、无功电量、站用电量）、设备运行状态、运行操作情况、运行日志、运行日月年报表、环境记录（温度、气压等）、缺陷记录、故障记录、设备定期试验记录、设备维护记录、交接班记录、巡视及特巡记录、工作票及操作票记录、安全工器具台账及试验记录等进行综合记录，并对运行指标进行分析，储能电站运行维护应建立技术资料档案，对运行维护记录等进行归档。储能电站现场运行监盘如图 7-3 所示。

图 7-3 储能电站现场运行监盘

7.2.6 巡视检查

储能电站的巡视检查可分为日常巡检和专项巡检两大类，如遇特殊季节和异常天气（如雨季、极寒、极热、台风），需进行专项巡检工作，对新投入或经过大修的设备等特殊情况宜加强巡检工作。运行人员每班要进行巡视检查，检查时不应越过围网和安全警示带；进入电池室或者电池舱等密闭空间前，需提前通风 15min 以上；当监控系统对异常信号发出报警后，运行人员需尽快采取措施（如现场检查），在缺陷和隐患没有完全消除前仍需多次进行巡视检查。储能电站现场巡检如图 7-4 所示。

图 7-4　储能电站现场巡检示意图

7.2.6.1　日常巡检

日常巡检内容如下。

（1）电池本体

① 电池厂房或预制舱温度、湿度应在电池运行范围内，照明设备完好，室内无异味。
② 暖气、空调、通风等温度调节设备运行正常。
③ 设备运行编号标识、相序标识清晰可识别，出厂铭牌齐全、清晰可识别。
④ 无异常烟雾、振动和声响。
⑤ 电池系统主回路、二次回路各连接处应连接可靠，不存在锈蚀、积灰、凝露等现象。
⑥ 电池外观完好，无破损、膨胀，不存在变形、漏液等现象。
⑦ 检查确保电池架接地完好，接地扁铁无锈蚀松动现象。
⑧ 每月进行一次熄灯巡视，检查电池有无发红发热现象。
⑨ 电池无短路，接地、熔断器正常。

（2）电池管理系统

① 电池管理系统外观正常，无异响，无异味。
② 电池管理系统的指示灯、电源灯显示正常。
③ 电池管理系统温度、电流、电压等测量值显示正常，无告警。
④ 电池 SOC 在正常范围内。

⑤ 检查电池管理系统温度、电流、电压等测量采集线是否老化和连接可靠，确保无松动、脱落。

⑥ 电池管理系统工作状态指示灯、监控界面显示正常，无告警。

⑦ 电池管理系统的告警、保护、充放电控制等定值应按照通过审批的定值单设定。需改变定值时，应重新下达定值单，由具备操作权限的值班人员执行。

⑧ 电池管理系统与储能变流器、监控系统通信正常。

（3）储能变流器

① 储能变流器柜体外观洁净，无破损，门锁齐全完好，锁牌正确。

② 储能变流器柜体设备编号、铭牌、标识齐全，清晰、无损坏，操作方式、开关位置正常。

③ 储能变流器柜体门关严，无受潮、凝露现象，温控装置工作正常，加热器按季节和要求正确投退。

④ 储能变流器的交、直流侧电压、电流正常。

⑤ 储能变流器运行正常，其冷却系统和不间断电源工作正常，无异常响声、冒烟、烧焦气味。

⑥ 储能变流器液晶屏显示清晰、正确，监视器、指示灯、表计指示正确且正常，通信正常，时钟准确，无异常告警报文。

⑦ 储能变流器室内温度正常，照明设备完好，排风系统运行正常，室内无异常气味。

（4）高压开关柜

① 屏上指示灯和带电指示器指示应正常。

② 继电器无异声、异味和过热现象。

③ 高压开关柜内无放电声、异味以及非常规的机械声音。

④ 防小动物设施应无破损。

⑤ 互感器表面应清洁。

⑥ 灭弧室内的屏蔽罩表面应干净清洁。

（5）高压电缆

① 电缆护套无破损。

② 电缆终端与变压器及开关柜的接触处无锈蚀和发热现象。

③ 电缆终端清洁。

④ 电缆支架牢固，无松动、锈蚀现象。

（6）干式变压器

① 变压器声音正常，无异味，无局部放热现象。

② 变压器风机无异常。

③ 低压侧电缆温度正常。

④ 汇流柜无异味，温度正常。

（7）储能监控系统

① 服务器运行正常，功能界面切换正常。

② 监控系统与 BMS、PCS、消防、视频等系统通信正常。

③ 监控系统无异常告警信息。

（8）电池室或电池舱

① 在值班人员进入电池厂房或预制舱前，应先进行通风。

② 电池室或电池舱外观、结构完好。

③ 电池室或电池舱内温度、湿度应在电池正常运行范围内，空调、通风等温度调节设备运行正常；照明设备完好，室内无异味。

④ 电池室或电池舱防小动物措施完好。

⑤ 视频监视系统正常显示。

⑥ 摄像机的灯光正常、旋转到位，信号线和电源引线安装牢固、无松动。

（9）消防系统

① 火灾报警控制器各指示灯显示正常，无异常报警，备用电源正常。

② 消防标识清晰完好。

③ 安全疏散指示标志清晰，消防通道和安全疏散通道畅通、应急照明完好。

④ 灭火装置外观完好、压力正常，试验合格。

⑤ 消防箱、消防桶、消防铲、消防斧头完好清洁，无锈蚀、破损。

⑥ 火灾自动报警系统触发装置安装牢固，外观完好，工作指示灯正常。

⑦ 电缆沟内防火隔墙完好，墙体无破损，封堵严密。

（10）空调系统

① 空调工作正常，无异响、振动，室内温度、湿度在设定范围内。

② 空调内、外空气过滤器（网）应清洁、完好。

（11）液流电池储能系统

① 电解液输送系统管道、法兰无损伤、变形、开裂、漏液，法兰螺栓连接牢固。

② 电解液输送系统阀门位置正确，无损伤、变形、漏液，阀门开合正常，无卡涩。

③ 电解液输送泵转动正常、无异响、无漏液，螺栓应连接牢固、无松动。

④ 电解液储罐外观无变形、漏液，电解液储罐液位计指示液位应与实际液位一致，并在规定范围内。

⑤ 电解液储罐的水平度、垂直度应满足初始设计要求。

⑥ 如有气体保护，气体压力值应在设定的保护值范围内。

⑦ 换热器本体完好，无损伤、变形、裂纹、漏液，排液阀门完好无漏液，与之连接的法兰完好无渗漏，冷媒盘管完好无腐蚀。

⑧ 冷媒管路无损伤、变形、裂纹、腐蚀，无漏冷媒现象，保温完整，阀门完好。

⑨ 主机显示屏正常无报警，压缩机完好无渗漏，风扇运行正常，转向正确，保温带工作正常，高、低压力表指示正确，压力开关设置正确，电气元件完好。

⑩ 伴热保温系统整体结构完整良好，保温无破损、灼烧、缺少的情况，伴热带无断裂、破皮、老化及灼伤等现象，控制箱应外观完整，元器件完整良好，线路整齐，接线紧固，无老化、过热烧焦等现象。

7.2.6.2 专项巡检

专项巡检内容如下。

（1）极端天气

① 检查电池运行环境温度、湿度是否正常。

② 检查电池、储能变流器导线有无发热等现象。

③ 严寒天气检查导线有无过紧、接头开裂等现象。

④ 高温天气增加红外测温和巡视频次，检查电池舱内部是否有凝露。

⑤ 雷雨季节前后检查接地是否正常。

（2）异常及故障后

① 重点检查告警信号、保护、录波及自动装置动作情况。

② 检查事故范围内的设备情况，如导线有无烧伤、断股。

③ 新设备投运或大修后再投运，检查设备有无异声、接头是否发热等。

（3）新设备投运

① 新设备投运后进行特巡。

② 新设备或大修后投入运行，重点检查有无异声。

（4）熄灯巡检

① 新、改（扩）建或检修后应在投运带负荷后 1 个月内（但至少在 24h 以后）进行一次红外测温。

② 检修前必须进行一次红外测温。

（5）其他类型

① 保电期间应适当增加巡视次数。

② 存在缺陷和故障的设备，应着重检查异常现象和缺陷是否有所发展。

7.2.7 继电保护管理

作为在电力系统中应用最为广泛的一种保护方式，继电保护在电力系统的故障检测方面发挥着重要作用。由电流互感器、电压互感器和保护装置等集合而成的继电保护系统主要通过对断路器等设备的控制实现对电力设备的保护，从而保障电力系统的安全稳定运行。为了保护装置的灵敏度和可靠性，需要根据电力系统的实际运行情况对继电保护做出相应调整，从而避免误动作和漏保护的情况发生。储能电站继电保护现场测试如图 7-5 所示。

图 7-5 储能电站继电保护现场测试

7.2.7.1 继电保护配置原则

继电保护配置原则如下。

（1）基本要求

① 电化学储能电站的储能元件、储能变流器和升压变压器应配置可靠的保护装置。当发生短路或缺相故障时，保护装置应能迅速启动，对故障进行隔离。

② 电化学储能电站的接地方式应与电网侧的接地方式相适应，并应满足人身设备安全和保护配合的要求。

③ 电化学储能电站的涉网保护应与电池管理系统保护、储能变流器保护、防孤岛保护功能相互协调。

④ 电化学储能电站应具备防非计划性孤岛保护功能，并与其他保护相配合。当系统发生扰动，储能电站脱网后，储能电站在得到调度许可前不允许并网。

⑤ 电池管理系统应具备电池的保护功能，满足《电力储能用电池管理系统》（GB/T 34131—2023）的要求。

⑥ 储能变流器应配置完善的保护功能，应满足《电化学储能系统储能变流器技术要求》（GB/T 34120—2023）的要求。

（2）并网线路保护

首先，线路保护应能反映被保护线路的各种故障及异常状态，能满足就地开关柜分散安装的要求，也能组屏安装。其次，储能电站并网线路保护的配置应与电网侧保护相适应，与电网侧重合闸策略相配合。需要注意的是储能电站并网线路宜配置光纤电流差动保护或方向电流保护作为主保护，配置电流电压保护作为后备保护。

（3）升压变压器保护

升压变压器应按电压等级配置相应的变压器保护装置，应能反映被保护设备的各种故障及异常状态。为防止长时间过负荷运行造成的设备损坏，升压变压器应配置过负荷保护装置，保护带时限动作于信号。

（4）防孤岛保护

储能电站应配置防孤岛保护装置，包含过频率、低频率，以及过电压、低电压保护功能。

（5）故障录波

储能电站应配置独立的故障录波设备，故障录波应满足 GB/T 36558—2023 的要求。故障录波设备应具备组网、远传和通信管理功能，还应配置完善的功能分析软件和规约转换装置，能够通过调度专网将储能电站录波信息远传至调度装置。

（6）同期并网

储能电站应具有自动同期功能，启动时与接入点电网的电压、频率和相位偏差在相关标准规定的范围内，不应使电网电能质量超出 NB/T 33015—2014 规定的范围。

7.2.7.2 继电保护整定原则

继电保护整定原则如下。

① 继电保护整定计算参数包括线路、变压器、储能系统等一次设备参数，以及相关等值阻抗。

② 储能电站需提供储能系统的计算模型、参数及控制特性等资料，以便进行储能电站接入电网的相关计算分析。

③ 储能电站整定计算应采用符合实际情况的计算模型及参数，与储能电站故障特性相适应。

④ 继电保护整定计算应以常见运行方式为依据，充分考虑储能电站的运行特点。

⑤ 继电保护的运行整定应以保证电网系统的安全稳定运行为根本目标，满足速动性、选择性和灵敏性要求。若由于运行方式、装置性能等原因，不能兼顾速动性、选择性或灵敏性要求时，则应在整定时合理地进行取舍，优先考虑灵敏性。

⑥ 继电保护之间的整定一般应遵循逐级配合的原则，满足选择性的要求。

⑦ 在电流互感器变比选择时，应综合考虑系统短路电流、线路及元件的负荷电流、测量误差以及其他相关参数等因素的影响，以满足保护装置整定配合和可靠性的要求。

⑧ 同一套保护装置中闭锁启动和方向判别等辅助元件的灵敏系数不应低于所控保护测量元件的灵敏系数。

7.2.7.3 防孤岛保护

首先，过频率及低频率保护定值应满足 GB/T 36547—2024 规定的频率适应性要求。其次，过电压及低电压保护定值应满足 GB/T 36547—2024 规定的低电压和高电压穿越要求。另外，防孤岛保护应与电网侧送出线路保护相配合。

7.2.8 设备维护

根据 GB/T 40090—2021 的要求，储能电站储能设备维护包括电池、电池管理系统、储能变流器的清扫、紧固、润滑及软件备份等。

7.2.8.1 电池本体维护

电池本体维护要求如下。

① 定期全面清理电池和电池柜，周期不大于 12 个月。

② 定期察看并拧紧储能系统各部位连接螺栓，周期不大于 12 个月。

③ 定期检查电池柜或集装箱内的烟雾、温度探测器是否正常工作，周期不大于 6 个月。

④ 定期对锂离子电池进行均衡维护，周期不大于 12 个月。

⑤ 定期对电量较低的电池进行充放电，周期不大于 6 个月。

⑥ 针对液流电池，需要定期对其电解液循环系统、电堆的外表面进行察看，主要检查表面是否有腐蚀或者漏点，周期不大于 6 个月。

⑦ 电池储能系统内含电池，即使在未接交流电和高压直流电的情况下，输出端仍然可能有电压存在，请勿用手或工具触碰接线端，以免发生电击事故。

⑧ 当电池储能系统需要移动、维护或重新配线时，必须切断交流电和输出直流电，并保证储能系统完全停机，使高压手动开关处于断开状态，否则输出端可能带电，有发生电击的危险。

⑨ 为确保用户的人身安全，储能系统必须有可靠的接地保护，在使用之前首先要可靠接地。

⑩ 使用环境及保存方法对储能系统的使用寿命及可靠性有极大影响，因此，须避免长期在下列环境中使用:

a. 超过技术指标规定（温度 0 ~ 50℃，相对湿度 0% ~ 95%）的高 / 低温和湿热场所；

b. 阳光直射或靠近热源的场所；

c. 有振动，易受撞击的场所；

d. 有粉尘、腐蚀性物质、盐分和可燃性气体的场所。

电池储能系统在使用过程中，对电池的过充电和过放电应该有严格的约束和限制，过高的充电电压和过低的放电电压均会对电芯造成严重的危害，并可能导致过热、起火和爆炸等安全事故，同时应严格限制储能系统的充放电电流，延长电池使用寿命。

⑪ 液体和其他外来物绝对不允许进入电池柜内部。

⑫ 如果锂离子电池储能系统周围起火，应使用干粉灭火器或二氧化碳灭火器，若使用液体灭火器可能会导致电击和短路危险。

⑬ 长期停用的情况下，每 3 个月对储能系统进行一次充放电维护，并将电池充到 50% SOC，避免电池因过放电而导致容量下降，甚至损坏。

储能电站电池舱示意如图 7-6 所示。

图 7-6　储能电站电池舱示意图

7.2.8.2　BMS/EMS维护

BMS/EMS 维护要求如下。

（1）监控系统整体结构

监控系统需监控电池、BMS、PCS、电度表、并网断路器开关量、变压器温度等信息。

（2）一般规定

① 严禁对运行中的监控系统断电。

② 严禁更改监控系统中的参数、图表及相关的操作密码。

③ 严禁将运行中的工作站退出监控窗口。

④ 严禁在监控机上安装与系统运行无关的程序。

⑤ 严禁在监控机上使用 U 盘等一切外接设备。

⑥ 在工作站中操作断路器时，对其他设备的操作不得越线进行。

⑦ 监控系统出现数据混乱或通信异常时，应立即检查并上报。

⑧ 运行人员应熟悉有关设备的说明书，并对打印的资料妥善保管。

（3）运行维护

① 检查工作站电源运行是否正常，有无告警信号。
② 检查监控系统通信是否正常，显示器中各数据指示是否正确。
③ 检查监控窗口的主菜单有无异常。
④ 检查机柜外观是否整洁，有无老锈、灰尘、破裂等现象。
⑤ 检查 BMS 有无异响和异味。

（4）软件更新

定期对电池管理系统的数据进行读取和保存，并进行软件更新，周期不大于 6 个月。

7.2.8.3 储能变流器维护

（1）维护工作

① 保存软件数据。
② 读取液晶软件中的数据。
③ 保存运行数据、参数以及日志到相关文件中。
④ 检查各项参数设置。
⑤ 检查储能变流器指示灯、电源灯显示是否正常。

（2）系统运行状态及环境

① 观察储能变流器是否有损坏或者变形，外观是否洁净，柜门是否闭锁。
② 听储能变流器运行时是否有异常声音。
③ 在系统运行时，检查各项变量。
④ 检查储能变流器外壳发热是否正常，使用热成像仪等检测系统发热情况。
⑤ 观察进出风口是否正常。
⑥ 检查储能变流器周围环境的湿度与灰尘，所有空气入口过滤器功能是否正常。
⑦ 检查储能变流器的冷却系统，如有需要，对活动部件进行润滑。

（3）系统清洁

① 检查储能变流器的清洁情况。
② 检查散热器温度以及灰尘，如必要，须使用压缩空气并打开风机，对模块进行清洁，更换空气过滤网。

（4）功率电路连接

① 检测功率电缆连接是否松动，按照之前规定的扭矩再次紧固。
② 检查功率电缆、控制电缆有无损伤，尤其是与金属表面接触的表皮是否有割伤的痕迹。

③ 检查电力电缆接线端子的绝缘包扎带是否脱落。

（5）端子排线连接

① 检查控制端子螺丝是否松动，若松动，用螺丝刀拧紧。
② 检查主回路端子是否有接触不良的情况。
③ 检查螺钉位置是否有过热痕迹。
④ 检查接线铜排或螺钉是否存在颜色改变。
⑤ 目测检查设备终端等连接以及排线分布。
⑥ 若风机有异常情况，需及时更换。

（6）冷却风机维护与更换

① 检查风机叶片等是否有裂缝。
② 听风机运转时是否有异常振动声。

（7）断路器维护

① 对所有金属元件的锈蚀情况做常规检查。
② 接触器年检（辅助开关以及微开关），保证其机械运转良好。
③ 检查运行参数（特别是电压以及绝缘）。

（8）安全功能

① 检查紧急停机按钮以及触摸屏的停止功能是否正常。
② 模拟停机，并检查停机信号。
③ 检查机体警告标识及其他设备标识，如发现模糊或损坏，请及时更换。

（9）软件维护

① 优化软件。
② 检查各项参数设置。
储能变流器（PCS）示意如图 7-7 所示。

图 7-7　储能变流器（PCS）示意图

7.2.8.4 空调系统维护

空调系统维护要求如下。

① 定期检查空调冷却介质，如有需要，补充空调冷却介质，周期不大于 6 个月。

② 定期清洗空调滤网，周期不大于 12 个月。

7.2.8.5 消防系统维护

消防系统维护要求如下。

① 检查电站消防安全管理是否符合有关法律法规和标准的规定。

② 检查消防设施是否完善、有效，标识是否明显、清晰。

③ 每月进行消防安全检查，由专人对消防设施进行维护与保养，确保灭火和监控系统处于完好状态。

④ 检查各紧急出口通道是否保持畅通。

7.2.9 人员培训

GB/T 40090—2021 中明确提到，储能电站应配备能满足电站安全可靠运行的运行维护人员。运行维护人员上岗前应经过培训，掌握储能电站的设备性能和运行状态。因此，对储能电站运行维护人员的培训是非常重要的。

① 定期组织储能电站运维单位人员开展运检业务技能培训，主要包括设备巡视、“两票三制”、倒闸操作、设备检修、事故异常处理，以及消防、信息网络安全等内容，持续提升储能电站运维人员业务技能水平。

② 定期对储能电站运维情况进行标准化和精益化管理综合评比，将储能电站运维质量考核结果纳入所在部门指标。

③ 储能电站运维人员还需要熟悉《中华人民共和国安全生产法》和相关安全知识，熟知事故应急处理办法。

7.3 异常运行及故障处理

本节主要以锂离子电池、全钒液流电池为代表，就储能电站日常运行中的异常状况以及故障处理作简要介绍，供研究人员和运维人员参考。

7.3.1 锂离子电池

锂离子电池中的能量传输介质是锂离子，其作为一种高能电池，具有高能量密度、低自放电率、长寿命等优点。作为组成储能系统的基本单元，锂离子电池储能系统容量越高，需要的锂离子电池数量就越多，那么就更需要重视锂离子电池的安全性。本部分列举了锂离子电池的异常运行及故障处理方法，其他电池可以此作为参考。

① 为了保证储能电站的运行安全，锂离子电池遇到以下情况时，应当立即停机检查：

a. 锂离子电池过放电、过充电、短路；

b. 锂离子电池出现异味、鼓包；

c. 锂离子电池发生冒烟、起火、爆炸。

② 为了保证储能电站的运行安全，锂离子电池遇到以下情况时，应联系厂家更换电池：

a. 锂离子电池单体之间压差偏大，检修人员进行维护充电后，电池单体之间压差依然过大；

b. 锂离子电池单体内阻过大，检修人员进行维护充电后，电池单体内阻依然过大；

c. 锂离子电池容量差过大，检修人员进行维护充电后，电池容量差依然过大；

d. 锂离子电池短路；

e. 锂离子电池容量衰减过大。

③ 锂离子电池电压过低或过高时，应通过均衡充电的方法进行处理，不允许长时间持续运行。

④ 当储能电池发生冒烟、起火、爆炸等异常情况时，应及时疏散周边人员，按应急预案立即采取相应措施，停机隔离，防止故障扩大并及时上报。

⑤ 当锂离子电池 PACK 温度过高时，需要停止充放电，恢复到正常温度后方可继续充放电。当绝缘出现故障时，需要停止充放电进行检修处理。

7.3.2 全钒液流电池

全钒液流电池是将不同价态的钒离子溶解在稀硫酸或混酸水溶液中，然后在电极表面发生氧化还原反应，实现电能和化学能的相互转化。虽然全钒液流电池在本质上是安全、可靠的，但由于其电解质溶液为酸溶液，具有腐蚀性，会对人体造成伤害，也会污染水体和土壤。全钒液流电池的异常运行及故障处理可参考如下几点。

① 若是电解液发生大量泄漏或者喷溅，人员应立即撤出电池室并封闭；退出储能系统，跳开储能系统内部电气连接，断开与其他储能系统的电气连接；泄漏的电解液交由专业人员处理。

② 电解液循环管道接头轻微渗液，应加强巡视检查，并按照运行规程退出储能系统，紧固或更换电解液循环系统泄漏部位接头。

③ 电解液循环系统故障时，应退出储能系统，切断系统内电气连接，对电动阀进行校准并检查循环泵。

④ 热管理系统发生故障时，应退出储能系统，切断系统内电气连接，检查压缩机的辅助预热设备和伴热带，检查压缩机样本。

7.3.3 电池管理系统

由电池单体管理单元（BMU）、电池簇管理单元（BCU）和电池堆管理单元（BAU）组成的电池管理系统（BMS）作为电池储能系统的一部分，不仅能够实现对电池充、放电过程的管理，还可以实现对电池系统的状态监测、策略控制、告警响应和保护动作等。本部分将就 BMS 的异常运行及故障处理作简要介绍。

① BMS 发生通信故障时，检查通信线是否松脱或接触不良。

② BMS 在运行中出现告警和保护动作信号且不能复归时，应停机检查。

③ BMS 发生操作失效时，检查电池管理系统主机和电源模块。

④ BMS 供电后无法正常工作，记录现象，断电重启，事后向相关单位反应。

⑤ 单簇总压较低，单体电池采样电压异常，联系检修人员处理。

⑥ 当触摸屏显示簇总压正常，但充放电无电流或电流偏小时，应检查该簇回路接触电阻是否增大，电池模块是否未推紧，汇流柜断路器是否触点损坏，电池模块内阻是否增大，电压是否正常。

⑦ 遇到 BMS 与监控系统通信异常，数据刷新不及时的情况时，应检查 BMS 至监控系统通信通道的通信线缆、交换机和规约转换器状态，也可用监控系统网络状态监测工具检查 BMS 通信服务状态，如有必要可重启异常网络通信设备。

⑧ 如发现 BMS 主机死机，可检查 BMS 主机环境温度、BMS 电源、通信线缆以及 BMS 主机告警信号。

7.3.4 储能变流器

作为电化学储能系统的配套设施，储能变流器（PCS）是连接电池组与电网（和/或负荷）之间的，可以进行电能双向转换的装置，可管理电池的充放电过程，实现交、直流电的转变，在无电网时可直接为交流负荷供电。综上所述，储能电站能否实现安全、稳定、高效和可靠的运行取决于 PCS 是否正常运行。本部分梳理了 PCS 的异常运行，并给出了故障处理方法。

① 当 PCS 的控制系统工作异常时，应停机检查。

② 当 PCS 的功率输出异常时，应停机检查其功率元件及其控制驱动模块和控制通信通道。

③ 当 PCS 不能按照预期输出或充放电量发生异常变化时，检查储能电池开路电压，检查紧急停机旋钮是否处于按下状态、电网是否正常，检查计量板的通信是否正常。

④ 机器工作噪声较大，检查功率是否在正常范围内，测量并网电流、电压，检查波形是否正常，检查更换冷却风扇。

⑤ 当发现 PCS 在运行过程中温度高、有异响和异味、风冷装置故障告警灯亮时，应操作退出储能系统，切断储能系统内电气连接，在停电 30min 后检查变流器本体告警信号和超温元件，同时对风冷装置、风道、滤网等进行检查，以及检查 PCS 内部是否有电弧灼烧现象。

⑥ 屏柜状态指示灯故障时，应进行更换。

⑦ 指示偏高但是没有达到告警值时，应对风冷装置和风机工作电源进行检查，察看是否有异物遮挡风道和滤网；如有必要，调整储能系统停机计划，对变流器进行内部检查。

⑧ 变流器通信异常、遥测/遥信数据刷新不及时，对变流器至监控系统通信通道的通

信电缆、交换机和规约转换器状态进行检查；如有必要，调整储能系统停机计划，对变流器进行内部检查。

⑨ 若发现功率控制精度、谐波、三相功率不平衡异常，对控制器内部信号及故障码进行检查以判断是否为内部元件故障；察看变流器电压 / 电流传感器等内部信号连接线缆和稳压电容等内部连接线缆。

⑩ 当出现接地告警和绝缘告警时，应操作退出储能系统，切断储能系统内电气连接，对控制器本体告警信号、变流器安保接地、中性点接地是否连接可靠，接地电阻值是否正常进行检查；用绝缘检测仪测量变流器直流侧绝缘电阻。

⑪ 当发生交流侧电流保护动作时，应操作退出储能系统，切断储能系统内电气连接以及切断储能系统交流侧并网汇集线路，配合检修人员进行故障抢险。

⑫ 当发生直流侧电流保护动作时，应操作退出储能系统，切断储能系统内电气连接，对电池簇和电池状态进行检查，同时察看 BMS 与变流器之间的保护跳闸节点是否正常。

7.3.5 消防设施

储能电站，尤其是电化学储能电站，含有高能物质电池组，是火灾的潜在危险源，当电池，特别是锂离子电池，遇到过充、过放、过热、机械碰撞等内外部因素影响时，容易引起电池隔膜熔化和内部短路，进而引发正负极和电解液反应及分解，最终导致热失控。此外，锂离子电池的电解液为有机物，也会在一定程度上增大火灾风险。除了电池本体的火灾危险，各种电气设备、储能厂房等也是火灾危险源。综上所述，做好消防设施的运行维护可以在一定程度上避免火灾事故的扩大。

7.3.5.1 火灾报警控制系统

火灾报警控制系统的要求如下。

① 检查各部位消防报警探头是否正常，如主机发生故障，应及时通知维护人员处理。

② 误报或故障按“消音”“复位”键进行处理。

③ 无法复归或处理的，对装置异常情况做好记录，按照缺陷管理流程联系处理。

7.3.5.2 消防水泵或补充水泵

消防水泵或补充水泵不能正常工作的原因及解决方案如下。

（1）控制装置故障

检查控制开关、联锁开关位置是否正确，水位感应装置是否正常，接线是否松动等，如不能恢复则报维护人员处理。

（2）动力电源问题

检查动力电源是否正常，如电源不能恢复则报维护人员处理。

（3）消防水池水位低

补充消防水。

7.3.6 其他辅助设施

其他辅助设施如下。

① 当储能电站视频监控系统离线或出现故障时，应汇报并联系相关人员处理。

② 安防系统或装置故障时，应及时联系相关人员处理。

③ 空调制冷异常时，可清洗空调滤网，同时检查空调冷却介质是否量不足和空调压缩机能否启动。

④ 电池室通风异常时，检查风机工作电源和风机控制气动回路。

7.4 案例分析

本节将以实际运行的储能电站为例，深入剖析事故原因以及给出故障处理过程，供研究人员和运维人员参考。

7.4.1 电池包采样故障

（1）事件经过

2022 年 2 月某独立储能电站 EMS 后台报 #16 储能单元单体欠压告警，现场检查发现为 #16-2 电池舱第 8 簇第 2 个电池包第 23 个电池电压低至 2.2V（电压下限告警阈值为 2.8V），用万用表测量（CSC）采样板采样通道输入端口电压为 3.067V，为正常电压，怀疑为采样通道异常所致。

（2）原因分析

检查采样板采集回路，割断贴片电容和采样回路上的走线，采样恢复正常，重新接回走线，采样依旧偏低，确认为贴片电容问题。后经电子显微镜观察贴片电容，发现电容出现贯穿裂纹，从而导致了电压采集异常，后经厂家研究分析，为电容生产工艺问题。

（3）故障处理

更换现场的 CSC 采样板，电压采集恢复正常，将损坏的采样板邮寄回厂家进行进一步分析验证。

（4）案例点评

电芯电压及温度的采样都是由采样板采集上送，一旦采样板上各元器件或芯片出现问题，就会导致故障或告警发生，运维人员在现场一定要重视类似的电路板导致故障发生的问题，要统计类似故障的发生率，确定是产品批次问题还是偶然问题，针对不同的结果与厂家进行有效沟通解决。

7.4.2 电芯电压极限告警

（1）事件经过

2022 年 3 月某独立储能电站 #14-2PCS 在待机状态下停机，经检查，后台报“#28 电池堆电芯电压极限告警”。

（2）原因分析

PCS 电流采集存在精度误差（应采集的电流是 0，但因霍尔传感器误差，实际有几安培的电流，在闭环控制里，控制目标是维持电流为 0），造成待机状态下存在小电流放电，电池过放电时，电池舱内电柜间电压差过大，从而引发单体电压过低极限告警。

（3）故障处理

① 更改电柜数量配置参数，允许单电柜进行充电，调整电柜电压差小于 10V，恢复系统电柜数量配置参数至正常值，补电结束。

② BMS 系统修改保护参数，电池放电完成后，置位“禁止放电”状态，PCS 收到“禁止放电”状态后，IGBT 由交流侧去电，规避了电池继续出现小电流放电的情况。

（4）案例点评

通过该案例可见，BMS 系统与 PCS 系统在保护控制的协调配合上需要进一步完善，储能系统中“3S”系统（EMS、BMS、PCS）的协调控制配合策略需要储能运维人员在发现问题后，多探究其根本原因，多与储能集成厂商及设备厂家去沟通协调解决，让储能设备系统的保护配合得更加完善和安全。

7.4.3 EMS与PCS调试问题

（1）事件经过

2022 年 3 月某独立储能电站 EMS 与 PCS 的 GOOSE 调试过程中，协控装置与 PCS 的 GOOSE 通信存在数据跳变，且 EMS 给 PCS 下发的指令出现不执行的情况。

（2）原因分析

数据跳变是因为 PCS 的 GOOSE 上送的功率变位阈值为 0.01kW，变位范围太小，导致数据一直跳变。EMS 给 PCS 下发指令不执行是因为 PCS 响应步长原设置是 40ms，时间较短，导致下发指令时不能及时响应。

（3）故障处理

将变位阈值修改为 0.5kW 后解决数据跳变问题，将 PCS 响应步长设置为 80ms 解决下发指令不执行问题。

（4）案例点评

通过该案例可见，储能系统各设备的出厂参数不一定适用于每个现场，需要在实际调试过程中发现问题后去解决，储能运维人员要紧跟厂家的调试过程，发现问题后督促厂家闭环整改，并对各个厂家的设备原理梳理清楚。

7.4.4 液冷机组开关电源模块故障

（1）事件经过

2022 年 1 月某独立储能电站 #14-2 储能单元液冷机组出现停机故障后，现场查看发现开关电源模块有输入电压、无输出电压的情况，确定为开关电源模块故障。

（2）原因分析

对开关故障电源模块返厂进行拆解后分析，贴片同步整流管采用人工焊接，存在不良品率，为批次问题。

（3）故障处理

将所有涉及该批次的电源模块进行全部更换，并跟踪验证。

（4）案例点评

开关电源产品广泛应用于工业自动化控制、工控设备、通信设备、电力设备、仪器仪表等领域，其质量的好坏决定了整个产品系统的稳定性和安全性，储能运维人员应检查相关设备开关电源的 3C 认证等资料，并储备相应数量的备件，在开关电源出现故障后及时更换，并加强学习开关电源的维修，在无相关备件的情况下可对简单故障进行维修处理。

7.4.5 PCS升压一体机箱式变压器损坏故障

（1）事件经过

2022 年 3 月某独立储能电站 #1 储能线 311 开关、#2 储能线 312 开关、#3 储能线 313 开关、#4 储能线 314 开关同时跳闸，查看保护动作信息为防孤岛保护过压Ⅱ段动作。现场查看发现 35kV 储能 311 线 #1 储能变压器及避雷器存在明显放电痕迹，高压线圈烧坏，后经测试确认，三相线圈均已损坏。

（2）原因分析

在调试协调控制器与储能变流器 GOOSE 通信过程中由于控制策略不完善，致使 PCS 发出大量容性无功功率，抬升 35kV 母线电压，触发电站防孤岛装置保护动作，联跳 35kV#1 ～ #4 储能线断路器，跳闸过程中产生过电压，导致 #1 储能变压器绝缘击穿。初步判断故障过程为主协调控制器与备用协调控制器切换功能调试期间，因协调控制器复位，导致未保存控制指令。为保证 GOOSE 链路通信正常，切换至协调控制器后，由控制器将 PCS 上传功率遥测值作为指令重复下发，由于 PCS 无功控制具有正向稳态或测量误差，指令下发会引发控制正反馈，导致 PCS 发出的无功功率快速增加，35kV 母线电压升高，引起防孤岛保护装置动作，并向 4 回储能线 35kV 断路器发出跳闸信号。

35kV 断路器跳闸切容性电流产生操作过电压，导致储能升压变压器高压侧多处出现击穿放电（变压器绝缘损坏、不同回路两相击穿等），进而引发母线三相接地短路，导致母线电压大幅度跌落。PCS 检测到母线电压跌落后，触发 PCS 低电压穿越功能，向电网提供无功功率。由于故障点仍然存在，此时 PCS 等效于经升压变压器向故障点提供短路电流，会导致故障点产生间歇性燃弧。同时，推测因母线电压跌落后，PCS 出口交流电压较低，低占空比下 PCS 出口电压谐波增加，而其自身滤波器未能完全滤除 PCS 出口高频谐波，谐波可能会在故障点熄弧时注入电网，同时由于故障点存在间歇性重燃现象，使得电网与 PCS 之间产生间歇性高频振荡，从而导致 35kV 母线电压中检测到间歇性高频谐波成分。

（3）故障处理

① 更换损坏的变压器及避雷器，并重做交接试验，验收确保试验报告合格。

② 更换受损的 4 条储能线开关柜中的断路器，并重做交接试验，验收确保试验报告合格。

③ 优化控制策略如下。

经过现场数据分析与公司内实验室复现验证，本次现场故障是调试阶段无控制指令的协调控制器装置对功率控制通道传输的容错与变流器封波模式工作的储能变流器配合的问题，触发了出力持续偏移。为优化无有效功率控制指令的运行工况下储能协调控制器的控制逻辑，对储能协调控制器输出控制 PCS 逻辑进行调整，具体方案如下：

a. 无有效功率控制指令（一次调频、动态调压、AGC/AVC 功率控制均无效情况下）时，储能协调控制器下发功率控制指令将置位“test”标志。储能变流器接收到 GOOSE 控制指令后，判断 test 标志是否一致，如协调控制器下发控制指令的 test 标志与储能变流器的 test 标志不一致，则丢弃该控制指令，按照原功率指令继续执行。

b.test 标志不一致是指协调控制器置位 test 而储能变流器未置位，或者协调控制器未置位 test 而储能变流器置位。test 不一致时，不执行控制指令为 IEC61850 互操作测试的标准要求，且与国内主流储能变流器设备商沟通时，均支持该逻辑。另与储能变流器供应商沟通，储能变流器实际工作中无法由现场运维人员投入 test 状态，故采用该方案后，现场运行中不会出现双方均置位 test 的情况。

（4）案例点评

通过该案例，一是判断各个厂家的控制策略是否匹配，应让储能集成厂商出具翔实的控制和保护配合策略，储能运维人员组织技术小组对策略进行审核，在必要情况下邀请第三方提供专业支持；二是考虑到 PCS 无功模式下，断路器故障跳闸后真空断路器产生重燃过电压的概率比 SF_6 断路器高，后期建议储能集电线路断路器采用 SF_6 断路器。

7.4.6 PCS无故障停机

（1）事件经过

2022 年 3 月某独立储能电站在充电过程中，#3 储能单元 PCS 出现停机现象，查看 EMS 后台及 PCS 就地显示屏无故障信号，后就地检查无问题后投入运行。

（2）原因分析

施工单位敷设的干接点电缆为普通控制电缆，由于储能区直流侧电流较大，存在很大的电磁场，且存在干接点为 24V 的低电压信号，容易受干扰而导致误动作。

（3）故障处理

将干接点电缆改成屏蔽双绞线，并与动力电缆分开敷设，且屏蔽层两端接地。

（4）案例点评

通过该案例可知，储能运维人员应严格审查图纸采用的通信电缆型号是否满足通信要求及现场施工是否按照图纸要求采用专用通信电缆，并严格要求施工单位按照相关规范标准进行电缆敷设。

参考文献

[1] GB/T 14285—2023. 继电保护和安全自动装置技术规程[S].

[2] GB/T 31464—2022. 电网运行准则[S].

[3] GB 38755—2019. 电力系统安全稳定导则[S].

[4] GB/T 19582.3—2008. 基于Modbus协议的工业自动化网络规范　第3部分：Modbus协议在TCP/IP上的实现指南[S].

[5] NB/T 33014—2014. 电化学储能系统接入配电网运行控制规范[S].

[6] NB/T 42090—2016. 电化学储能电站监控系统技术规范[S].

[7] DL/T 584—2017. 3kV～110kV电网继电保护装置运行整定规程[S].

[8] DL/T 634.5104—2009. 远动设备及系统　第5-104部分：传输规约采用标准传输协议集的IEC 60870-5-101网络访问[S].

[9] DL/T 1989—2019. 电化学储能电站监控系统与电池管理系统通信协议[S].

第8章 电化学储能电站调度与控制

为规范化管理电化学储能电站的并网特性，落实电化学储能电站并网调度运行管理，明确电化学储能系统接入电网的技术要求，我国已发布国家标准《电化学储能电站接入电网技术规定》（GB/T 36547—2024）和《电化学储能电站接入电网测试规程》（GB/T 36548—2024）等，以及相关行业标准《电化学储能系统接入配电网技术规定》（NB/T 33015—2014）、《电化学储能系统接入配电网测试规程》（NB/T 33016—2014）和《电化学储能电站并网运行与控制技术规范》（DL/T 2246.1 ~ 2246.9—2021）等。上述国家标准与行业规定在国内电化学储能电站的并网接入过程中起到了科学、系统的指导作用，对电化学储能技术的长效发展起到了促进作用，巩固了电化学储能电站接入后的电网稳定性。本章主要围绕电化学储能电站的并网调度、有功功率控制、无功电压控制、有功 / 无功功率安全稳定控制、异常响应、调频控制、电能质量进行讨论，最后对真实案例进行分析，使得研究人员和工作人员对储能电站调度与控制有较为清晰的认识。

8.1 并网调度

为构建新型电力系统，加快电化学储能电站高速稳定发展，保障电力系统安全、稳定、高效运行，促进源网荷储协调发展，很多省份依据《中华人民共和国电力法》《电网调度管理条例》《电力并网运行管理规定》等制定了相关的储能电站并网运行管理细则。为了推进我国电化学储能电站的广泛应用，规范储能电站并网调度运行管理，本部分将围绕电化学储能电站的并网调度进行讨论。

8.1.1 调度信息通信

为了加强对电化学储能电站的通信通道、通信设备接口与协议、通信内容等规范化管理，在《电力工业以太网交换机技术规范》（DL/T 1241—2024）中明确规定了电力工业以太网交换机的技术要求，确定了相关技术参数。本节将围绕调度信息通信展开说明。

8.1.1.1 通信要求

通信要求如下。

① 通信设备的设计、选型应符合电网调控机构的有关规程规定，采用成熟可靠的产品，并报电网调控机构备案。通信设备的接口和网管规约应满足通信网管理系统的要求。通信光缆、通信设备、通信业务、运行方式、通信机房及辅助设施、通信运维机构及人员需满足各项运行管理要求，确保通信系统运行稳定、运维机制高效，能为电网重要业务提供安全可靠的通信支撑。站内主要设备及机房动力环境的告警信息应上传至24h有人值班的场所。通信电源系统及一体化电源–48V通信部分的状态及告警信息应纳入实时监控范围，满足通信运行要求。通信专网蓄电池组的供电时间应不少于8h。此外，双重化配置的继电保护光电转换接口装置的直流电源应取自不同的电源。单电源供电的继电保护接口装置和为其提供通道的单电源供电通信设备，如外置光放大器、脉冲编码调制（PCM）设备、载波设备等，均由同一套电源供电。

② 电化学储能电站通信网络应采用高速工业以太网，传输带宽应大于或等于100Mbit/s，部分中心交换机之间的连接宜采用1000Mbit/s数据端口互联，可以通过划分虚拟局域网（VLAN）将网络分割成不同的逻辑网段。

③ 网络架构可采用星形、环形或两种形式相结合的方式。功率1MW及以上或容量为1MW · h及以上的电化学储能电站应采用双网冗余配置，其余电化学储能电站可采用单网配置。

④ 电池管理系统、储能变流器宜单独组网，并以储能单元为单位接入站控层，充分考虑站内储能变流器的配置方案，保证信息交换的可靠性与实时性。

⑤ 户内网络通信介质宜采用超五类屏蔽双绞线。通往户外的通信介质应采用铠装光纤或铠装屏蔽双绞线。

8.1.1.2 信息传输

电化学储能电站与上级调度机构的通信可采用光缆、无线、载波等通信方式，但应遵守国家相关的安全防护规定。对于通过110（66）kV及以上电压等级接入公用电网的电化学储能电站，至调度端应具备两路通信通道，其中一路为光缆通道。电化学储能电站向调度机构提供的信息，应包括但不限于：并网点的频率、电压、注入电网电流、注入电网有功功率和无功功率、电能质量数据等；可充 / 可放电量、充电电量、放电电量等；并网点开断设备状态、充放电状态、故障信息、远动终端状态、通信状态等；并网调度协议要求的其他信息。

8.1.1.3 网络安全防护

电化学储能电站网络安全防护应符合《电力监控系统安全防护规定》的要求，坚持“安全分区、网络专用、横向隔离、纵向认证”结构安全原则。与调度端通信应当采用认证、加密、访问控制等技术措施，实现数据的远方安全传输以及纵向边界的安全防护。使用无线网络、公用通信网络等通信方式时应设立安全接入区，并采用安全隔离、访问控制、认证及加密等安全措施。网络边界宜采用安全审计措施，可使用入侵检测对系统网络流量进行统一监控。网络设备应关闭或限定网络服务，避免使用默认路由，关闭网络边界 OSPF（开放最短路径优先）路由功能，采用安全增强的 SNMPv2 及以上版本的网管协议，设置高强度的密码。应采取各种措施防止系统软、硬件资源和数据被非法利用，严格控制各种计算机病毒的入侵和扩散。

8.1.2 运行方式及调度计划

在《国家发展改革委办公厅 国家能源局综合司关于进一步推动新型储能参与电力市场和调度运用的通知》(发改办运行〔2022〕475 号）中明确提到：新型储能具有响应快、配置灵活、建设周期短等优势，可在电力运行中发挥顶峰、调峰、调频、爬坡、黑启动等多种作用，是构建新型电力系统的重要组成部分。除此之外，电化学储能电站在电源侧可以参与可再生能源电站的配套服务，在输电网络中可以参与优化电网投资以及承担备用发电、电压支撑等辅助服务，在负荷侧可以参与用户侧分布式能源应用和微电网应用、用户负荷调峰、用户节能效益、用户需求响应。在《电力并网运行管理规定》中提到，并网主体应严格执行电力调度机构制定或市场出清的运行方式和发电调度计划曲线；并网主体运行应严格服从电力调度机构指挥，并迅速、准确执行调度指令。此外，并网主体应在电力调度机构的统一调度下，考虑机组运行特点，落实调频、调压有关措施，保证电能质量符合国家标准。本部分针对电化学储能系统的运行方式及调度计划进行简要介绍。

8.1.2.1 运行方式

（1）参与电网调峰

电化学储能系统可实时调整充放电功率及充放电状态，具备两倍于自身装机容量的调峰能力，利用储能功率 / 能量的时空搬运能力，实时跟踪调度计划曲线和满足调度紧急控制要求，形成电化学储能 - 抽水蓄能 - 调峰燃机 - 其他可调节电源等不同层次的调峰资源组合，有效降低电网峰谷差，缓解负荷高峰期电网供电能力不足的问题。华北地区探索储能作为独立主体参与调峰辅助服务，推动调度模式向“源网荷储协同互动”转型，促进了电网资源高效优化配置；青海地区实现共享储能调峰辅助服务市场化，有效提升了系统调峰能力，促进了新能源消纳。

（2）参与电网调频

电化学储能既可在电源侧辅助改善发电机组 AGC 性能，也可以直接并入电网参与主网调频。考虑到传统火电机组存在机械惯性，导致调频性能与电网的调节期望相比存在差距，具体表现为调节的延迟、偏差（超调和欠调）等现象。而储能具备快速精准调整频率的能力，在响应速度与调节精度上均远超火电机组的调节性能。美国西北太平洋国家实验室研究报告显示，储能调频效率是水电机组的 1.7 倍，是燃气机组的 2.5 倍，是燃煤机组的 20

倍以上。

（3）提供电压支持

储能系统调压主要以电容器等无功补偿设备为主，动态无功支撑能力不足。电化学储能可以在动态储能变流器（PCS）、通信和控制设备的辅助下，通过调整其输出的无功功率大小来对输配线路的电压进行调节。无功支持属于典型的功率型应用，不消耗电池的储存能量，放电时间相对较短，但允许放电频次很高，而且因其响应的快速性，可以显著改善暂态电压质量。

（4）参与电网紧急控制

储能参与电网紧急控制，既包括大电网事故后的紧急响应，也包括分区电网主设备故障后的及时调控。在系统故障时，可快于其他电源乃至快于继电保护系统，瞬时提供有功、无功支撑，对电网频率和电压进行紧急控制，帮助系统恢复。充分发挥储能启动时间短、控制响应快、调节精度高的优点，为电网提供额外电源支撑。

（5）实现新能源跟随

储能与新能源可在电源侧实现多能互补，是能源互联网框架下主动支撑电网和提升电网弹性的重要措施。一方面有效平滑新能源场站出力波动，改善新能源场站并网点的电能质量，可以平滑本地区新能源发电的波动性、跟踪计划出力，提高新能源发电的可预见性；另一方面，有助于平抑新能源发电的反调峰性。

（6）参与火电厂调频

储能跟踪指令具有响应速度快、爬坡速度快等优点，能够提高发电单元的整体调节能力。对于火电机组调节性能比较差，且经常受到电网考核的机组在配置储能或者享受储能提供的服务后，其调节性能得到明显提升。

8.1.2.2 调度计划

电化学储能系统的调度计划如下。

① 调度计划包括充放电计划和检修计划。

② 电网调度机构应在确保电网安全运行和发供电平衡的基础上，统筹安排充放电计划和检修计划。

③ 电化学储能电站应根据已签订的购售电合同及储能电站实际运行情况，按相关规程、规定向电网调度机构提交充 / 放电计划曲线。

④ 电网调度机构应根据储能电站设备情况，结合电化学储能电站申报的充 / 放电计划曲线，在规定时间内将编制审核的充 / 放电计划曲线通知电化学储能电站。

⑤ 电化学储能电站应执行电网调控机构下达的充 / 放电计划曲线（包括调度值班人员临时修改的曲线）和调度指令。

8.1.3 调度运行

根据《电网调度管理条例》，电网运行实行统一调度、分级管理的原则，而并网运行的发电厂或者电网，必须服从调度机构的统一调度。为实现“双碳”目标，国家也在大力支持电化学储能自主选择参与电力市场，持续完善调度运行机制，发挥储能技术优势，提升储能总体利用水平，保障储能合理收益，促进行业健康发展。电化学储能电站的调度运行管理工作，需要做到电网及电化学储能电站安全、优质、经济运行，并符合 GB/T 31464 和 GB/T 36547 的相关规定，本部分围绕调度运行作简要介绍。

8.1.3.1 调度范围的划分原则

电化学储能电站启停、充电及放电均由电网调度机构调度管理。此外，电化学储能电站公共连接点开关及其相连设备也由电网调度机构调度。需要说明的是，电化学储能电站其余设备调度权应在并网调度协议中明确。

8.1.3.2 调度规则

电化学储能电站的调度规则如下。

① 电化学储能电站应制定与本部分及相关规程、规范相统一的现场运行规程，并送电网调度机构备案。

② 电化学储能电站应与电网企业根据平等互利、协商一致和确保电力系统安全运行的原则，签订并网调度协议并严格执行。

③ 电网调度机构的调度值班人员在其值班期间是电网运行、操作和故障处置的指挥人，应按照调管范围行使指挥权。调度值班人员必须按照相关规定发布调度指令，并对其发布的调度指令的正确性负责。

④ 电化学储能电站按电网调度机构指令组织储能电站实时生产运行，参与电力系统的调峰、调频、调压和备用。

⑤ 电网调度机构调度的一次、二次设备，未获调度值班人员指令时不得操作。遇有危及人身、电网及设备安全的情况时，运维人员应按现场运行规程处理，并立即报告调度值班人员。

⑥ 电网调度机构调度设备运行状态的改变，对电化学储能电站设备运行有影响时，操作前、后应及时通知电化学储能电站。

8.1.3.3 监控系统运行规则

电化学储能电站监控系统运行规则如下。

① 电化学储能电站应按相关标准将各种电气信息、信号、各项数据上传至其监控系统，并由其监控系统传至调度自动化系统。

② 电化学储能电站运行值班人员负责储能电站控制策略、设备运行状态的确认及监视工作，发现异常应及时汇报电网调度机构。

③ 电化学储能电站运行值班人员按规定接收、转发、执行电网调度机构的调度指令，正确完成电站的遥控、遥调等操作。

④ 电化学储能电站运行值班人员负责与电网调度机构、现场运维人员之间的业务联系。

⑤ 电化学储能电站运行值班人员发现储能电站设备异常及故障情况时，应及时向电网调度机构汇报，并通知运维人员进行现场事故及异常检查处理，按调度指令进行事故异常处理。

8.1.4 调度检修

由国家能源局发布的《电化学储能电站调度运行管理》（DL/T 2247.1 ~ 2247.5—2021）中明确规定，电网调度机构应在确保电网安全运行和发供电平衡的基础上，统筹安排充 / 放电计划和检修计划。本部分围绕充 / 放电计划和检修计划作简要说明。

8.1.4.1 充/放电计划管理

电化学储能电站应根据已签订的购售电合同及电站实际运行情况，按照相关要求向电网调度机构提交充 / 放电计划曲线。而电网调度机构则需要根据储能电站设备实际情况，综合电站申报的充 / 放电计划曲线，在规定时间内将编制审核的充 / 放电计划曲线通知电化学储能电站。电化学储能电站需严格遵循电网调度机构下达的充 / 放电计划曲线（包括调度值班人员临时修改的曲线）和调度指令。

8.1.4.2 检修计划制定

检修计划制定应遵循以下原则。

① 设备检修内容和工期应符合电化学储能电站检修规程的规定。

② 检修计划应经过电网安全稳定校核。

③ 电化学储能电站设备检修与电网设备检修应相互配合。

④ 年度检修计划是检修计划工作的基础，月度检修计划应在年度检修计划的基础上安排。

⑤ 调度值班人员可根据电网运行情况调整电化学储能电站检修计划，并将调整的原因及内容向电化学储能电站通报。

⑥ 检修计划下达后，电化学储能电站应在规定检修工期内按时完成，原则上不得进行跨月调整。确需调整，须提前向相关电网调度机构履行审批手续。

⑦ 若检修工作不能如期完工，应在原批准工期未过半前向电网调度机构申请办理延期手续。

⑧ 电化学储能电站监控系统（设备）检修宜随一次设备同步检修。

⑨ 电化学储能电站保护及自动化设备应按相关规定、标准开展定检工作，并保存完整的检验、调试报告和记录。

8.1.4.3 计划检修要求

（1）总体要求

电化学储能电站设备运行维护单位应根据设备健康情况，按照应修必修、修必修好、一次停电综合配套检修的原则，按时向电网调度机构提出检修计划申请。电化学储能电站设备运行维护单位应按照检修计划及时安排检修工作，减少非计划（临时）检修和事故停运次数。

（2）年度检修计划要求

电化学储能电站设备运行维护单位需要在每年 9 月 30 日之前，向电网调度机构提交次年年度检修计划申请，包括设备检修内容、检修工期等。电网调度机构应按相应原则编制次年年度检修计划，并于当年 11 月 30 日前下发至各电化学储能电站。

（3）月度检修计划要求

电化学储能电站设备运行维护单位应按相关调度管理规程的规定向电网调度机构提交次月月度检修计划申请，如检修内容、工期与年度检修计划不一致，还应同时提供其关于修改原因的书面说明。电网调度机构应在年度检修计划的基础上，根据各方提供的次月月度检修计划申请和相关材料，编制次月月度检修计划，并应按相关调度管理规程的规定下发至各电化学储能电站。

8.1.4.4 非计划（临时）检修要求

特殊情况时，电化学储能电站设备运行维护单位可向电网调度机构提出非计划（临时）检修申请，电网调度机构应根据电网运行情况进行批复，在电网允许时及时做出安排。

8.1.4.5 检修管理

电化学储能电站检修管理要求如下。

① 电化学储能电站的并网线路工作应向电网调度机构提交工作联系单。

② 电化学储能电站并网线路工作联系单由电化学储能电站运行值班人员向电网调度机构调度值班人员申报，申报形式为当面申报或电话申报。

③ 工作联系单应作为电网调度机构与电化学储能电站并网线路检修工作联系之用，不可代替线路停电检修工作票，线路检修工作单位应到电化学储能电站办理线路停电检修工作票，检修工作人员持票可进入电站工作，经运行值班人员允许后方能开工。

④ 检修线路可能来电的各侧开关及隔离开关均已断开并接地后，调度值班人员给工作联系人办理联系单许可开工手续；经许可后，工作联系人再对线路检修各工作负责人办理许可工作手续；许可后的线路工作内容增加，电化学储能电站工作联系人必须向调度值班人员汇报增加内容。

⑤ 电化学储能电站工作联系人应检查确保本单位线路检修工作已办完终结手续后，然后向电网调度机构办理工作联系单终结手续，报告线路上所有工作班工作全部完工，工作人员全部撤离，工作地点所挂地线已全部拆除，并说明线路、相位的改动情况，是否需要核对相位，是否具备送电条件。

⑥ 检修、停用电化学储能电站监控系统（设备）及变动相关信息和元件参数等，应执行工作票制度，经电网调度机构批准后方可进行。

8.1.5 调度自动化

8.1.5.1 总体要求

电化学储能电站应配置 2 套调度数据网，并采用调度数据网通信方式，均接地调调度数据网，并延伸通道至省（自治区、直辖市）电力调度控制中心（下文简称“省调”）。地调能量管理系统（EMS）和省调 EMS 均直采电化学储能电站数据。储能安全防护方案由省调负责审核。现场控制区（Ⅰ区）、非控制区（Ⅱ区）之间应配置 1 台防火墙，同时在Ⅰ区配置 1 套Ⅱ型网络安全监测装置，该网络安全监测装置主要用于监测远动机、后台机、纵向加密装置的告警信息。电化学储能电站与调度自动化系统间的通信通道应具备双路独立通信路由，满足“N-1”检验原则通信不中断的要求。升压站计算机监控系统（或远动终端设备）、相量测量装置（PMU）、AGC 系统等涉网设备在并网前应与省调、地调完成联调。AGC 系统应能够接收并自动执行电网调控机构下达的 AGC 指令。同时，电化学储能电站应具备就地和远程无功功率控制和电压调节功能。远动终端设备、计算机监控系统及其测控单元等自动化设备应采用冗余配置的不间断电源（UPS）或站内直流电源供电，在交流电源供电消失后，UPS 装置带负荷运行时间应不小于 2h。

8.1.5.2 配置与功能

电化学储能电站调度的配置与功能要求如下。

① 电化学储能电站的调度方式应根据储能电站所处地区、安装容量和接入电网电压等级等条件确定。

② 电化学储能电站的远动设备和调度数据网设备配置方案，应根据调度自动化系统的要求和电化学储能电站接入方式确定。

③ 远动系统与调度端通信应根据调度自动化系统的要求和通信传输网条件，明确通信规约、通信通道、通信速率或带宽、远动信息采集和控制信息传输的要求，并应符合现行行业标准《电力系统调度自动化设计规程》（DL/T 5003—2017）的有关规定。

④ 电化学储能电站应具备与电网调度部门之间进行双向数据通信的能力，通信技术应符合 GB/T 36547 和 GB/T 36558 的有关规定。电网调度部门应能对电化学储能电站的运行状况进行监控。

⑤ 电化学储能电站监控系统应具备遥测、遥信、遥调、遥控等远动功能，协调各电化学储能系统，并具有与上级管理监控系统交换信息的能力，其功能应满足现行行业标准《电化学储能电站监控系统技术规范》（NB/T 42090—2016）的有关规定。

⑥ 接受电网调度的接入 10（6）kV 及以上电压等级公用电网的电化学储能电站向电网调度机构提供的信息包括但不限于以下内容：

a. 电气模拟量：并网点的频率、电压、注入电网电流、注入有功功率和无功功率、功率因数、电能质量数据等。

b. 电能量及荷电状态：可充 / 可放电量、充电电量、放电电量、荷电状态等。

c. 状态量：并网点开断设备状态、充放电状态、故障信息、远动终端状态、通信状态、

AGC 状态等。

d. 其他信息：并网调度协议要求的其他信息。

8.1.6 应急处置

国家能源局发布的《电化学储能电站调度运行管理 第 5 部分：应急处置》（DL/T 2247.5—2021）中规定了 10（6）kV 及以上电压等级且由电网调度机构调度管理的电化学储能电站涉网系统发生故障及事故的应急处置要求。为加强电化学储能电站安全管理，保障人民群众生命和财产安全，进一步推进我国储能产业健康有序发展，国家发展改革委和国家能源局于 2021 年 8 月 24 日发布了《电化学储能电站安全管理暂行办法（征求意见稿）》。此外，国家能源局于 2022 年 4 月 26 日发布《国家能源局综合司关于加强电化学储能电站安全管理的通知》（国能综通安全〔2022〕37 号），明确提出要加强电化学储能电站运行维护安全管理，提升电化学储能电站应急消防处置能力。本部分就电化学储能电站发生故障及事故时的应急处置作相应介绍。

8.1.6.1 基本要求

应急处置的基本要求如下。

① 电网调度机构是电网故障及事故处置的指挥机构，电化学储能电站涉网系统发生故障时，应按电网调度机构指令开展应急处置工作。

② 电化学储能电站涉网系统在运行过程中发生故障及事故时，属于电网调度机构管辖范围内的设备，运行值班人员应立即汇报电网调度机构；属于自身调度管辖范围内的设备，电化学储能电站应根据现场运行规程处置。

③ 发生威胁电化学储能电站涉网系统运行的紧急情况时，电网调度机构应立即采取措施，限制故障的发展并避免事故的发生，解除对人身、电网和设备的安全威胁。

④ 在电化学储能电站涉网系统事故或紧急情况下，电网调度机构有权改变电化学储能电站充放电状态，限制出力或暂时解列电化学储能电站以保障电力系统安全。事故处理完毕，系统恢复正常运行状态后，应及时恢复电化学储能电站的并网运行。

⑤ 遇有危及人身及设备安全的情况时，电化学储能电站可以按照有关规定处理，处理后应当立即汇报电网调度机构。

⑥ 电化学储能电站在紧急状态或故障情况下退出运行，以及因频率、电压等原因导致与系统解列时，不得自行并网，应按照电网调度机构的指令并网。电化学储能电站应做好事故记录并及时汇报。

⑦ 电化学储能电站现场应急预案的编制、评审、演练等相关管理要求应满足《电力企业应急预案管理办法》等相关规定。

8.1.6.2 频率异常处置

电化学储能电站频率异常处置要求如下。

① 电网频率异常时处置应满足 GB/T 31464 的要求。

② 电网频率异常时，接入公用电网的电化学储能电站应采取一次调频或自动发电控制等措施，协助电网调度机构将频率调整至正常范围。

③ 电化学储能电站应具备快速的充放电转换功能，在电网频率异常时可根据实际情况自行或按电网调度机构的指令转换。

④ 接入电网的电化学储能电站，当电网频率 f 发生异常时，应按表 8-1 的要求处置。

表8-1　接入电网的电化学储能电站的电网频率 f 运行要求

频率范围	运行要求
$f < 48$ Hz	电化学储能电站应立即与电网断开连接
48 Hz $\leqslant f <$ 49.5 Hz	电化学储能电站不应从电网获取电能
$f > 50.5$ Hz	电化学储能电站不应向电网输送电能

8.1.6.3　电压异常处置

电化学储能电站的电压异常处置如下。

① 并网点电压异常处置应满足 GB/T 36547、GB 51048 与 DL/T 1773 的要求。

② 并网点电压异常时，电网调度机构应采取投切无功补偿装置、调整机组无功出力、调整联络线潮流等使电压恢复至限额以内的措施。

③ 接入电网的电化学储能电站，应按电网调度机构确定的电压运行范围调节，当无功调节能力用尽而电压仍超出限额时，应及时向电网调度机构汇报。

④ 有高低电压穿越功能要求的电化学储能电站，在并网点电压异常时应按下列原则处置：

a. 当并网点电压 U 在 85% 额定电压以下时，电化学储能电站应具有低电压穿越能力，如图 8-1 所示，若电化学储能电站在曲线 1 以上运行时脱离电网，再次并网时，并网点电压 U 应满足 $85\%U_N \leqslant U \leqslant 110\%\ U_N$（$U_N$ 为并网点额定电压），并按照电网调度机构的指令并网。

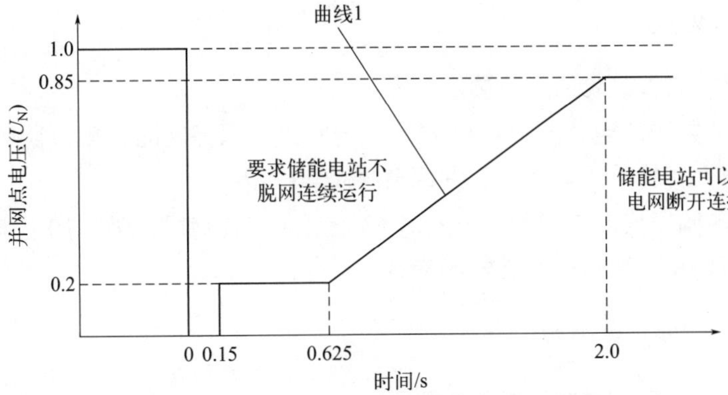

图 8-1　电化学储能电站低电压穿越曲线

b. 当并网点电压 U 在 110% 额定电压以上时，电化学储能电站应具有高电压穿越能力，如图 8-2 所示，若电化学储能电站在曲线 2 以下运行时脱离电网，再次并网时，并网点电压应满足 85% $U_N \leqslant U \leqslant 110\% U_N$，并按照电网调度机构的指令并网。

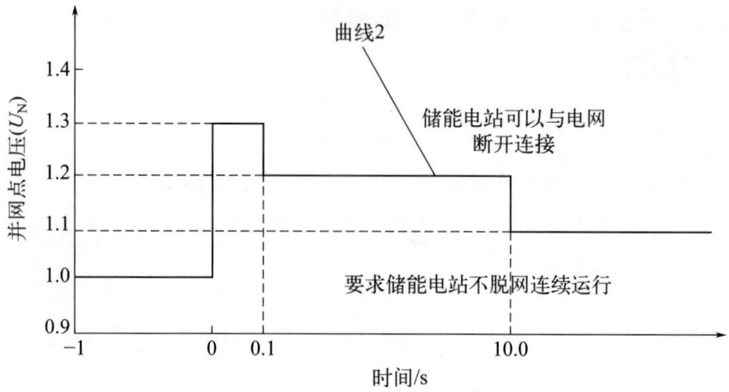

图 8-2 电化学储能电站高电压穿越曲线

⑤ 投入防孤岛保护的电化学储能电站，若并网点电压不满足《电化学储能电站设计规范》(GB 51048—2014)中的电压异常响应要求，应与电网断开连接。

8.1.6.4 电网振荡处置

电化学储能电站电网振荡处置要求如下。

① 电网调度机构应根据电网情况，适当降低送端电化学储能电站出力或转为充电状态，增加受端电化学储能电站出力或转为放电状态。

② 电化学储能电站可不待电网调度机构指令，退出 AGC、AVC 装置，增加无功出力，尽可能使电压升高至最大允许值，并立即向电网调度机构汇报。

③ 当发生电网稳定破坏故障时，频率升高的电化学储能电站，应立即自行降低出力或转为充电状态，使频率下降，直至振荡消失，但不应使频率低于 49.5 Hz，同时应保证厂用电的正常供电；频率降低的电化学储能电站，应立即自行增加出力或转为放电状态，使频率升高，直至频率升至 49.5 Hz 以上。

8.1.6.5 事故应急处置

电化学储能电站的事故应急处置要求如下。

① 有事故应急要求的电化学储能电站，在电网大面积停电时，应按照电网调度机构的指令，迅速增加出力或转为放电状态，发挥事故应急作用。

② 被确定为电网黑启动电源点的电化学储能电站，应满足《关于加强电力安全工作防范电网大面积停电的意见》等相关规定的要求。

8.1.6.6 涉网一次设备故障处置

电化学储能电站涉网一次设备故障处置要求如下。

① 涉网一次设备发生严重或危急缺陷的处置应满足《变电站运行导则》(DL/T 969—2005)的要求。

② 涉网一次设备发生故障时，运行值班人员应立即将故障发生时间、设备名称及其状

态等概况向电网调度机构汇报，经检查后再详细汇报相关内容，电网调度机构应做好记录。

③ 若发生人身触电、设备爆炸起火，运行值班人员可先切断电源进行抢救和处理，然后汇报电网调度机构。

④ 电化学储能电站发生内部故障停运时，应及时记录并汇报电网调度机构，并在电网调度机构的指挥下，根据现场规程处置。

8.1.6.7 并网线路处置

电化学储能电站并网线路处置要求如下。

① 并网线路发生严重或危急缺陷时的处置应满足 DL/T 1253 与 DL/T 741 的要求。

② 并网线路故障跳闸，下列情况不得试送：

a. 全电缆线路；

b. 电网调度机构通知线路有带电检修工作；

c. 断路器切断故障次数达到限值；

d. 低频减载装置、系统稳控装置、联切装置动作跳闸后的断路器；

e. 相关规程规定明确要求不得试送的情况。

③ 并网线路跳闸后，无论重合或试送成功与否，均应立即开展事故巡线，巡线一有结果应立即汇报电网调度机构。

8.1.6.8 母线失压处置

若发生母线失压事故，运行值班人员应检查并记录失压母线上所有开关的状态，并汇报电网调度机构。若发现非母线本体故障，应迅速查明原因，隔离故障点，再恢复送电。若发现是母线本体故障或是无法隔离故障点，应及时断开相应电化学储能电站与电网的连接。

8.1.6.9 储能变流器故障处置

储能变流器故障处置要求如下。

① 储能变流器发生下列充放电转换及其他功能性故障时应与电网脱离：

a. 上级主变重载 80% 以上，且只能运行在充电状态；

b. $48\ \text{Hz} \leqslant f < 49.5\ \text{Hz}$，且只能运行在充电状态；

c. $f > 50.5\ \text{Hz}$，且只能运行在放电状态；

d. 其他充放电功能异常。

② 发生短路及其他内部故障时应与电网脱离。

8.1.6.10 继电保护及安全自动装置异常处置

继电保护及安全自动装置异常处置要求如下。

① 继电保护及安全自动装置异常处置应满足DL/T 587—2016与DL/T 969—2005的要求。

② 一次设备不允许无保护运行，若保护整个设备的快速保护装置停用，该一次设备宜停用。

③ 继电保护及安全稳定自动装置在运行中出现异常信号且不能复归，应汇报电网调度机构申请将异常装置退出运行。

④ 保护通道发生故障导致保护功能无法恢复正常时，应退出受影响保护，待通道恢复正常后投入。

⑤ 发生断路器越级跳闸或二次回路引起的误动作跳闸时，应将无故障部分恢复供电；未跳闸断路器或误跳闸断路器及相应二次回路保持原状，待查明原因，再行处理。

⑥ 并网线路纵联保护一侧装置异常退出时，对侧对应的线路保护装置应退出。且凡出现下列情况之一时，电网调度机构应下令退出并网线路纵联保护：

a. 交换信号结果超出允许范围，继电保护人员检查认为有必要退出保护时；

b. 装置直流电源中断；

c. 通道设备损坏；

d. 装置交流回路断线；

e. 装置出现其他异常情况而可能误动作时。

⑦ 母差保护因异常退出母线仍运行时，宜缩短母差保护退出时间，并应避免进行母线操作，如有特殊要求，应采取相应的措施。

8.1.6.11 防孤岛保护异常处置

当防孤岛保护装置异常需退出运行时，应加强对频率及并网点电压的监视。当频率、并网点电压发生异常而防孤岛保护拒动时，应及时手动断开并网点开关。

8.1.6.12 通信、自动化异常处置

通信、自动化异常处置要求如下。

① 电化学储能电站涉网系统的运行及电气接线方式宜保持不变。

② 通信中断未恢复及电化学储能电站涉网自动化系统全停期间，除故障及事故处理外，不应进行相关设备操作与试验。

③ 电化学储能电站通信异常处置应满足《电力通信运行管理规程》(DL/T 544—2012)的要求。通信故障且业务中断时，应在通信调度的统一协调下采取应急措施。

通信电路故障检修时，应按先调度生产业务、后其他业务，先上级业务、后下级业务，先抢通、后修复的顺序依次进行。对于通信电路事故抢修时采取的临时措施，故障消除后须及时恢复。

凡涉及电网安全问题或时间性没有特殊要求的调度业务联系，失去通信联系后，在与电网调度机构联系前不得自行处理；紧急情况下按电化学储能电站现场规程处理。有调频任务的电化学储能电站，仍负责调频工作，其他各电化学储能电站均应按相关规定协助调频。各电化学储能电站还应按规定的电压曲线进行电压调整。

① 检修操作时发生通信中断，当发令人已下达调度指令，受令人未重复指令或虽已重复指令但未经发令人同意执行操作前失去通信联系，则该调度指令不得执行。若发令人已同意执行操作，则可将此调度指令执行完毕；若发令人未接到完成调度指令的汇报，与受令人失去通信联系，则仍认为此调度指令正在进行。

② 通信中断情况下，电化学储能电站涉网系统出现故障，应按下列原则处置：

a. 电网频率异常时，电化学储能电站应按频率异常处理规定执行，并注意线路输送功率

不得超过稳定限额，如超过稳定极限，应自行调整出力；

b. 电网电压异常时，电化学储能电站应及时按规定调整电压，视电压情况调整无功出力；

c. 发生事故时与电网调度机构失去通信联系，为防止事故扩大，电化学储能电站应按现场规程处置，通信恢复后，立即向电网调度机构汇报详细情况。

③ 电化学储能电站涉网自动化系统异常处置应满足《电力调度自动化运行管理规程》（DL/T 516—2017）的要求，且电化学储能电站涉网自动化系统异常、信息不能传输到电网调度机构时，电化学储能电站应立即按相关规定与相关专业人员积极配合处理，并及时向电网调度机构汇报。系统未恢复前应加强检查，监视设备缺陷发展趋势。严重缺陷、危急缺陷因故不能按规定期限消缺时，应及时向电网调度机构汇报。电网调度机构通知电化学储能电站加强监视设备状态及线路潮流，并按照电网调度机构下达的负荷电压曲线运行。若电化学储能电站无法根据调度下达的指令进行远程充放电控制，则应根据负荷情况就地调节控制，发生异常情况及时汇报。电网调度机构在对电化学储能电站进行倒闸操作时，自动化信息失去，应立即暂停操作；可能影响电网安全运行时，应由电网调度机构根据实际情况确定。若电化学储能电站发生事故时，自动化信息失去，为防止事故扩大，电化学储能电站应向电网调度机构汇报详细情况，电网调度机构应根据汇报情况进行事故处理。AVC 系统异常，不能正常控制无功设备电压时，电网调度机构应退出 AVC 控制装置，并通知相关单位进行处理，退出 AVC 系统期间，电网调度机构与电化学储能电站应按照电压曲线及控制范围调整母线电压。AGC 功能不能正常运行时，电化学储能电站可停用 AGC 设备，并切换至“就地控制”，然后汇报给电网调度机构。异常处理完毕后，应立即汇报并由电网调度机构下令恢复 AGC 运行。当电化学储能电站生产控制大区遭到黑客、恶意代码攻击和其他人为破坏等安全事件时，应立即向电网调度机构及当地能源局派出机构报告，同时按现场应急处理预案采取安全应急措施。电网调度机构应立即采取防止事件扩大的紧急联合防护措施。

8.1.6.13 火灾处置

若电化学储能电站发生火灾，则应急处置需满足《火力发电厂与变电站设计防火标准》（GB 50229—2019）与《电力设备典型消防规程》（DL 5027—2015）的要求。电化学储能电站发生火灾必须立即扑救并报警，报警内容应包括火灾地点、火势情况、燃烧物和数量、燃烧范围、联系人员姓名及电话号码，同时应汇报电网调度机构。当消防人员尚未赶到现场时，运行设备的临时灭火指挥人可由当值值（班）长担任，其他设备可由现场负责人担任。如果是电气设备发生火灾，需要在切断设备电源后再灭火。而灭火时应根据现场规程及应急预案操作，应避免储能设备发生二次事故，并向电网调度机构汇报。

8.2 有功功率控制

电力系统是由发电、供电、设备以及用电户共同组成的复杂系统。随着我国经济的快速发展，对电力的需求也越来越大，建设电化学储能电站的重要性不言而喻，同时对供电的可靠性和质量提出了更高的要求。为了保障电力系统的安全、稳定、高效运行，需要对电化学储能电站的有功功率和无功功率进行合理优化与控制，《电化学储能电站接入电网技术规定》（GB/T 36547—2024）和《电化学储能电站并网运行与控制技术规范》（DL/T 2246.1 ~ 2246.9—2021）中对有功功率和无功功率均做出了要求。本部分将详细介绍电化学储能电站有功功率控制的相关规范。

8.2.1 并网调试

8.2.1.1 升功率调试

升功率调试步骤如下。

① 设置储能电站有功功率为 0。

② 有功功率升功率调试曲线如图 8-3 所示，按图 8-3 逐级调节有功功率设定值至 $-0.25P_N$、$0.25P_N$、$-0.5P_N$、$0.5P_N$、$-0.75P_N$、$0.75P_N$、$-P_N$、P_N（P_N 为储能电站额定功率），各个功率点至少保持 30s，在储能电站并网点测量时序功率，以每 0.2s 有功功率平均值为一点，记录实测曲线。

③ 以每次有功功率变化后的第二个 15s 计算 15s 有功功率平均值，在有功功率控制调节时无功功率输出保持不变。

④ 计算②中各点有功功率的控制精度、响应时间和调节时间。

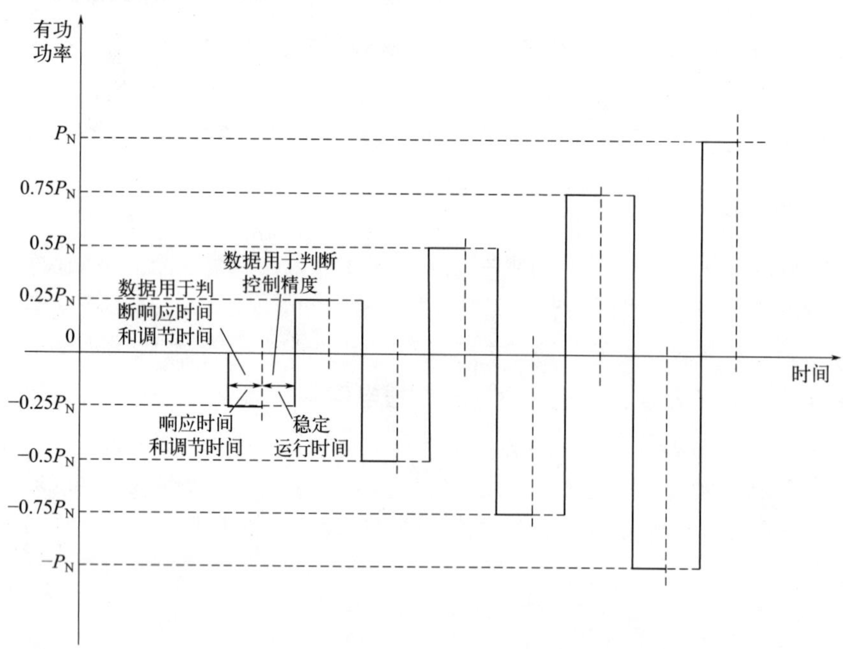

图 8-3 有功功率升功率调试曲线

8.2.1.2 降功率调试

降功率调试步骤如下。

① 设置储能电站有功功率为 P_N。

② 有功功率降功率调试曲线如图 8-4 所示，按图 8-4 逐级调节有功功率设定值至 $-P_N$、$0.75P_N$、$-0.75P_N$、$0.5P_N$、$-0.5P_N$、$0.25P_N$、$-0.25P_N$、0，各个功率点保持至少 30s，在储能电站并网点测量时序功率，以每 0.2s 有功功率平均值为一点，记录实测曲线。

③ 以每次有功功率变化后的第二个 15s 计算 15s 有功功率平均值，在有功功率控制调节时无功功率输出保持不变。

④ 计算②中各点有功功率的控制精度、响应时间和调节时间。

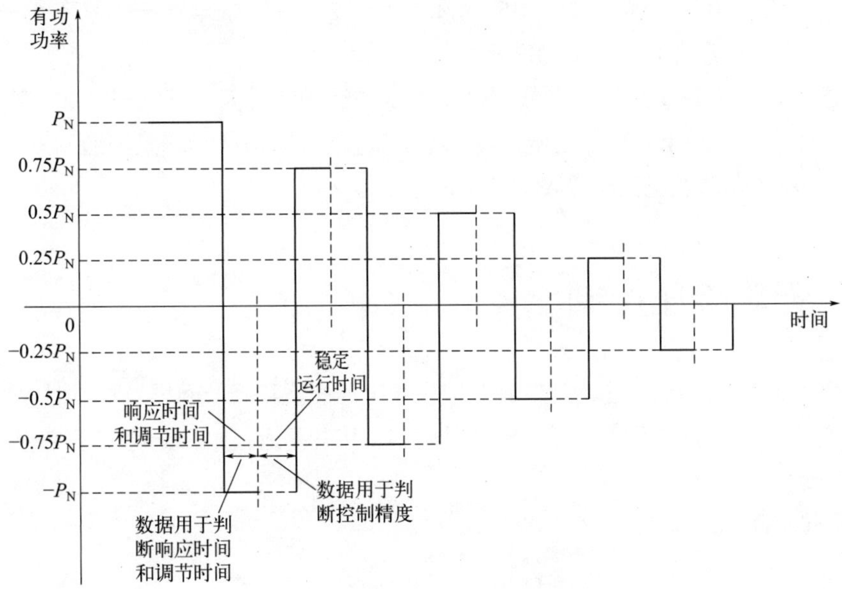

图 8-4　有功功率降功率调试曲线

8.2.2　并网运行

8.2.2.1　基本要求

并网运行基本要求如下。

① 电化学储能系统应遵循分级控制、统一调度的原则，根据电网调度机构指令，控制其充放电功率。

② 电化学储能系统有功功率控制的充电 / 放电调节时间不应大于 1.5s。

③ 电化学储能系统有功功率控制的充电 / 放电响应时间不应大于 1s。

④ 电化学储能系统有功功率控制的充电到放电转换时间、放电到充电转换时间不大于 1s。

⑤ 参与紧急功率支撑的电化学储能系统，当局部配电网发生故障并失去电源时，应依据电网调度机构指令提供系统功率支持，满功率充 / 放运行时间应满足 NB/T 33014 的要求。

⑥ 电化学储能系统应具备远方控制模式和就地控制模式，且具备能够自动执行电网调

度机构下达指令的功能。

8.2.2.2 接入电网技术规定

接入电网技术规定如下。

① 接入10（6）kV及以上电压等级公用电网的电化学储能系统应具备就地和远程充放电功率控制功能，且具备能够自动执行电网调度机构下达指令的功能。

② 接入10（6）kV及以上电压等级公用电网的电化学储能系统，动态响应特性应满足以下要求：

a. 储能系统功率控制的充/放电响应时间不大于2s，充/放电调节时间不大于3s，充电到放电转换时间、放电到充电转换时间不大于2s；

b. 调节时间后，系统实际出力曲线与调度指令或计划曲线偏差不大于±2%额定功率。

③ 接入110（220）kV及以上电压等级公用电网的电化学储能系统应具有参与一次调频的能力，并具备自动发电控制（AGC）功能。

8.3 无功电压控制

在电力系统中对无功功率的合理控制可以保障电压质量和降低网损，同时对保障电力系统的安全稳定运行起到重要作用，本部分将对并网调试和并网运行中的无功电压控制进行介绍。

8.3.1 并网调试

（1）充电模式调试

充电模式调试步骤如下。

① 设置储能电站充电有功功率为P_N。

② 调节储能电站运行在输出最大感性无功功率工作模式，同时有功功率需按设置值保持不变。

③ 在储能电站并网点测量时序功率，至少记录30s有功功率和无功功率，以每0.2s功率平均值为一点，计算第二个15s内有功功率和无功功率的平均值。

④ 分别调节储能电站充电有功功率为90%P_N、80%P_N、70%P_N、60%P_N、50%P_N、40%P_N、30%P_N、20%P_N、10%P_N和0，重复步骤②～③。

⑤ 调节储能电站运行在输出最大容性无功功率工作模式，重复步骤③～④。

（2）放电模式调试

放电模式调试步骤如下。

① 设置储能电站放电有功功率为P_N。

② 调节储能电站运行在输出最大感性无功功率工作模式，同时有功功率需按设置值保持不变。

③ 在储能电站并网点测量时序功率，至少记录 30s 有功功率和无功功率，以每 0.2s 功率平均值为一点，计算第二个 15s 内有功功率和无功功率的平均值。

④ 分别调节储能电站放电有功功率为 90%P_N、80%P_N、70%P_N、60%P_N、50%P_N、40%P_N、30%P_N、20%P_N、10%P_N 和 0，重复步骤②～③。

⑤ 调节储能电站运行在输出最大容性无功功率工作模式，重复步骤③～④。

8.3.2 并网运行

（1）基本要求

① 电化学储能系统无功电压控制误差不应大于额定功率的 1%，其无功功率响应时间不大于 1s。

② 电化学储能系统无功电压控制功能应具备远方和就地两种模式，应符合下列要求：

a. 在正常接收调度主站下发的无功功率或电压调节控制目标时，能够自动控制储能系统内各种控制对象，实现追随调度主站的控制目标。

b. 当与调度主站通信中断时，能够按照就地闭环的方式，按照预先给定的无功功率或电压调节目标进行控制。

（2）接入电网技术规定

通过 10（6）kV 及以上电压等级接入公用电网的电化学储能系统应同时具备就地和远程无功功率控制和电压调节功能。

8.4 安全稳定控制

国家能源局于 2021 年 1 月 7 日发布的《电化学储能电站并网运行与控制技术规范　第 5 部分：安全稳定控制》（DL/T 2246.5—2021）中明确规定了 10（6）kV 以上电压等级且由电网调度机构调度管理的电化学储能电站参与电网安全稳定控制应具备的性能指标及技术要求，本部分将具体介绍安全稳定控制相关内容。

8.4.1 基本功能

（1）功率紧急反转功能

参与安全稳定控制的电化学储能电站应具备功率紧急反转功能。从安全稳定控制系统识别故障时刻起，参与安全稳定控制的电化学储能电站实现功率紧急反转的时间不应大于 300ms，其中从储能变流器收到安全稳定控制系统指令到实现功率紧急反转的时间不应大于 100ms。

（2）最大倍率充放电

在执行安全稳定控制系统指令前，参与安全稳定控制的电化学储能电站荷电状态应保证按最大倍率充放电 5min。

（3）带负荷孤岛运行能力

在故障后可能出现孤岛运行的电网中，参与安全稳定控制的电化学储能电站宜具备带负荷孤岛运行能力。

（4）潮流涌动校核

对于直流近区参与安全稳定控制的电化学储能电站，应对直流闭锁故障发生后的近区潮流涌动等安全稳定问题进行校核。对于可能按照安全稳定控制系统指令或按照自身控制策略快速进行放电的电化学储能电站，应就快速放电期间近区潮流涌动等安全稳定问题进行校核。

（5）控制策略管理

① 电化学储能电站控制策略应上报电网调度机构。

② 电化学储能电站宜接入电网安全稳定控制系统。

③ 电化学储能电站正常运行时宜具备但不限于以下控制策略：

a. 调峰模式。电网调度机构依据电网（设备）峰谷段负荷情况，设置调峰限值，并根据电网实际负荷情况同限值差发送充放电指令，电化学储能电站收到指令后进行功率调节。

b. 调频模式。根据电网调度机构互联电网联络线功率控制策略向电化学储能电站发出功率调整指令，电化学储能电站收到指令后进行功率调整，完成系统调频。

c. 调压模式。电网调度机构依据并网母线电压情况，向电化学储能电站发送所需无功功率数值，电站调整无功功率进行电压调整。

d. 定时模式。电化学储能电站或电网调度机构根据经营需要，采取定时、定量充放电模式。

8.4.2 有功功率安全稳定控制

有功功率安全稳定控制要求如下。

① 如安全稳定控制系统向电化学储能电站下达按最大倍率充电指令，接到指令的电化学储能电站应迅速达到按最大倍率充电的状态。如电化学储能电站在接到安全稳定控制系统指令前处于放电状态，应迅速进行功率紧急反转，达到按最大倍率充电的状态。

② 如安全稳定控制系统向电化学储能电站下达按最大倍率放电指令，接到指令的电化学储能电站应迅速达到按最大倍率放电的状态。如电化学储能电站在接到安全稳定控制系统指令前处于充电状态，应迅速进行功率紧急反转，达到按最大倍率放电的状态。

③ 当参与安全稳定控制的电化学储能电站按照自身控制策略下达按最大倍率充电状态指令时，接到指令的电化学储能电站应迅速达到按最大倍率充电的状态。如电化学储能电站在接到自身控制策略指令前处于放电状态，应迅速进行功率紧急反转，达到按最大倍率充电的状态。

④ 当参与安全稳定控制的电化学储能电站按照自身控制策略下达按最大倍率放电状态指令时，接到指令的电化学储能电站应迅速达到按最大倍率放电的状态。如电化学储能电站在接到自身控制策略指令前处于充电状态，应迅速进行功率紧急反转，达到按最大倍率放电的状态。

⑤ 如安全稳定控制系统向电化学储能电站下达周期性充放电指令，接到指令的电化学储能电站应迅速按照安全稳定控制系统指令进行周期性充放电操作。

⑥ 当参与安全稳定控制的电化学储能电站按照自身控制策略下达周期性充放电指令时，接到指令的电化学储能电站应迅速按照自身控制策略进行周期性充放电操作。

8.4.3 无功功率安全稳定控制

无功功率安全稳定控制要求如下。

① 如安全稳定控制系统向电化学储能电站下达发出无功功率的指令，接到指令的电化学储能电站应迅速按照无功功率指令值发出无功功率。

② 当参与安全稳定控制的电化学储能电站按照自身控制策略下达发出无功功率的指令时，接到指令的电化学储能电站应迅速按照无功功率指令值发出无功功率。

8.5 异常响应（低电压穿越）

在《电化学储能电站并网运行与控制技术规范 第 2 部分：并网运行》（DL/T 2246.2—2021）中明确规定了 10（6）kV 以上电压等级且由电网调度机构调度管理的电化学储能电站的电网异常响应的技术要求，本部分围绕电网异常响应相关内容作简要介绍。

8.5.1 基本要求

8.5.1.1 电压运行要求

电化学储能系统的电压运行要求如表 8-2 所示。

表8-2 电化学储能系统的电压运行要求

并网点电压U	运行要求
$U < 85\%U_N$	满足电化学储能系统低电压穿越技术要求
$85\%U_N \leqslant U \leqslant 110\%U_N$	正常运行
$U > 110\%U_N$	满足电化学储能系统高电压穿越技术要求

注：U_N为电化学储能电站并网点电压等级的标称电压。

8.5.1.2 频率运行要求

电化学储能系统的频率运行要求见表 8-3。对于参与系统安全稳定控制的储能电站，其充放电应按照规定的安全稳定控制策略执行。

表8-3　电化学储能系统的频率运行要求

频率范围/Hz	运行要求
$f < 48$	根据储能变流器允许运行的最低频率而定
$48 \leqslant f < 49.5$	频率每次低于 49.5Hz，应能至少运行 30min；对于处于充电状态的电化学储能电站，应自动退出充电状态
$49.5 \leqslant f \leqslant 50.5$	应正常运行
$50.5 < f \leqslant 51$	频率每次高于 50.5Hz，应能至少运行 30min；对于处于放电状态的电化学储能电站，应自动退出放电状态
$f > 51$	根据储能变流器允许运行的最高频率而定

注：f为电化学储能系统并网点的电网频率。

8.5.2　故障穿越

8.5.2.1　低电压穿越技术要求

电化学储能系统低电压穿越曲线如图 8-5 所示。当并网点电压在图 8-5 中曲线 1 轮廓及以上区域时，电化学储能系统不应脱网连续运行；并网点电压在图 8-5 中曲线 1 轮廓以下区域时，允许电化学储能系统与电网断开连接。对于存在电压失稳风险的电网薄弱地区，电化学储能电站低电压穿越能力所提出的技术要求可根据电网实际需要和电化学储能电站允许运行的最低电压而定。

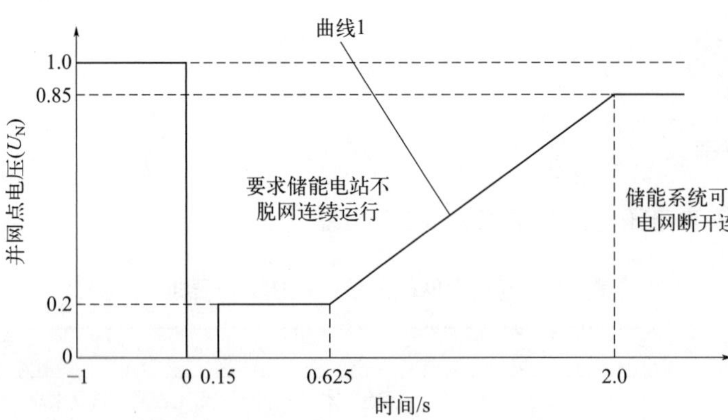

图 8-5　电化学储能系统低电压穿越曲线

8.5.2.2　高电压穿越技术要求

电化学储能系统高电压穿越曲线如图 8-6 所示。当并网点电压在图 8-6 中曲线 2 轮廓线以下区域时，电化学储能系统不应脱网连续运行；并网点电压在图 8-6 中曲线 2 轮廓以上区域时，允许电化学储能系统与电网断开连接。对于存在过电压风险的电网薄弱地区，电化学储能电站高电压穿越能力所提出的技术要求可根据电网实际需要和电化学储能电站允许运行的最高电压而定。

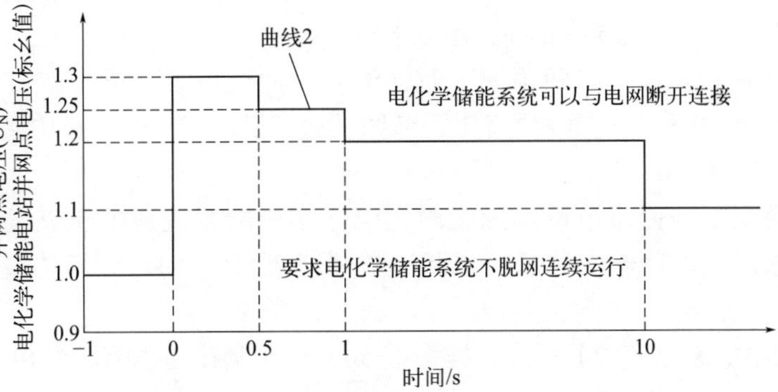

图 8-6　电化学储能系统高电压穿越曲线

8.5.2.3　故障考核

各种故障类型下的并网点考核电压如表 8-4 所示。

表8-4　电化学储能系统低电压穿越考核电压

故障类型	考核电压
三相对称短路故障	并网点线 / 相电压
两相相间短路故障	并网点线电压
两相接地短路故障	并网点线 / 相电压
单相接地短路故障	并网点相电压

8.6　调频控制

因电化学储能电站具备控制精度高、响应速度快、充放电灵活等特点，可实现一次调频和二次调频（自动发电控制，AGC）功能。而在电化学储能电站参与电网调频控制时，应保障电站的安全稳定运行，同时其频率适应性也应该符合 GB/T 36547 的相关规定。本部分将围绕电化学储能电站的一次调频和二次调频进行简要介绍。

8.6.1　一次调频

当电网频率超过一次调频控制死区时，应合理控制电化学储能电站的充、放电功率，快速响应频率变化，提高电网频率稳定水平。

8.6.1.1　功能要求

一次调频功能要求如下。

① 一次调频功能应在储能变流器或储能协调控制器中实现。

② 电化学储能系统一次调频死区宜为 0.05Hz，当系统频率偏离额定频率且大于调频死区时，应能够参与电网一次调频，并满足以下要求：

a. 当电网频率下降且超过调频死区时，电化学储能系统应处于放电状态，并根据频率偏差调整其输出功率；一次调频有功调节限幅值应为 100%P_N，有功调节速率不应小于 100%P_N/s。

b. 当电网频率上升且超过调频死区时，电化学储能系统应处于充电状态，并根据频率偏差调整其输出功率；一次调频有功调节限幅值应为 100%P_N，有功调节速率不应小于 100%P_N/s。

c. 有功调频系数 K_f 应取 20 ~ 50，推荐取 50，一次调频曲线图如图 8-7 所示，图 8-7 中的有功功率变化量 ΔP 计算见式（8-1）：

$$\Delta P \approx -K_f \frac{\Delta f}{f_N} P_N \tag{8-1}$$

式中　K_f——电化学储能电站有功调频系数；

P_N——电化学储能电站额定功率，W；

f_N——系统额定频率，Hz；

ΔP——电化学储能电站有功变化量，kW；

Δf——电化学储能电站并网点频率变化量，Hz；

d. 电化学储能系统参与一次调频的启动时间应不大于 1s，响应时间应不大于 1s，调节时间应不大于 2s，有功功率调节控制误差不应超过 ±2%P_N。

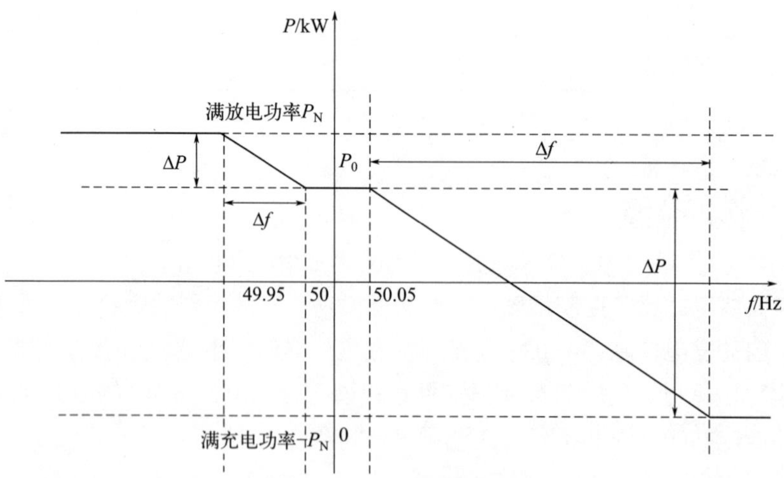

图 8-7　一次调频曲线图

（P 为电化学储能电站并网点功率，P_0 为电化学储能电站实际运行功率）

③ 电化学储能电站应具备一次调频投入 / 退出功能，各储能单位应具备一次调频投入 /

退出功能。

④ 在电网低频情况下电化学储能电站处于最大可用放电功率时，或者电网高频情况下电化学储能电站处于最大可用充电功率时，应闭锁一次调频功能。

⑤ 电化学储能电站应具备一次调频相关历史数据的存储、查询功能。

8.6.1.2　控制参数

一次调频频率死区应设置在 0.033 ~ 0.067Hz 内，推荐 ±0.033Hz 设置。一次调频调差率应不大于 3%，推荐 2% 设置，该技术指标不考虑调频死区影响。一次调频的功率调节限幅应不小于最大可用充放电功率的 50%。需要明确的是，一次调频的投用范围为调度机构核定的出力范围。

8.6.1.3　性能指标

电化学储能电站参与一次调频的响应滞后时间应不大于 200ms，稳定时间应不大于 2s，稳定运行时间应不小于 1min，而达到 90% 理论调节功率的时间应不大于 500ms，频率信号的采样周期应小于 80ms，频率测量精度应不大于 0.002Hz。

8.6.2　二次调频

当接收到电网调度机构下发的 AGC 控制目标时，电化学储能电站应实时生成各储能单元的有功控制指令并执行，实现对调度 AGC 控制目标的跟踪。

8.6.2.1　功能要求

二次调频功能要求如下。

① 电化学储能电站在充电、放电、零功率运行状态时，均应具备二次调频（自动发电控制，AGC）功能。

② 电化学储能电站应具备对调度下发 AGC 控制指令的校验功能。校验 AGC 控制指令是否超出储能电站的最大可用充放电功率、可用容量等安全范围；对从调度下发的 AGC 控制指令的调节步长应进行幅度校验，超出最大允许幅度时须拒绝执行。

③ 电化学储能电站接收到 AGC 控制目标后，应根据各储能单元的运行状态、SOE（电池剩余能量）和电池倍率特性等条件，采用相应的控制策略合理生成各储能单元的有功控制指令，宜采用等裕度或等比例策略。

④ 电化学储能电站出现电网频率异常、通信中断和储能系统故障等情况时，应闭锁 AGC 控制功能。

⑤ 电化学储能电站应具备一次调频与 AGC 协调控制功能。在 AGC 调节过程中，应优先响应一次调频指令，并能够正确闭锁与一次调频动作方向相反的 AGC 指令，避免发生反向调节。

⑥ 响应死区、稳态控制偏差、调节速率等 AGC 控制参数应可设置。

⑦ 电化学储能电站应具备 AGC 远方 / 就地控制功能，各储能单元应具备 AGC 投入 / 退出控制功能。

⑧ 电化学储能电站应具备 AGC 相关历史数据的存储、查询功能。

8.6.2.2 控制参数

二次调频控制参数如下。

① 响应死区应设置在 $\pm 1\% P_N$ 内。

② 稳态控制偏差应设置在 $\pm 1\% P_N$ 内。

③ 最大调节步长应设置为 $100\% P_N$。

④ 最大可用充电功率为 $100\% P_N$。

⑤ 最大可用放电功率为 $100\% P_N$。

⑥ SOE 上限推荐设置在 90%，可按照电池特性进行设置。

⑦ SOE 下限推荐设置在 20%，可按照电池特性进行设置。

⑧ 调节速率应不小于 $100\% P_N$/300ms。

⑨ AGC 的投用范围为调度机构核定的出力范围。

8.6.2.3 性能指标

二次调频性能指标如下。

① 电化学储能电站 AGC 功能的年可用率应不小于 98%。

② 电化学储能电站 AGC 功能调节合格率应不小于 99%。

③ 电化学储能电站 AGC 的响应滞后时间应不大于 800ms。

④ 电化学储能电站 AGC 的有功功率调节上升时间应不大于 300ms。

⑤ 电化学储能电站 AGC 的有功功率调节稳定时间应不大于 1500ms。

⑥ 电化学储能电站 AGC 的实际平均调节速率应不小于 $100\% P_N$/300ms。

⑦ 电化学储能电站 AGC 的稳态偏差应不超过 $\pm 1\% P_N$。

⑧ 电化学储能电站 AGC 控制时的充放电转换时间应不大于 1000ms。

8.7 电能质量

为了能够使可再生能源大规模接入，提高常规电力系统和区域供能系统的效率、安全性和经济性，各国开始布局电化学储能。但是随着电化学储能电站的大规模建设，其在发电侧、电网侧、用户侧均会不同程度地引起电能质量问题，如无功、谐波、电压暂降等。在《电化学储能电站接入电网技术规定》（GB/T 36547—2024）和《电化学储能电站并网运行与控制技术规范》（DL/T 2246.1 ~ 2246.9—2021）中均对电能质量做出了要求。

储能电站应配置电能质量在线监测装置和自动授时装置。而在电化学储能系统接入电网后，并网点的电能质量（包括谐波与间谐波、电压偏差、电压波动和闪变、电压不平衡度、监测及治理要求）应符合 GB/T 36547—2024 的规定，其接口设备应实时监视和记录并网点电能质量数据；若是不符合 GB/T 36547—2024 的规定，应产生告警信息并将告警信息自动上传至电网调度机构。

（1）谐波与间谐波

电化学储能电站接入并网点的谐波值应符合 GB/T 14549 的规定。电化学储能电站接入后，引起并网点的间谐波应符合 GB/T 24337 的规定。

（2）电压偏差

电化学储能电站接入后，引起并网点的电压偏差应符合 GB/T 12325 的规定。

（3）电压波动和闪变

电化学储能电站接入后，引起并网点的电压波动和短时闪变值应符合 GB/T 12326 的规定。

（4）电压不平衡度

电化学储能电站接入后，引起并网点的电压不平衡度应符合 GB/T 15543 的规定。

（5）监测及治理要求

电化学储能电站应装设满足 GB/T 19862 要求的电能质量监测装置；当电化学储能电站的电能质量指标不满足要求时，应安装电能质量治理设备。

8.8 案例分析

8.8.1 湖南电网A储能电站案例

湖南电网 A 储能电站（24MW/48MW · h）主要包含 24 个电池集装箱（每个集装箱包含 1MW/2MW · h 电池）、24 个储能变流器（PCS）变压集装箱（每个集装箱含 2 台 500kW PCS 和 1 台 1250kVA 变压器）、1 个 10kV 配电室、1 个总控集装舱等设备，通过 3 回 10kV 线路并入 220kV 榔梨变压器。以 1 回储能进线 10kV 为例，并网方式如图 8-8 所示。

按照“省调调度有功，地调调度无功”的原则，结合电网负荷调节需求和电池运行特性，主要设计了储能电站参与电网紧急控制、调峰、调频和调压等应用场景的运行策略。紧急控制场景通过源网荷系统控制储能电站紧急提供有功和无功支撑来实现；调峰和调频场景通过省级调度 AGC 系统控制储能电站释放有功功率来实现；而调压场景通过地区调度 AVC 系统控制储能电站释放无功功率来实现。储能电站调压理论上只占用 PCS 容量，不消耗电池本体的储存能量。

8.8.1.1 参与源网荷控制

源网荷系统主要通过快速精准控制可中断的用电负荷，高效实现特高压直流闭锁后的故障处置，提升系统调节性能，保障“强直弱交”矛盾下电网运行稳定性。将储能电站纳入源网荷系统，在紧急情况下，以最高优先级直接控制 PCS，充分发挥储能电站启动时间短、响应速度快、调节精度高的优势，保障电网安全稳定运行。湖南省 A 储能电站具备该控制功能。

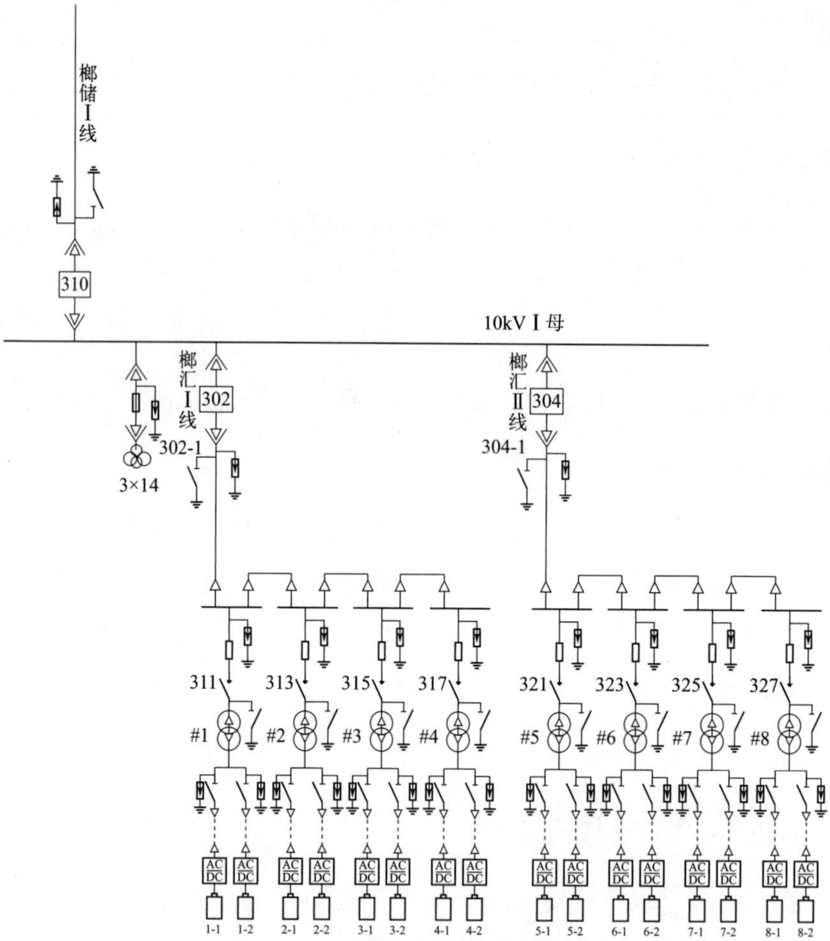

图 8-8　郴梨储能电站并网示意图

A 储能电站配置源网荷互动终端柜，内含一台源网荷互动终端和一台 MUX-02E 型号的 2M 协议转换器。源网荷互动终端对上经由 2M 协议转换器和地调 SDH（同步数字体系）接入 220kV 浦沅变电站精切子站；对下经硬接线控制站内 48 台 PCS，同时通过网线与储能电站能量管理系统（EMS）进行通信交互。源网荷互动终端设备采用干接点直接与 PCS 接口，通过串口与储能电站监控后台通信。储能电站精切系统结构如图 8-9 所示。

源网荷系统接收到电网故障信息后，由稳控终端同时向 PCS 和储能电站 EMS 发送指令，PCS 接收稳控终端硬接点信号，EMS 接收稳控终端网络信号，1s 内 PCS 控制电池进行最大功率放电，1s 后由 EMS 进行控制。EMS 根据 PCS 与电池状态下发不同指令：若电池与 PCS 无法支撑满功率放电，则根据电池或 PCS 情况进行放电或待机，但此时仍是精切系统控制模式；如果设备处于正常状态，则仍要求 EMS 控制 PCS 按照最大功率进行放电。

8.8.1.2 参与自动发电控制（AGC）

电网 AGC 调节的主要目标是在保证电网频率质量和区域间功率交换计划的前提下按最优分配的原则协调出力。当储能电站接收省级调度的 AGC 指令后，其能量管理系统根据调度 AGC 调节指令结合站端各储能单元当前状态实时生成站端 AGC 控制命令，可实现调度 AGC 指令跟踪的同时有效保障电池运行安全，进而实现参与电网调峰 / 调频服务的目标。储能电站参与电网 AGC 的功能控制架构如图 8-10 所示。该系统由省级调度主站、调度数据网通道和储能电站站端 EMS 组成。储能电站的有功功率控制模式优先级从高到低依次为调度指令控制、AGC 控制、日前计划控制及本地控制。

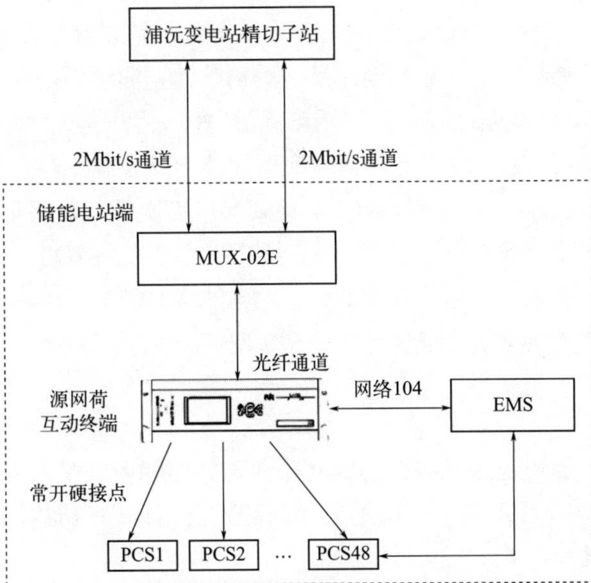

图 8-9　储能电站精切系统结构图

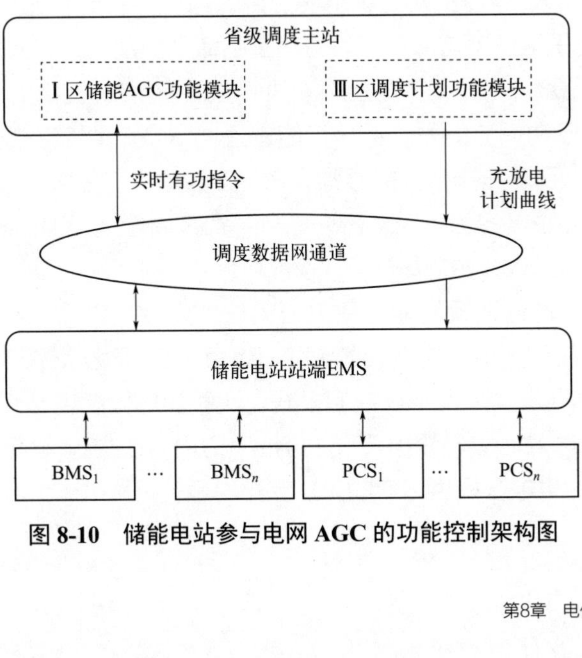

图 8-10　储能电站参与电网 AGC 的功能控制架构图

省级调度主站侧储能 AGC 功能模块运行于智能电网 D5000 调度控制系统中，实时计算各电池储能电站的有功出力设定值，并下发至接入 AGC 控制的储能电站。接入 AGC 控制的储能电站由数据通信网与调度通信网上传 AGC 控制相关的实时信息，接收调度主站下发的有功控制指令。储能电站 EMS 根据控制模式和储能电站运行情况，合理分配输出功率值并发送至 PCS 执行。省级调度主站 Ⅰ 区储能 AGC 功能模块，通过实时下发充放电功率指令对各储能电站进行直接控制。该系统可以收集各储能电站上传的可用功率及 SOC 信息，实时计算储能可用功率，以及该可用功率下的可用时间。省级调度主站 Ⅲ 区调度计划功能模块，结合日前负荷预测数据和电网实际调度目标需求，确定未来一天的建议储能计划出力曲线，调度机构结合该曲线与实际情况下达储能调度指令。

目前主要采用“日前调度计划”模式控制储能电站参与调峰。根据全网负荷预测、分区电网调峰需求、发电计划等数据，参考储能电站最大允许充放电功率、SOC 范围、运行一致性、良性运行区间等参数，确定储能电站运行的日前计划曲线，重点采用“一充一放”或“一充两放”运行模式。储能电站在早、晚用电高峰时段达到放电顶峰，缓解各关键断面的供电压力。通过储能 AGC 功能模块远程遥控实现储能电站参与调频。根据电网发 / 用电变化情况，采用自动跟踪区域控制偏差（ACE）模式参与二次调频。通常需明确 AGC 指令的下发频次，开发储能电站基于分区、分组、分时段的 AGC 控制策略。储能电站用于电网调频时通常处于浅充浅放状态，无须充放电翻转，对电池寿命影响较小，但为满足电网紧急控制的需要，应尽量维持储能电站荷电状态水平在合理范围内。

8.8.1.3 参与自动电压控制（AVC）

当电网呈现出以电压问题为主导的运行状态时，将储能电站纳入参与 AVC 系统调压具有一定的实用价值。AVC 系统使用广泛的电压无功控制系统，它能够根据设定的电压无功情况，自动控制无功设备，保障电能质量。

基于 D5000 系统将储能电站纳入地调自动电压控制（AVC）系统进行统一调控。AVC 主站基于地调辐射网络结构和无功就地平衡的准则，考虑储能电站作为连续无功源的无功电压特性，可将其合理接入 AVC 主站无功电压控制。构建储能电站的控制单元模型，利用储能电站 AVC 子站构建子站模型信息，可设置其主站命令控制模式，并关联与 AVC 子站的交互遥信、遥测、遥调信息，为控制策略生成和执行提供模型基础。

为充分发挥 PCS 无功调节能力，且尽可能避免 PCS 无功调节影响有功出力，按照优先调节电容器、电抗器以及变压器档位的原则，在电压波动大、传统调节设备补偿不足时使用 PCS 无功控制功能，即由电容器、电抗器先进行“初步调压”，再由储能电站进行“精准调压”，以此制定储能电站 AVC 控制策略。

在控制模式方面，通过设置储能电站电压调控优先级，实现储能与传统调压手段的协同控制。设置电压控制和无功控制两种控制模式，可在不同场景下自由切换。基于用户对 10kV 母线高电压质量要求，采用电压控制模式，实时计算储能电站无功输出需求，实现母线电压稳定控制。针对 220kV 母线电压及供电区无功平衡控制，采用无功控制模式，稳定储能电站无功输出，为供电区提供稳定的无功支撑电源。

8.8.2 北京电网怀柔、延庆储能电站

怀柔北房储能电站装机规模 15MW/30MW · h，通过 2 回 10kV 线路并入 110kV 北房站 10kV 母线，每条母线接入容量为 7.5MW。延庆东杏园储能电站建设规模 14MW/14MW · h，通过 2 回 10kV 线路并入 110kV 东杏园站 10kV 母线，每条母线接入容量为 7MW。储能电站接入拓扑结构示意如图 8-11 所示。

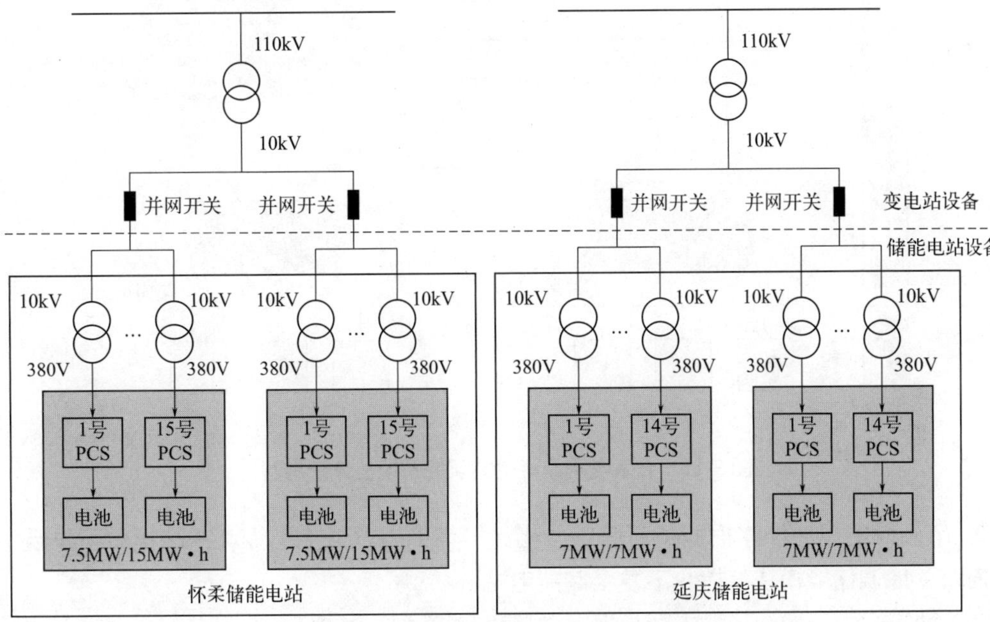

图 8-11 储能电站接入拓扑结构示意图

区域电网中怀柔站由于供电范围大、接入负荷多，冬季、夏季存在主变重过载问题，因此在冬夏两季中储能电站的运行方式为在怀柔站负荷低谷时储能，负荷尖峰时释放电能，缓解怀柔主变运行压力。春秋两季怀柔站负荷水平较低，主变无重过载问题，但由于电网整体负荷处于较低水平，尤其是夜间负荷低谷时期存在一定的新能源消纳受限问题，因此春秋两季储能电站运行方式应是夜间负荷低谷时储能，日间负荷高峰时释放电能，促进新能源消纳。

8.8.2.1 参与调峰控制模式

北京电网储能电站调控系统，遵循市调、地调两级部署的原则，包括 3 个部分，分别为北京电网市调储能调控模块、怀柔地调储能调控模块、延庆地调储能调控模块。按照市调、地调两级协同配合的原则，进行储能电站的运行控制。其系统总体架构如图 8-12 所示。

北京电网储能电站调控系统采用分层架构，分为调控主站与控制子站。调控主站包括市调储能调控模块、地调储能调控模块，控制子站为储能电站端 EMS。市调模块实现所有储能电站的集中监视与调度，地调模块负责所调区域储能电站的监视与调度。在控制方式上，为实现“市 - 地”两级调度之间储能调控系统的协调配合，应采用如下方案:

① 储能电站对市调储能模块与地调储能模块同步发送储能电站信息，市调和地调储能模块均可获取变电站负荷、新能源实时数据和预测数据。

② 市调、地调均可以调控储能电站，但市调具有控制优先权。

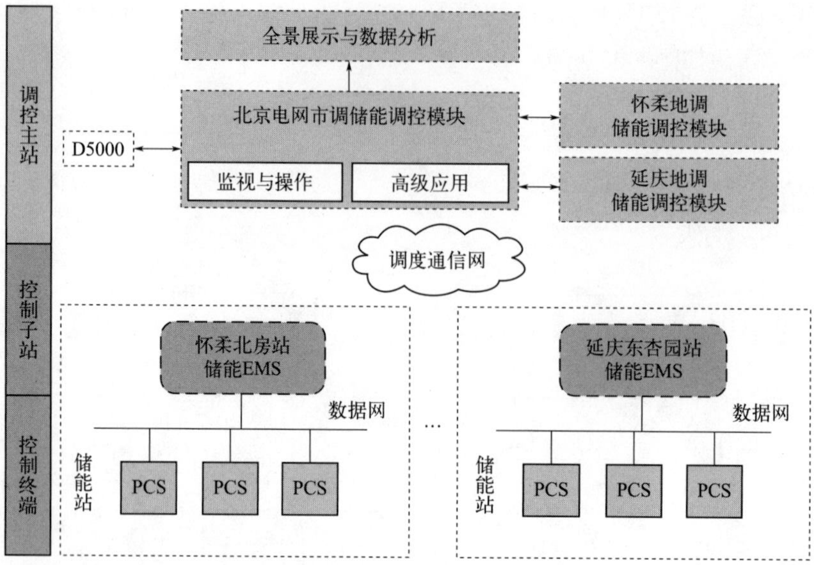

图 8-12　北京电网储能电站调控系统总体架构图

③ 市调储能模块能够根据负荷信息优化计算储能电站调度指令，并将指令下发至地调储能模块，地调储能模块将指令下发至储能电站。

在这种模式中，地调子站主要承担上送信息和下达指令的任务，仅在与市调通信中断的情况下，切换运行模式为地调运行模式，执行市调下发的日前计划曲线。

8.8.2.2　通信模式

基于北京电网已经建成的调度平台（D5000），开发市调储能调控模块，基于储能电站、负荷等信息，进行储能电站有功指令计算；在各地调层面建设地调储能调控模块，实现对所辖区域内储能电站的状态监视，并按照市调的控制策略实现储能电站的控制。

市调、地调之间通过 D5000 系统间的数据转发，实现数据通信。市调、地调储能调控模块间的数据通信示意如图 8-13 所示。

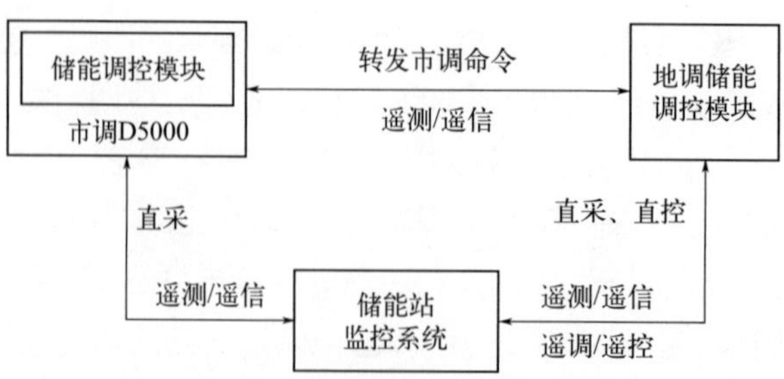

图 8-13　市调、地调储能调控模块间的数据通信示意图

参考文献

[1] DL/T 2247.1～2247.5—2021.电化学储能电站调度运行管理[S].

[2] DL/T 2246.1～2247.9—2021.电化学储能电站并网运行与控制技术规范[S].

[3] 阳小丹,颜博文,黄际元,等.电化学储能电站并网指标体系研究[J].太阳能,2022,337(05):58-66.

[4] GB/T 36547—2024.电化学储能电站接入电网技术规定[S].

[5] DL/T 5810—2020.电化学储能电站接入电网设计规范[S].

[6] 栗峰,郝雨辰,周昶,等.电网侧电化学储能调度运行及其关键技术[J].供用电,2020,37(06):82-90.

[7] 李军,胡斌奇,杨俊,等.湖南电网侧电池储能电站概况及调控运行启示[J].湖南电力,2020,40(01):73-78.

[8] 李相俊,贾学翠,董楠,等.北京电网储能电站调控技术研究及应用[J].供用电,2021,38(06):2-6,28.

第9章 典型电池储能电站建设运维案例分析

本章将对典型的电池储能系统设计、建设、调度、运维案例做较为详细的阐述和分析。

9.1 三峡庆云301MW/602MW·h储能电站示范项目

三峡庆云储能电站位于山东省庆云县常家镇李营村东，占地面积73.4亩（1亩=666.67m²），是山东省首批储能示范项目之一。该储能电站总装机规模301MW/602MW·h（最大充放电功率达301MW，总储能容量达602MW·h），其中，一期建设100MW/200MW·h储能系统已于2021年底并网投产，二期项目建设容量201MW/402MW·h，图9-1所示为庆云储能电站鸟瞰图。该储能电站可储存的电能相当于60×10^4kW发电厂一小时的发电量，全面投运后，每年可消纳新能源电量约1.8×10^8kW·h，相当于节约标准煤约7×10^4t，减排二氧化碳约18×10^4t。储能电池采用磷酸铁锂电池，储能电站电池系统及功率变换系统均采用户外集装箱布置方案，一期项目于2021年9月1日开工建设，2021年12月30日并网，二期项目于2023年10月31日全面投入商业运行。该电站项目获得第六届国际储能创新大赛应用创新典范。

电站运行方案拟定25年设计年限，每8年更换一次电池，年设计充放电时间1000h，年充放电量1×10^8kW·h。截至2023年4月30日，三峡庆云独立储能电站在山东电力现货市场中充放电量达11800×10^4kW·h，突破1亿千瓦时大关。项目规划工程总投资44404万元，单位千瓦投资4440元，实际总投资40740万元，单位千瓦实际投资4074元。接下来分别介绍三峡庆云一期和二期储能电站项目。

图 9-1　庆云储能电站鸟瞰图

9.1.1　三峡庆云一期储能电站（100MW/200MW·h）

一期项目占地 30 亩，主要建设一座 220kV 升压站，升压站内安装 1 台 120MVA（220kV/35kV）主变。储能单元逆变升压后，经 35kV 集电线路接入升压站 35kV 配电装置。升压站 220kV 出线 1 回接至 220kV 守义站，新建 220kV 线路长度约 1.5km，采用 $2\times400mm^2$ 架空导线。一期装机容量 100MW/200MW · h，每年能消纳 1 亿千瓦时的新能源电力，可有效减少消耗标煤 1.23×10^4t，减排二氧化碳 3.6×10^4t，是三峡集团首个独立储能电站。接下来，对电池系统设计方案、电芯、模块、电柜、电池预制舱进行介绍。

（1）电池系统设计方案

本方案采用最新的 1500V 液冷技术，整站共需要 32 个 20 尺（1 尺 =0.333m）变流升压集装箱，32 个 40 尺标准储能集装箱，变流升压集装箱单个功率 3.15MW，比传统 1000V 的功率密度提高了 26%，40 尺标准储能集装箱单个容量为 6.709MW · h，比传统 1000V 的方案能量密度提高了 139%，自用电可以减少 20% 的消耗，8 年生命周期内比风冷方案减少 1.5% 的衰减率，整个储能电站占地面积 $8050m^2$，节约了 50% 的储能用地，施工、电缆等成本节约了 10%。

100MW/200MW · h 电池储能系统由 32 个 3.15MW/6.709MW · h 单元系统组成，实际装机容量 100.8MW/214.695MW · h，整站共需要 32 个 3.15MW 的 20 尺变流升压集装箱，32 个 6.709MW·h 的 40 尺标准储能集装箱（每个 40 尺集装箱由两个 20 尺集装箱拼接而成）。每个 3.15MW 变流升压舱包括 1 台 3150kW 的 PCS，1 台 3450kW 的升压变压器和 1 台环网柜。每个标准储能集装箱由 18 个电池柜组成，由 1 个电池主管理单元（MBMU）进行管理。每个电池柜由 8 个磷酸铁锂电池模块串联而成，由 1 个电池从管理单元（SBMU）来管理。每个电池模块由 52 个 280A 电池串联而成，由 1 个电池监控系统（CSC）来管理。因此，一套电池管理系统（电池柜）由 1 个 SBMU 和 8 个 CSC 构成。储能集装箱内电池控制柜为每个电池柜提供 CAN 线汇总接口。管理及监控系统配有 UPS 电源，能在电网断电时，维持系统监控运行一定时间。电池系统中的锂离子电池循环寿命可达 6000 次，电池储能系统能量正常转化效率（PCS 交流侧）超过 90%，电池系统对地绝缘的耐受水平（直流侧）达到 35kV。储能阵列示意见图 9-2。

图 9-2 储能阵列

（2）电芯

一期项目采用宁德时代 280A · h 电芯，单体电池电芯参数如表 9-1 所列。

表9-1 280A·h电芯参数表

序号	项目	规格
1	标称电压	3.20V
2	工作电压范围	2.8 ~ 3.6V
3	容量	280A · h
4	内阻	（0.17 ± 0.05）mΩ
5	存储温度	–30 ~ 60℃
6	可充放电次数	≥ 6000
7	出货容量	112A · h
8	电芯质量	约 5.34kg
9	电芯尺寸（$W \times D \times H$）	174mm × 71.7mm × 207.2mm

（3）模块

电池模块的设计是指进行电池串联设计，根据电池模块的尺寸和所选的电芯，电池模块以 52 个电芯进行串联，串联后电池模块为 1P52S，电压为 166.4V，具体参数如表 9-2 所列。

表9-2 1P52S模块参数表

序号	项目	规格
1	单体电池	280A · h，LFP
2	电池串并联	1P52S

续表

序号	项目	规格
3	标称电压	166.4V
4	电压范围	145.6～187.2V
5	配置能量	46.592kW·h@0.5C，25℃
6	工作温度	–20～55℃
7	质量	约 330kg
8	尺寸（W×D×H）	810mm×1152mm×243.4mm

（4）电柜

电柜内部主要安装电池箱、主控箱、配套电线电缆，主控箱包括电池管理系统、高低压电器保护件等。电柜的设计采用分组分层设计，机柜外观采用免维护技术。本项目电柜主要安装 8 个电箱、1 个主控箱，电池柜具备完整的安装连接材料，并能完成电池输出端的接线。电池柜以 416 个电芯进行串联，串联后电箱为 1P416S，电压为 1331.2V，电柜参数如表 9-3 所列。

表9-3　1P416S电柜参数表

序号	项目	规格
1	单体电池	280A·h，LFP
2	电池串并联	1P416S
3	标称电压	1331.2V
4	额定容量	372.736kW·h
5	电压范围	1164.8～1497.6V（DC）
6	充电电流（额定）	280A
7	放电电流（额定）	280A
8	运行温度	–20～55℃
9	辅助电源	176～264V（AC）
10	环境要求	–40～60℃
11	质量	3000kg
12	尺寸（W×D×H）	994mm×1180mm×2500mm

（5）电池预制舱

电池预制舱主要由 18 个电池柜、2 个汇流柜、2 个控制柜、2 套消防系统、2 套液冷机组等组成。预制舱合计容量为 6.709MW·h，分两个储能组接入 PCS，其中 9 个电池柜接入 1 个汇流柜，由汇流柜汇成 1 路直流，接入 PCS 的直流断路器。液冷电池预制舱布置图见图 9-3。

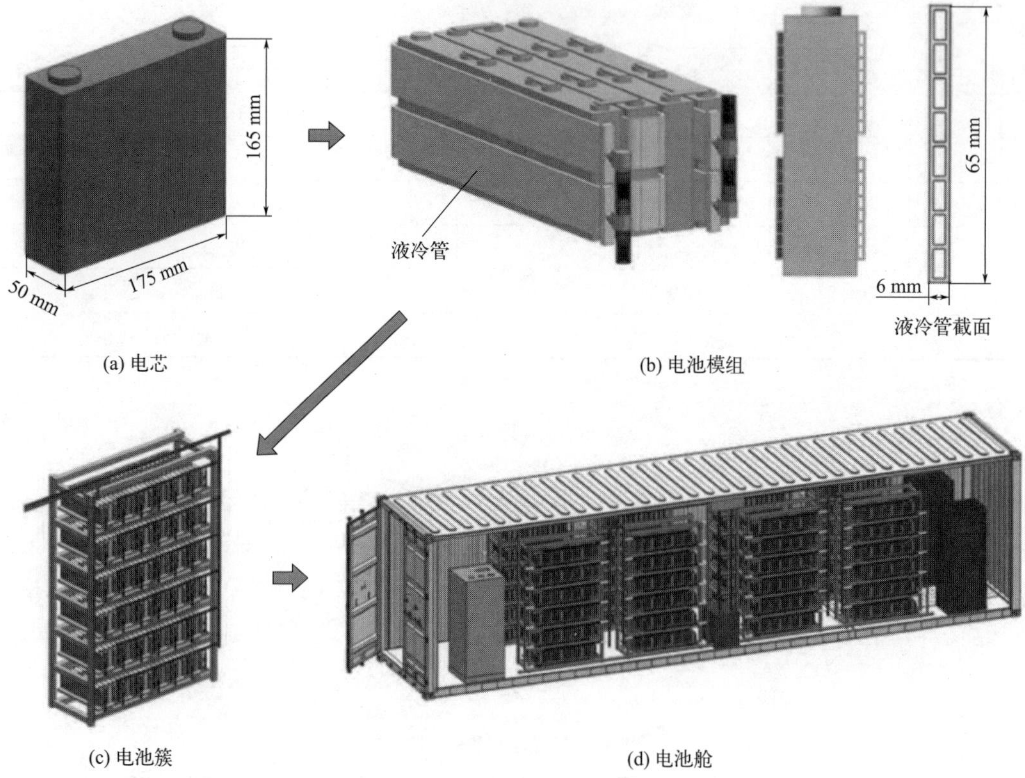

图 9-3　液冷电池预制舱布置图

相比于其他储能电站，该电站具有众多的新型设计理念，具体如下。

（1）分舱设计提升安全性能

电池集装箱采用非步入式液冷设计，相较于风冷设计在温度控制方面更加均匀，能达到提高能量密度、节约空间等效果；拥有独立的供电系统、温度控制系统、隔热系统、阻燃系统、火灾报警系统、消防系统、应急系统等自动控制和安全保障系统，内部集成储能电池簇、汇流柜、控制柜、消防系统。箱体分为 2 个 20 尺独立舱体，分别安装 9 个电池簇、1 台液冷机组、1 套液冷管路、1 台控制柜、1 台负荷柜、1 套消防预警系统及 1 套气体灭火系统。直流汇流柜、控制柜、消防柜等电气部分与电池簇分舱布置，防止电气故障对电池簇产生影响，提升了电池系统的安全性。电池集装箱内设备布置图见图 9-4。

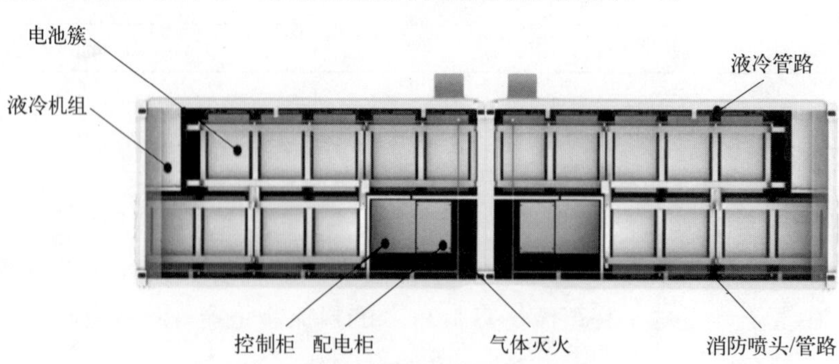

图 9-4　电池集装箱内设备布置图

（2）多重保障电池可靠性

电池管理系统采用舱级、柜级、芯级的三级安全保证体系，高精度 SOC 算法，误差小于 4%，大数据全生命周期预警管理。磷酸铁锂电池簇和电气舱示意如图 9-5 所示。

(a) 电池簇　　(b) 电气舱

图 9-5　磷酸铁锂电池簇和电气舱

（3）优化稳定冷却系统

液冷管路的设计，根据运行环境、电池情况，优化管路布置和机组选型，降低了冷却液流量差异，提升了电池簇制冷功率的一致性，液冷管路直接接触电芯，更能有效实现电芯的温度控制，避免电池温差过大。液冷机组采用室外柜，安装于舱体外部，便于维护。

（4）增设环境传感器

舱内全氟己酮消防系统配合热管理设计、热仿真情况，在易热、易涡流、易松动等位置，设置环境检测传感器、消防喷头。

（5）源头完善消防策略

设置站级消防系统独立运行 + 站级综合管控系统的消防联动，探测器分组联动控制，火灾预警切断主回路，火灾报警切断舱内供电回路、启动气体灭火系统、浸没电池系统，有利于消防系统快速有效得到响应。

（6）全面响应交易政策

近年来，储能产业政策持续出炉，目标集中在可再生能源并网侧和电网侧，政策红利明显。自“十三五”规划纲要出台以来，我国各地方政府部门针对储能产业出台的政策层出不穷，储能产业在密集政策的推动下迅速发展。庆云储能电站作为独立共享储能电站，建成后依托山东电力交易平台，政府鼓励全省风电、光伏发电项目优先租赁共享储能设施，租赁容量视同其配建的储能容量，有利于满足山东省后续新项目建设的储能电站需求，同时也对地方储能辅助服务和容量租赁市场发挥了积极作用。

9.1.2 三峡庆云二期储能电站（201MW/402MW·h）

二期项目建设 2 台 230±8×1.25%/37kV、120MVA，三相双绕组，油浸自冷变压器；建设 402MW·h 预制舱式磷酸铁锂电池储能。采用 1500V 直流储能技术，共配置 60 台储能预制舱（3.35MW/6.709MW·h）、60 台 PCS 及升压变压器装置舱（2 台 1725W 储能变流器、1 台 3700kVA 变压器）；35kV 配电装置方面，建设 15 台 35kV 金属铠装式高压开关柜，其中 2 台主变进线柜、8 台储能出线柜、2 台接地变压器出线柜、1 台站用变压器出线柜、2 台母线设备柜。35kV 配电装置共分为两段母线，所有开关柜均安装于预制舱中。站用变压器方面，建设 1 台 630kVA/0.4kV 站用变压器。接地变压器及接地电阻方面，建设 2 套 250kVA/35±2×2.5%/0.4kV 接地变压器，每组接地变压器带 202Ω/100A 接地电阻。

为满足规模化示范应用，推动科研成果转化，本项目针对模块级消防探测和场站级液态浸没抑制消防等安全需求，将原有簇级全氟己酮消防与 PACK 级“浸默”电池安全系统结合，确保电池热失控期间的全浸没抑制，杜绝复燃，有效降低安全隐患，支持电站安全稳定运行。总体建成后，“浸默”方案将为电化学储能系统热失控保护关键技术的研究树立标杆，对进一步开发高可靠性的电池消防安全、功能安全系统及模块级在线式安全预警平台具有重要意义。

9.1.2.1 储能系统总体设计概况

二期采用 3.35MW/6.709MW·h 储能系统，共配置 60 套。每套储能系统包含一台 3.35MW 升压一体机及两台 3.35MW·h 储能液冷电池舱。3.35MW·h 电池集装箱采用 20 尺集装箱，尺寸为 6058mm×2550mm×2896mm，两台集装箱采用肩并肩并柜方案，3.35MW 储能升压一体机采用撬装式舱体，尺寸为 7500mm×3000mm×2860mm。

9.1.2.2 储能电池集装箱方案

（1）储能系统概述

单个 20 尺集装箱放置 1 套储能系统，储能系统由 1 个储能单元组成，单个储能单元由 9 个电池簇并柜构成，每个电池簇由 8 个电池箱和 1 个高压箱组成，单个电池箱成组为 1P52S，由 52 支电池串联构成，每个电池簇为 1P416S。高压箱内包含电池簇管理单元和保护、控制电气元器件，用于对整个电池簇运行状态的管理与保护。单个储能系统配置 1 个储能系统管理单元，用于整个储能单元内的数据处理和监测控制，同时与能量管理系统实现通信。

每个电池簇配置 1 个电池簇管理单元，用于对该路电池簇各电池组管理单元进行监测控制，同时可控制该簇电气元件对储能系统进行保护。每个电池箱配置 1 个电池组管理单元，用于对该电池箱的电压、温度信息进行采集和上传。单个 20 尺储能集装箱系统的内部配置如表 9-4 所列。

表9-4　20尺储能集装箱系统内部配置表

序号	层级	示意	电压/容量	能量/（kW·h）	成组方式
1	单体电池		3.2V/280A·h	0.896	—
2	电池模块		41.6V/280A·h	11.648	1P13S
3	电池 PACK		166.4V/280A·h	46.592	1P52S
4	电池簇		1331.2V/280A·h	372.7	1P416S
5	储能系统		1331.2V/2520A·h	3354	9P416S

（2）电芯

本项目电池系统采用 L173F280 储能专用电池，为 280A·h 的方形铝壳磷酸铁锂电芯，具备高一致性、高能量密度、高安全性、长寿命等优势，电芯参数如表 9-5 所列。

表9-5　电芯参数表

序号	项目	参数说明	备注
1	额定容量	280A·h	标准放电
2	额定电压	3.2V	标准放电
3	额定能量	896W·h	标准放电
4	电池质量	（5.35±0.15）kg	—
5	质量能量密度	167.4 W·h/kg	标准放电
6	电池体积	2.55L（不含极柱）	—
7	体积能量密度	351.9W·h/L	标准放电
8	内阻（ACR）	≤0.25mΩ	20%SOC，室温，交流阻抗，1000Hz

续表

序号	项目		参数说明	备注
9	温度范围	充电温度	0～55℃	—
		放电温度	-20～55℃	—
		存储温度	-20～60℃	—
10	电压范围		2.5～3.65V	0℃ < T ≤ 55℃
			2.0～3.65V	-20℃ ≤ T ≤ 0℃

（3）电池模块

电池模块采用标准模块设计，具有良好的一致性及互换性，每个模块含13支电芯，排布方式为1P13S。选用塑封型车规级NTC（热敏电阻），电池NTC数量>50%，以便对电池进行精准的温度测量、预警和热管理控制。电池模块的外轮廓尺寸为973.1mm×176.9mm×211.3mm，单个模块质量为（71.9±0.4）kg，电池模块外形图如图9-6所示，电池模块主要技术参数如表9-6所列。

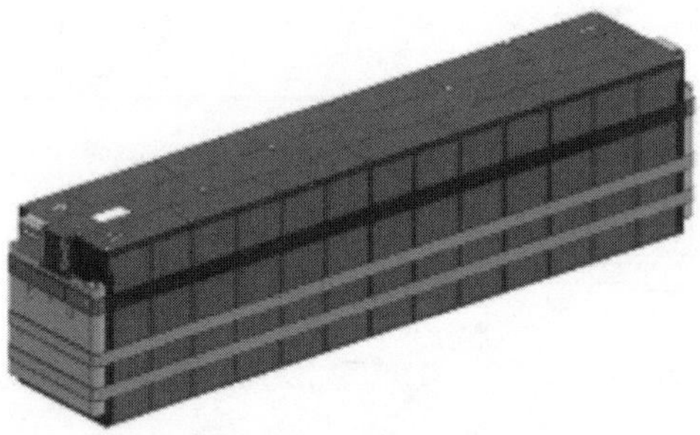

图9-6　电池模块外形图

表9-6　1P13S电池模块主要技术参数

序号	项目	技术指标
1	成组方式	1P13S
2	额定容量	280A·h
3	额定电压	41.6V
4	额定能量	11.64kW·h@0.5P，（25±5）℃
5	额定充放电倍率	0.5C/P
6	电压范围	35.1～47.45V（DC）
7	外形尺寸（W×D×H）	973.1mm×176.9mm×211.3mm
8	整体质量	71.9kg
9	散热方式	底部液冷

注：P表示恒功率模式下的充放电倍率。

（4）电池插箱

电池模块（电池箱）尺寸为 811mm × 1127mm × 230mm，电池组管理单元安装于电池箱前面板，便于拆卸维护。电池箱内部包含 52 支电池，成组方式为 4 个 1P13S 的模块进行串联，组成 1P52S。电池箱采用 IP67 级防护，液冷散热，高强度结构设计和高安全性电气设计。整个电池箱质量为（338 ± 2）kg，电池箱正面有动力接口、通信接口、风扇，可正面拆卸维护。电池模块的具体技术参数如表 9-7 所列。

表9-7　电池模块技术参数表

序号	项目	技术指标
1	成组方式	1P52S
2	额定容量	280A · h
3	额定电压	166.4V
4	额定能量	46.6kW · h@0.5*P*，（25 ± 5）℃
5	额定充放电倍率	0.5*C*/*P*
6	电压范围	145.6 ~ 184.6V
7	模块尺寸（*W* × *D* × *H*）	811mm × 1127mm × 230mm
8	模块质量	（338 ± 2）kg
9	电压范围	极限范围：130 ~ 189.8V
		推荐使用范围：145.6 ~ 184.6V
10	散热方式	液冷
11	温度采集	28 个采温点
12	电压采集串数	52 串
13	均衡电流	≥ 100mA
14	消防方案	PACK 级喷淋

电池 PACK 箱体采用 1.2mm Q235A 冷轧钢板，钣金折弯拼焊加工而成，箱体底部加工有模块支撑凸台，箱体两侧底部及中间有加强筋板，箱体前端和后端焊接有“Ω”形模块固定筋板，箱体后部安装有限位定位座。批量生产后采用冲压工艺，成本优势明显。

每个插箱配置一个 BMU，采集电芯电压、温度数据。根据当前插箱电芯温度，通过 BMU 控制风扇启停。

本储能系统采用电池包级的液冷方案。液冷系统主要由液冷板、液冷机组、液冷管路、除湿风道等组成。图 9-7 为插箱液冷板介绍图。冷却液通过插箱箱体底部液冷板入口进入液冷板腔体，与电池大面进行换热，换热后的热流体经液冷板出口流出，后经过液冷机组降温冷却循环使用，可长期实现插箱整体冷却。

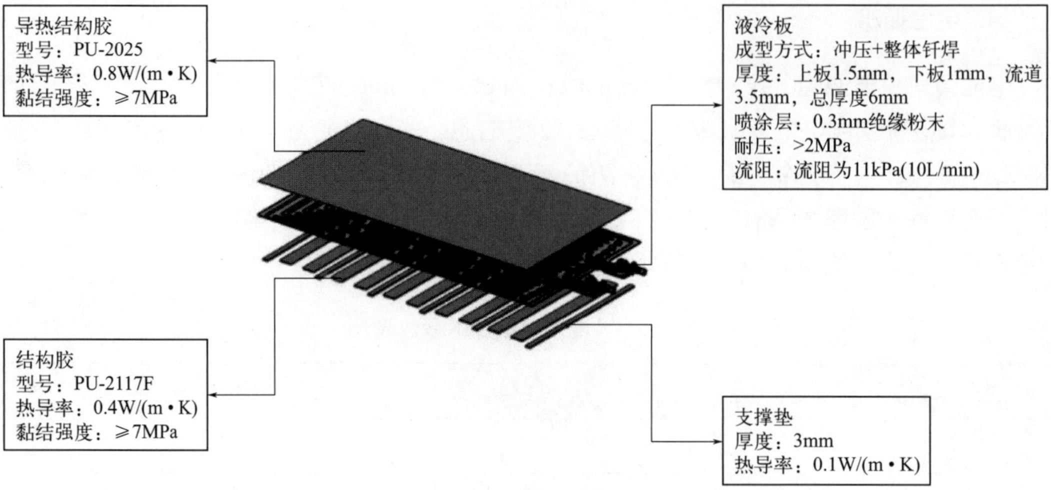

图 9-7　插箱液冷板

（5）电池簇

单个储能系统共含 9 个 1P416S 电池簇，2 个电池簇共用 1 个电池架，电池架设计采用两簇共用电池架设计模式，尺寸为 926mm × 2300mm × 2350mm。每个电池簇采用 1 列 9 层排布，安装 8 个电池箱和 1 个高压箱，总质量约 2855kg。电池簇主要技术参数见表 9-8。

表9-8　电池簇主要技术参数表

序号	项目	技术指标
1	成组方式	1P416S
2	额定容量	280A · h
3	额定电压	1331.2V
4	额定能量	372kW · h@0.P,（25 ± 5）℃
5	额定充放电倍率	0.5C/P
6	电压范围	1164.8 ~ 1476.8V
7	尺寸（W×D×H）	926mm × 2300mm × 2350mm
8	质量	2855kg
9	散热方式	液冷
10	消防方案	簇级探测 +PACK 级喷淋 + 泡沫管路消防

电池机架采用 Q235A 冷轧钢板折弯拼焊而成，机架框架型材采用钢板多次折弯而成，具有较高的承载强度和抗弯、抗扭强度，主框架连接处均采用榫卯结构搭接后焊接，并用角件进行加强。

单个电池簇包含 1 台电池机架、8 个电池插箱、1 个高压箱，电池箱及高压箱之间通过快插线缆进行连接，箱间通信通过采集通信线束连接。

（6）电池管理系统

电池管理系统采用三级架构，依次为从控单元、主控单元、总控单元。

储能单元配置 1 个汇流系统，对 9 个电池簇进行汇流。每簇系统配置 1 台高压箱，每台高压箱内集成了电池簇管理单元、断路器、熔断器、高压直流继电器、分流器等电气器件，可实现对单簇系统内所有从控信息的汇总，并对簇内各种异常及故障情况进行安全保护。

BMS 拓扑图如图 9-8 所示。

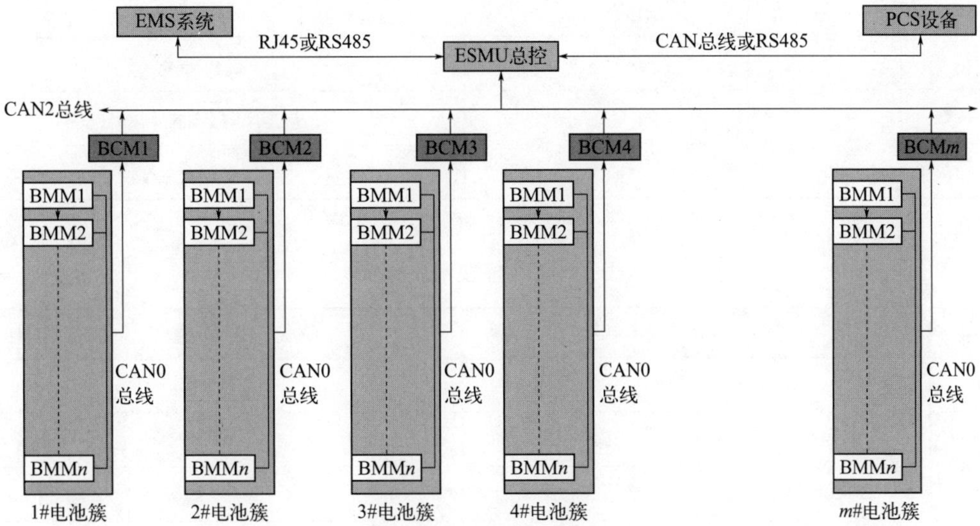

图 9-8　BMS 拓扑图

（ESMU 为电池管理系统主机，BMM 为电池模组管理单元）

电池管理系统基本参数如表 9-9、表 9-10 和表 9-11 所示。

表9-9　从控技术参数表

序号	项目		技术参数
1	从控基本参数	从控安装尺寸	（275.1±0.3）mm×（93±0.5）mm
2		从控功耗	＜ 2W
3		工作电压	兼容 12V、24V
4		工作温度	-20～60℃
5		工作湿度	5%～95%
6		电压平台	1500V
7		采集串数	60 串
8	电压采集	单体电压采集范围	0～4.5V
9		单体电压采集精度	±5mV
10		单体电压采集周期	＜ 100ms

续表

序号	项目		技术参数
11	温度采集	温度采集通道数	60（52 个 NTC）
12		温度采集范围	–40 ~ 125℃
13		温度采集精度	± 0.5℃
14		温度采集周期	＜ 100ms
15	均衡	均衡方式	被动均衡
16		均衡电流	≤ 100mA
17	输入输出	输出	满足风扇驱动能力 2A
18		输入	1 路开关量输入

表9-10　主控技术参数表

序号	项目		技术参数
1	主控基本参数	主控功耗	＜ 3W
2		工作电压	24V
3		工作温度	–20 ~ 60℃
4		工作湿度	5% ~ 95%
5		电压平台	1500V
6	总压采集	通道数	3 路
7		范围	0 ~ 1500V
8		精度	± 0.5%
9	电流采集	电流采集范围	0 ~ 500A
10		电流采集精度	± 0.2%
11		电流采集周期	＜ 100ms
12	SOX 精度	SOC 精度	5%
13		SOE 精度	5%
14		SOH 精度	8%
15	绝缘检测	范围	0 ~ 500MΩ
16		精度	± 20%
17	通信功能	CAN	3 路
18		RS485	2 路

续表

序号	项目		技术参数
19	输入输出	继电器驱动	3 路高边 +3 路低边 +2 路无源
20		范围	0～1500V
21		精度	±0.5%

表9-11　总控技术参数表

序号	项目		技术参数
1	总控基本参数	总控功耗	＜5W
2		工作电压	24V
3		工作温度	-20～60℃
4		工作湿度	5%～95%
5	通信接口	以太网	2 路
6		CAN	2 路
7		RS485	3 路
8		RS232	
9		USB	
10	输入输出	开关量输入	2 路
11		高低边输出	2 路、4 路无源输出
12		干接点输出	2 路
13	数据存储	SD 卡	64G

（7）储能系统热设计

储能系统采用电池模块级的液冷方案。液冷系统主要由液冷板、液冷机组、液冷管路、除湿风道等组成，冲压式液冷板方案具有流阻小、耐压强度高、温度均匀性好的优点。

冷流体通过插箱箱体底部液冷板入口进入液冷板腔体，与电池大面进行换热，换热后的热流体经液冷板出口流出，后经过液冷机组降温冷却循环使用，可长期实现插箱整体冷却。

（8）电池集装箱

单台液冷储能集装箱包括 1 套 9 簇并联电池簇，额定电量为 3.35MW·h，45kW 液冷机组 1 台，汇流配电柜 1 台，消防系统 1 套，集装箱整体质量不大于 40t；集装箱采用隔热阻燃系统，集装箱天花板 / 侧墙为岩棉，厚度为 50mm，阻燃等级为 A 级；集装箱壳体满足三层防护（参照 ISO 12944），防腐等级为 C4M/C5L；集装箱防护等级为 IP55，全面考虑排风散热、防风沙、防雨雪、防腐蚀、抗低温等要求，适应储能系统全场景环境要求；集装箱设泄压口，用于箱内电池发生火灾时泄压，设置在箱体上部，采用爆破式或常闭翻板式。

储能集装箱箱体采用 Q345A 耐候钢焊接加工而成，箱内四周有 50mm 岩棉保温层，顶部为 50mm 岩棉 + 钢板，底架有 100mm 厚岩棉保温层等，尺寸为 6058mm × 2550mm × 2896mm。电池集装箱箱体外观见图 9-9。

图 9-9　电池集装箱箱体外观图

电池集装箱系统主要包括集装箱箱体（防护等级 IP55）、1P416S 电池机架、1P52S 电池 PACK（防护等级 IP67）、汇流配电柜、高压箱、热管理部件等储能系统主要部件，以及防雷、接地、照明、监控、报警、防爆、环境监控等辅助系统。电池集装箱内部布置如图 9-10 所示。

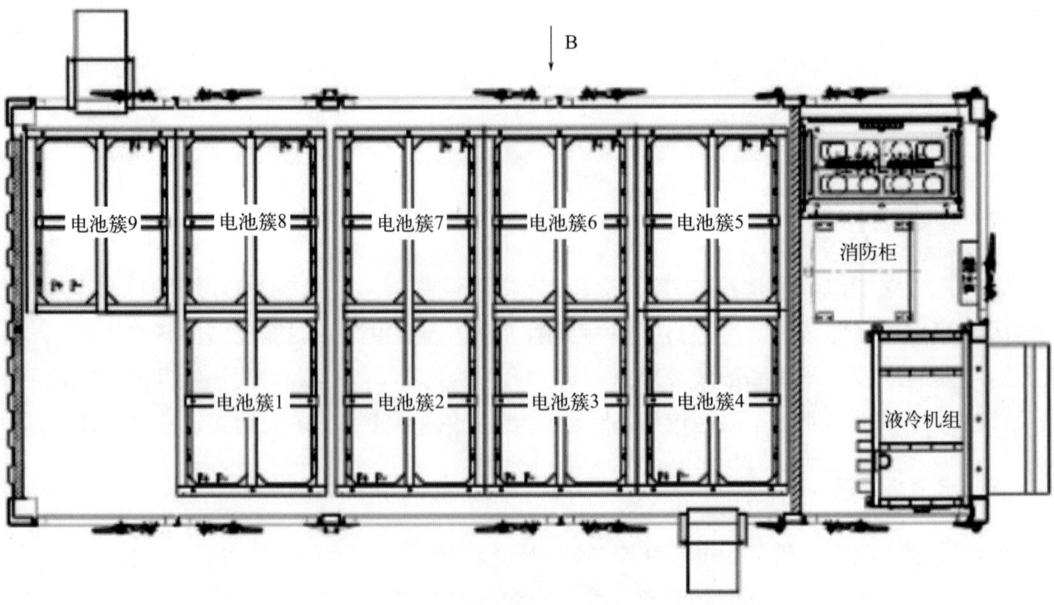

图 9-10　电池集装箱内部布置图

电池集装箱采用并柜方案，如图 9-11 所示。

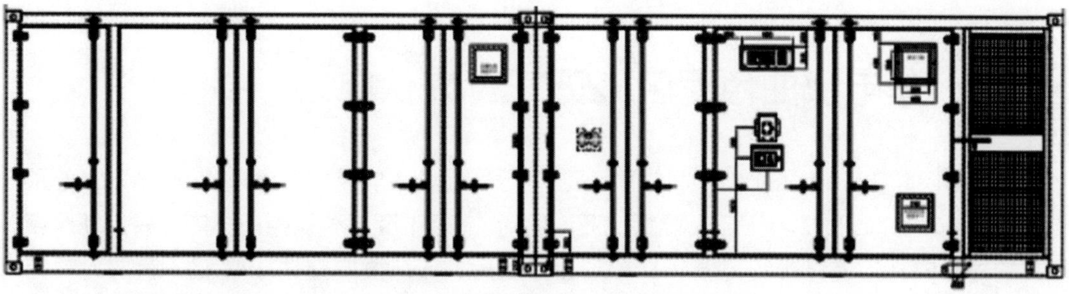

图 9-11　电池集装箱并柜方案

电池集装箱主要功能如表 9-12 所示。

表9-12　电池集装箱主要功能表

序号	功能项	功能要求	备注
1	集装箱规格（$W \times D \times H$）	20 尺集装箱高箱 6058mm×2550mm×2896mm	
2	设计寿命	25a	寿命期限内具备无限次满载吊装强度
3	防护等级	高于 IP54，所有对外通孔均需有防护措施	参考 GB/T 4208—2017
4	防腐蚀等级	集装箱防腐蚀等级需满足 C4 要求 外露紧固件：SUS304 箱体接地点：SUS304 外露壳体：钢板 + 三层漆	防腐耐候漆 总漆膜厚度≥ 150μm
5	保温隔热	箱体四周均需有保温层全覆盖	
6	箱体运输	满载 65t 不发生明显变形、裂缝等不良情况；满足三级道路运输要求	
7	抗震烈度	集装箱整体抗震烈度≥ 8 级，框架、底梁优选 Corten-A 钢，屈服强度为 Q345	
8	环境条件	温度范围：-40～55℃ 湿度范围：≤ 95%（无凝露） 海拔高度：＜ 4000m 污秽等级：Ⅳ级	低温下不会出现箱体积雪变形、表面漆膜损坏等问题

电池集装箱电气设计方面，20 尺液冷储能集装箱内共布置 9 个电池簇，动力线缆和通信线束经电池架下方汇于同一个汇流柜中。汇流柜内走线下进下出，内设断路器，布置于汇流柜下方。汇流母线为镀镍铜排，表面采用不同颜色热缩管以区分正负。上方布置集装箱辅助设备供电及通信，与主回路隔离，避免互相干扰。

汇流柜内设置 UPS，辅助供电断开时可供集装箱内 BMS、消防、监控、交换机等正常运行 30min。柜门上设置两个显控屏，分别对应两个储能单元，可查看电池电压、温度、SOC、SOH 等数据。柜门上的电表可记录集装箱辅助供电消耗，支持对外通信，可上传数据到后台。另设有急停按钮，需要时可人为按下按钮紧急停止充放电，保障电池安全。

通过汇流柜内数据交换机对外通信，储能单元各预留两组干接点到 PCS，BMS 可通过干接点信号传递告警信息给 PCS，紧急停止充放电，保护电池安全，支持 CAN 通信。

9.2 华电那曲色尼区12万千瓦光伏电站

比亚迪储能参与建设的华电那曲色尼区 12 万千瓦光伏项目位于海拔 4500 米以上的那曲市色尼区，项目装机 12 万千瓦，配置比亚迪储能 12 万千瓦时，是当前国内高海拔地区容量最大的光储电站，其鸟瞰图见图 9-12。项目并网后，年均发电量达 2.47 亿千瓦时，每年可节约标煤 7.63 万吨，减少二氧化碳排放 21.96 万吨，将极大地改善那曲电力供应的紧张局面，促进西藏地区经济高质量发展。

图 9-12　国内高海拔地区容量最大的光储电站全景鸟瞰图

该项目采用的是比亚迪全新一代 Cube T28 液冷储能柜，见图 9-13。其采用车规级液冷技术，从电芯到系统的设计均考虑了高海拔带来的温升增加问题，当前已实现极端高温 47℃、极端高海拔 4500m、极端低温 –25℃、极端高湿 100% 环境的工程化、规模化应用，具备优良的品质性能，可适应不同的气候环境。

图 9-13　Cube T28 液冷储能柜

在比亚迪储能液冷系统多项创新技术及先进产品的加持下，华电那曲色尼区 12 万千瓦光伏项目的发电灵活性大幅提高，充分保障了电网运行的安全稳定高效。

9.3 宁夏穆和200MW/400MW·h新能源储能电站

宁夏穆和 200MW/400MW · h 新能源储能电站项目位于中卫市沙坡头区宣和镇工业园区内，总投资 7.3 亿元，2022 年 3 月开工建设，由 58 个 3.44MW/6.88 MW · h 储能单元组成，是宁夏首座共享储能电站。2022 年 12 月 13 日，项目成功并网。投产后，促进了新能源消纳，有效解决了新能源限电现象，白天就地存储新能源所发出的绿色电能，晚高峰根据需求释放，在用电高峰时作为企业或居民用电电源，在调峰、调频、削峰填谷等方面发挥积极作用，进一步提升了电力系统安全稳定性，促进了新能源的高效利用。宁夏穆和 200MW/400MW · h 储能电站外景见图 9-14。

图 9-14　宁夏穆和 200MW/400MW·h 储能电站外景

该储能电站一次性贡献三个行业之“最”：最早并网、最大规模、最先进技术。

① 最早并网。作为 2022 年度批复的 10 个独立储能项目之一，该项目在上海融和元储能源有限公司及相关建设方的大力推进下，率先完成建设、调试及并网，在行业里塑造了很好的标兵形象，打好了样板。

② 最大规模。该项目也是迄今为止全国已投运的单体最大独立储能电站，4 个 50MW/100MW · h 储能阵列，通过 35kV 线路汇流并升压至 110kV 并网送出，接入地区核心变电站 330kV 穆和变电站，将大规模储能带来的新型灵活性资源注入电网核心区域。

③ 最先进技术。作为全液冷系统的储能电站，采用了国内最先进的 4 种不同液冷技术方案，分别是液冷模块化一体柜方案、液冷 20 尺集装箱方案、模块化交直流一体液冷柜方案以及组串式液冷一体柜方案。这 4 种方案基本代表了现阶段所有主流先进技术方向，相互融合成为一种创新的高效率、长寿命产品组合。

9.4 三峡集团乌兰察布新一代电网友好绿色电站示范项目

三峡集团乌兰察布新一代电网友好绿色电站示范项目位于内蒙古乌兰察布市四子王旗吉生太镇西北约 25km 处。项目基于乌兰察布地区“缺电、窝电、限电”的实际问题，建设电网友好型新一代“新能源 + 储能”电站，通过优化储能容量设计和运行模式，保障新能源高效消纳利用，降低公网调峰和容量支撑压力，项目确保技术优化、经济可行，不需要国家补贴。电网企业与电源企业签订长期购电协议，电源企业承诺高峰时段保障顶峰容量，按照电网调度提供调峰服务，电网企业保障新能源发电全额收购。

该示范项目建设 170 万千瓦风电、30 万千瓦光伏以及 55 万千瓦储能。风光储项目通过优化储能配置，其顶峰能力约等效于一台 60 万千瓦级火电机组，保障自身消纳的同时可为电网提供一定调峰能力，不占用蒙西电网新能源消纳空间。170 万千瓦风电容量置信度按保守 3% 计算，需要配置的储能规模为 55 万千瓦。储能的优化时长基于以下两方面考虑：一是考虑满足蒙西电网负荷顶峰容量需求；二是满足配套 200 万千瓦新能源的调峰消纳需求，基本不占用蒙西电网新能源消纳空间。因此，选择储能时长 2 小时以满足顶峰和促进消纳的需求。

项目风光储单元分组主要考虑以下原则：

① 满足电网接入规定和过渡期并网消纳条件；

② 各风光储单元总规模基本均匀，各单元风光储配比大致相同，便于联合调度运行；

③ 风光储单元，尤其是储能配置，应尽可能应用模块化设计，有利于降低设计施工难度；

④ 各升压储能站选址应兼顾道路和线路建设规模，有利于优化控制成本。

本项目终期规模 2000MW 划分为 4 个风光储单元分组。每个风光储单元分别建设 1 座 220kV 升压储能站，储能站与升压站同站建设。各风电、光伏所发电能通过 35kV 集电线路汇集至 220kV 升压储能站后，通过 220kV 架空线路输送至位于风场东南侧的 500kV 汇集站，升压至 500kV 后最终接入系统。项目风光储单元划分情况如表 9-13 所示。

表9-13　项目风光储单元划分情况

升压储能站	风电	光伏	储能
1#220kV 升压储能站	500MW	100MW	140MW
2#220kV 升压储能站	350MW	50MW	130MW
3#220kV 升压储能站	425MW	75MW	140MW
4#220kV 升压储能站	425MW	75MW	140MW

综合考虑项目规模和需求，以及储能造价、性能、技术成熟度、产能规模、安全性等各方面因素，本项目以锂离子电池储能系统为主体（配置 50 万千瓦、时长 2 小时锂电池），同时配套建设新型储能设施，包括小规模钠离子电池储能、热储能和压缩空气储能系统。锂离子电池储能系统配置于各升压储能站，其余新型储能系统均配置于 2# 升压储能站。

本项目主体储能系统基于磷酸铁锂电池储能技术进行设计。电池单元采用模块化设计，每套预制舱电池的额定充电功率和额定放电功率均不低于1.26MW，且在10年质保期内为可持续工作值。每套预制舱电池的初始充电能量和初始放电能量均不低于2.52MW·h，且在10年质保期内充电能量和放电能量保持率均不低于80%，额定功率能量转换效率（交流侧）不低于88%。2.52MW·h储能系统配置一套电池管理系统，储能变流器（PCS）具备快速响应能力，低电压、高电压穿越能力，具备一次调频功能。预制舱内配置温控、消防、照明、视频监控等系统，确保电池系统具有最优的转换效率及运作性能，同时具有安全可靠的保护措施。

智慧联合调度中心是三峡集团乌兰察布新一代电网友好绿色电站示范项目的“中枢大脑”，承担着新一代电网友好绿色电站与电网调度交易中心智能化自主化交互通信、运行模式灵活调整、场站内设备统筹优化联合调度控制、智能化数字化设备监控、智慧化巡检和运行检修等重要功能。同时作为三峡集团和内蒙古自治区的重大示范项目，智慧联合调度中心兼具对外展示的功能。

9.5 乌兰察布“源网荷储”技术研发试验基地储能示范项目

2020年10月31日，乌兰察布“源网荷储”示范项目暨三峡现代能源产业园在内蒙古察哈尔工业园区开工奠基。规划总建设用地约1687.4亩，总投资约55亿元，分为风电装备区、光伏装备区、储能产业区、办公科研区、检测认证中心及标准厂房等，按照“统一规划、协同设计、统筹建设”的原则分三期实施。为配套国内首个及全球规模最大的“源网荷储”示范项目，三峡集团在产业园内同步规划“源网荷储”技术研发试验基地（以下简称“基地”），基地内包含多种储能形式的示范应用、工程验证和原理展示等，兼具前沿科研、示范应用和验证优化功能三位一体。

该项目旨在通过多种储能形式示范应用、储能技术展厅及实验室建设，将基地打造成为国家级储能技术平台，培育前沿储能技术科研能力，为后续储能技术迭代发展奠定基础；通过电力系统设计及优化调度，使基地相关储能示范应用参与到区域“源网荷储”示范项目中，强化基地示范效应；通过多种储能形式示范应用比较，验证各种储能形式的潜在应用开发能力，未来以储能先进技术创新为支持，为“源网荷储”一体化模式提升能源清洁利用水平和电力系统运行效率，更好地指导送端电源基地规划开发和源网荷储协调互动。

该项目所涉及的储能专项规划思路和原则如下。

基于三峡现代能源产业园的初步规划方案，结合察哈尔工业园区的新能源风电和光伏配置以及工业、大数据负荷，从绿色发展、经济高效、创新驱动和社会贡献四个着力点出发，采用多种储能互补、多类型储能综合利用的方式，搭建“源网荷储”试验示范基地。

三峡现代能源产业园以“创新、引领、智慧”为特色，规划建成以“风、光、储、氢”产业为核心的“制、研、检”一体化的综合产业园。开展相关储能技术科研示范，解决项目运行过程中的实际问题，评估储能技术，优化储能配置，提升技术水平，打造国家级储能技术示范试验基地。通过示范试验，将有助于提升大规模储能在新能源并网领域中的研究与应用，有力促进储能产业的技术进步和规模化应用，进一步探究储能对风电、光伏乃至电网的支撑作用和运行机理，大幅提升风光等间歇式能源对电网安全稳定运行的支撑能力，有助于加深新能源在电网中的渗透程度。

储能系统是“源网荷储”一体化和智慧综合能源的重要组成部分，发挥着电力调峰、调频、备用、黑启动、需求响应等多种作用。在示范基地内，结合基地前沿科研、示范应用和验证优化三位一体功能设计，提出示范基地总体目标，通过多种储能方式联用构建“源网荷储”一体化和智慧综合能源体系，同时对每种储能技术进行综合研究。对于此次拟进入示范试验基地的储能技术，规划方案以储能技术是否具有实际的应用案例、是否具有显著的示范意义、是否具有合理的示范规模以及并网能力四个标准来评估。试验示范基地不仅仅瞄准具有较成熟技术、已经实现工程化应用的储能技术和具有产业化前景的新型储能技术，同时也瞄准具有前瞻性、还处于实验室性能验证阶段的储能技术。因此，本次示范应用涵盖了处于实验室验证、工程放大以及大规模产业化应用三个阶段的储能技术，在同一应用场景下验证了各项储能技术的运行安全性和技术成熟度。

基本规划思路及原则如下。

① 以构建储能系统为目标，搭建“功率型 + 能量型”多种储能方式联用的综合储能系统，充分实现快速响应、大功率响应和大容量存储等功能；

② 在保障储能系统功能的前提下，为下一代储能技术的工程应用进行前期科研示范，以探索其技术可靠性并获取工程试验数据，促进相关技术的成熟和商业化，为基地新能源侧大规模工程应用提供技术保障，推动国家新兴储能技术向产业化、规模化应用发展；

③ 综合考虑系统功能性和经济性，对成熟工程技术和工程验证技术等不同储能方式开展合理的规模匹配与选型设计；

④ 给前沿储能技术提供展示平台，通过园区游览车、路灯和展厅等小规模场景的应用展示，为园区示范做补充，为前沿储能方向新型技术储备与提前布局提供参考。

通过对技术指标、经济性、成熟度、应用前景等方面的综合分析，基地选出 9 种储能技术组成新型储能技术验证子系统、多源蓄热式压缩空气（储能）能量枢纽子系统和“制 - 储 - 运 - 加 - 用”氢能综合子系统，共计约 19.025MW/50.71MW · h 储能 +3MW/30MW · h 供热。

创新示范园源网荷储技术研发试验基地储能配置如表 9-14 所列，储能设计方案如图 9-15 所示。

表9-14　创新示范园源网荷储技术研发试验基地储能配置表

序号	储能名称	储能类型	规划功率	规划容量	最大功率完全充（放）时间
1	飞轮	功率型	1MW	10kW · h	36s
2	超级电容	功率 + 能量复合型	1MW	100kW · h	0.1h
	锂离子电池		500kW	1MW · h	2h
3	钠离子电池	功率 + 能量复合型	3MW	1.5MW · h	0.5h
4	固态锂离子电池	能量型	1MW	2MW · h	2h
5	水系钠离子电池	能量型	2.5MW	6MW · h	2h
6	全钒液流电池	能量型	25kW	100kW · h	4h

续表

序号	储能名称	储能类型	规划功率	规划容量	最大功率完全充（放）时间
7	压缩空气	能量型	10MW	40MW · h	4h
8	“制 - 储 - 运 - 加 - 用”氢能综合系统	—	—	—	—

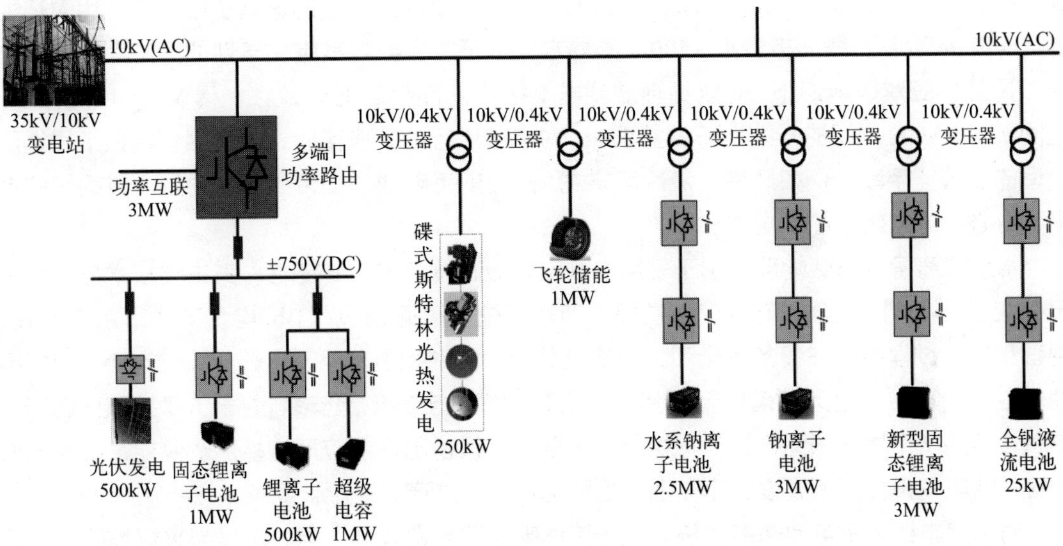

图 9-15　储能设计方案

创新示范园源网荷储技术研发试验基地分三期建设。截至 2022 年底，一期大规模新能源与储能仿真验证实验室、储能检测实验室建设已经投运；IGCT- 功率路由器系统、能量管理系统建设已具备运行条件，飞轮储能、固态锂离子电池、锂离子电池 / 超级电容混合储能、钠离子电池、水系钠离子电池、全钒液流电池完成设备研制、安装，进入调试、试验阶段。二期“制 - 储 - 运 - 加 - 用”氢能综合示范项目，已经完成主要设备研制生产。三期多源蓄热式压缩空气（储能）能量枢纽示范项目，完成主厂房封顶，主要装备研制生产有序推进。

在项目管理上，本项目各负责人严格按照相关管理规定及合同（任务书）约定的工作内容进行项目实施与管理，项目按照课题内容进行责任划分，做到课题责任到人。同时，将每个课题内容进行细化，对课题内每个子任务责任到人，实现项目精准管理。同时，本项目作为工程科研项目，每个课题和子任务由对应的负责人对项目设计、设备研发、设备安装、设备调试进行把关。在工程建设上，项目按照工程建设要求设立安委会、档案管理办公室、项目监理等，对项目的基础建设、设备运输与吊装等进行把关。在管理机制上，项目执行过程中，建立了科研日报机制、项目周例会机制及子任务周例会机制，确保项目按计划实施。

该项目涉及五种电化学储能系统，基于不同储能形式的工作原理不同，因而其主要技术风险及安全隐患不同，应对措施及运维方式也不同。

锂离子电池 / 超级电容混合储能系统中，主要技术风险及安全隐患是电池热失控造成燃烧及爆炸：a. 内部原因为电池制造过程中引入的电芯内缺陷等；b. 外部原因为外部热、电冲击、电池滥用等。为保证消防安全，应采取以下措施：a. 将现有七氟丙烷消防系统改为全氟己酮消防系统，具体要求为全氟己酮消防系统精确检测储能模块的热失控状态，迅速控制，防止热失控蔓延；b. 在锂电池集装箱外部修建防爆墙，将具有安全隐患的集装箱与其他集装箱隔开，消除火灾及爆炸蔓延风险。

钠离子电池储能系统的安全风险主要集中在：a. 钠离子电芯为新研发体系，可能存在一致性不佳的问题；b. 钠离子电池 $2C$ 放电将产生较大的热效应，若不能实现良好的热效应管控，将会留下安全隐患；c. 园区海拔接近 1500m，合作厂商生产的钠离子电池的适用海拔范围在 1500m 以下，在海拔接近 1500m 的地方应用可能会影响其电化学性能，进而引发一些未知风险。应对措施如下：a. 以高标准要求 PACK 内部电芯的一致性，建议在 20 ~ 50mV 之间，对 PACK 之间的一致性不做要求；b. 对电芯进行热效应实验评估，根据评估结果选取合适的热管控手段，例如风冷、液冷等方式；c. 提前将电池样品带到园区附近海拔相同的地区进行必要的电化学性能测试。

水系钠离子电池储能系统由于采用水系电解液，具有本质安全性，其主要技术与安全隐患存在于：a. 机械安全，电池安装过程中存在高处跌落砸伤风险；b. 电气安全，系统安装、调试和运行过程中存在设备安全和人身安全风险。应对措施如下：a. 对于机械安全，做好高处作业防护，做好电池跌落的预防措施，合理组织安全的电池安装过程；b. 对于电气安全，电气设备生产严格按照国标、行标执行，主要电气设备出厂前应严格检测。储能系统电气设计应符合电气设计规范，设计审核通过后严格按要求生产、装配。

对于固态锂离子电池储能系统，由于液体电解液含量较低，电芯本身起火爆炸的安全风险较低，主要需考虑各种意外因素引起锂离子电池热失控导致的火灾，如电芯短路、过充、外部遇明火或线路故障造成的电气火灾等，应对措施如下：a. 消防系统采用先进的全氟己酮灭火剂方案，在储能系统中增加喷淋管道，可实现精准、快速、高效的灭火，将火势控制在发生初期，防止蔓延；b. 优化电气设计，确保系统电气安全满足设计要求，所有电缆均采用阻燃材质，同时在每簇电池的主回路中增加过流保护装置，PCS 也采用具有过流、过载保护功能的型号；c. 储能集装箱中加设多组温度、烟雾传感器，可对火灾初期产生的烟雾颗粒物、可燃气体以及着火点温度进行实时监控，确保本地 EMS 系统及时做出灭火保护动作，并向园区总消防监控发出预警，便于人员及时采取措施；d. 储能系统内部配备高效率温控系统，包括加热、制冷功能，可确保集装箱内的温度维持在 15 ~ 30℃，从而避免锂离子电池工作在高、低温环境下，出现析锂、胀气等现象，以延长电池寿命，降低热失控风险。

液流电池储能系统面临的安全隐患及应对措施如下。

① 针对电解液发生泄漏的安全隐患，集装箱内部配置漏液收集装置，最大程度降低电解液泄漏大面积扩散的风险，避免因电解液泄漏而带来危害。同时，集装箱内部配置电解液漏液测量传感器，一旦发生电解液泄漏现象，漏液信号会上传至电池管理系统（BMS），BMS 会根据预设的电池管理运行策略对电池系统进行停机、自动关闭相关阀门、报警等保护性操作，保证电池系统运行安全和人身安全。

② 电池系统运行过程中产生微量氢气的应对措施：液流电池在运行过程中，由于副反应的发生，会在负极产生微量氢气，集装箱电池模块配置气体排放和处理装置，可控制在运

行过程中产生的微量危险性气体直接排出至集装箱外部环境空间，保障系统安全。

③ 电池系统消防安全的应对措施：全钒液流电池采用水系电解液，是本质安全的电池系统。为进一步提升消防安全，集装箱内配置感烟探测器、感温探测器、声光报警器及手提式灭火器，各探测器与园区火灾报警系统通信。同时，在集装箱内安装视频监控系统，对集装箱内的环境进行实时监控。

④ 厂房内环境温度无法达到电池系统正常运行的最低温度（5℃），导致电池系统无法运行或损坏的应对措施：全钒液流电池的正常运行环境温度范围为 5 ～ 35℃，若储能厂房内温度低于 5℃，电池系统的能量效率将会降低；若厂房内温度在 0℃以下，电解液可能会发生结晶，导致电池系统无法运行或损坏。在园区不发生断电的情况下，为保证电池系统在极寒 / 热情况下能够正常运行，集装箱内配置制热和制冷柜机，电池模块循环系统配置温度、液位、流量等传感器，信号上传至 BMS，可实时监控电池系统运行状态，并经 BMS 控制通风及热管理系统。

⑤ 园区断电导致电池系统无法运行或损坏的应对措施：全钒液流电池系统运行需要自用电，若园区发生断电，电池系统的辅助设备（如循环泵、空调柜机等）将无法工作，尤其是在极寒情况下，辅助设备无法启动，可能会导致电解液产生结晶。为降低电解液结晶和电池系统损坏的风险，集装箱内配置 UPS，保证电池系统 15min 内正常运行。

9.6 大唐龙感湖100MW/200MW·h储能示范项目

大唐龙感湖储能示范项目由大唐湖北能源开发有限公司投资建设，占地 30 余亩，总装机容量 100MW/200MW · h，是目前湖北省内单体最大集中（共享式）储能电站，也是中国大唐集团有限公司目前投产的最大容量电化学储能项目，于 2022 年 12 月 23 日正式并网发电。大唐龙感湖储能示范项目运维平台见图 9-16。

图 9-16　大唐龙感湖储能示范项目运维平台

该项目采用磷酸铁锂电池，储能单元由储能电池 - 储能变流升压一体机构成。运维方面，项目创新性地采用了集中式共享“储能＋运营”模式，以调峰为主，具备一次调频、AGC、AVC、黑启动、分区控制等功能。通过电能时移实现电网调峰、调频，增强电网可再生能源并网消纳能力，可同时解决电压跌落、浪涌电压、供电中断、电压波动和闪变等电能质量控制问题。大唐龙感湖储能示范项目顺利并网，加快推进了清洁能源产业的发展，提高了电网调峰灵活性，为电力调度部门提供了有力支撑。

9.7 宁储利通区板桥100MW/200MW·h共享储能电站项目

宁储利通区板桥共享储能电站项目位于宁夏吴忠市利通区巴浪湖农场，总投资4亿元，装机总容量100MW，每年充放电250次，年充放电量为5000×10^4kW·h，共享租赁容量200MW·h。该项目是宁夏2022年“六个一百”重大项目之一，也是中核集团新华水力发电有限公司二级单位宁夏含光新能源有限公司投资建设的首个大型电网侧示范性电化学储能电站。主要由储能电池、电池管理系统、储能变流器、协调控制系统、能量管理系统、汇流变压器等设备和系统构成，共布置30套单套容量为6.7MW·h的储能单元。核心设备电池组采用液冷循环技术，采用高密度磷酸铁锂电池，先进的BMS、EMS等监控管理系统，全容量放电后备时间达2h，并采用全氟己酮灭火消防系统，达到国内先进水平，是国内首批电网侧共享储能电站。

随着宁夏新能源快速发展，宁夏电网存在较大调峰缺口，该项目储能装置定位为“共享储能”，可满足宁夏电网的调峰需求。在风电、光伏大发时段充电，在低谷时段放电，从而减少弃风弃光，通过储能的有功无功调节可以增强光伏、风电的低电压及高电压穿越能力，提高无功调节能力。该项目的建成投运，有效改进了传统电网规划和调度方式，全面提升了地区清洁能源消纳能力，还推动了电化学储能系统的建立，促进了可再生能源消纳的长效机制，成为地区新能源体系中促进实现绿色低碳发展的重要利器，为全力助推宁夏新能源发展绿色转型，实现“双碳”目标贡献力量。

通过对若干电化学储能电站设计建设案例的分析可以看出，储能电站业主方需在做好项目选址、技术路线匹配、工程设计等前期工作的基础上加快推进建设。在后续运维过程中，需依托储能方式的技术特性，制定针对性运维手段。同时，智慧运维已成为新建储能电站的共识。

为保障新型电力系统安全可靠、高效经济地运行，业内在加速推进“源网荷储”一体化发展的同时，建立共享储能模式，有助于储能电站、运营商以及用户多个主体共赢，目前已在多个储能电站项目中实现应用。

参考文献

[1] 陈佳桥,陈旭海,叶春,等.基于数字孪生的大规模储能站运维技术研究[J].能源与环境,2024(4):76-78.

[2] 吴旻,马大奎,熊凯清,等.基于均差容量的电池运维系统均衡策略及实现[J].长春理工大学学报(自然科学版),2024,47(3):70-76.

[3] 刘宇,张玉魁,王荣,等.锂离子电池储能设备安全风险分析及管控措施[J].内蒙古电力技术,2024,42(3):1-7.

[4] 王海滨,陈豪,董建明,等.锂电池储能单元运行状态评估技术研究[J].华北电力技术,2016(3):8-17.

[5] 向嘉强,何琦,郭振兴,等.基于电化学储能电站的消防系统设计研究[J].科学技术创新,2025(10):67-70.

[6] 田刚领,叶晖,张柳丽,等.基于数据挖掘的电池储能电站运维技术综述[J].太阳能,2022(5):23-32.

[7] 梁运华,潘志敏,肖勇,等.化学储能电站消防安全风险分析[J].电力安全技术,2022,24(2):11-14.